建筑质量控制——“QC小组”应用实践探索

张利娟　编著

吉林大学出版社
·长春·

图书在版编目（CIP）数据

建筑质量控制："QC 小组"应用实践探索 / 张利娟编著. —长春：吉林大学出版社，2021.5
ISBN 978-7-5692-8075-3

Ⅰ.①建… Ⅱ.①张… Ⅲ.①建筑施工－质量控制
Ⅳ.①TU712.3

中国版本图书馆 CIP 数据核字（2021）第 043309 号

书　　名：建筑质量控制——"QC 小组"应用实践探索

JIANZHU ZHILIANG KONGZHI
——"QC XIAOZU" YINGYONG SHIJIAN TANSUO

作　　者：张利娟　编著
策划编辑：朱　进
责任编辑：刘守秀
责任校对：朱　进
装帧设计：陈长明
出版发行：吉林大学出版社
社　　址：长春市人民大街 4059 号
邮政编码：130021
发行电话：0431-89580028/29/21
网　　址：http://www.jlup.com.cn
电子邮箱：jdcbs@jlu.edu.cn
印　　刷：天津雅泽印刷有限公司
开　　本：787 mm×1092 mm　　1/16
印　　张：24
字　　数：380 千字
版　　次：2021 年 7 月第 1 版
印　　次：2021 年 7 月第 1 次
书　　号：ISBN 978-7-5692-8075-3
定　　价：96.00 元

前 言

进入21世纪以来，建筑施工技术日新月异，然而建筑工程质量却不容乐观，屡屡出现的建筑工程事故不是博人眼球，它实实在在地激起了全社会的关注，更引起了政府有关职能部门的高度重视，NB市建筑质量管理部门也正是在这样的大背景下研究对策并出台了“严格要求所有的建筑施工企业在承接的项目中全面落实设立负责质量控制的QC小组并对QC小组的工作情况进行检查”的措施。应当说建筑行业QC小组制度实施已经有很长时间了，但运行的效果显然并不是很理想，关键问题应当是在实践中并没有得到有效落实，NB市建筑质量管理部门也正是基于这个思路才出台了上述政策。

笔者作为一名建筑结构专业学者，对建筑工程质量问题十分关注，建筑业界任何小小积极的政策动向都能使我产生美好的遐想，正是本着这样的良善，我就QC小组制度近年在NB市建筑市场落实的情况走访了有关建筑质量管理部门的部分领导和同志，他们个个是信誓旦旦且信心满满，并摆出了近年来在QC小组严格监控下的一长列优质项目工程，我从中选择了部分项目开展实例调研。调研一圈后，发现他们个个所言属实，但我却心绪难平。建筑工程质量从勘探、设计到施工、监理以及到建设单位和政府质量监管，应当说各个环节环环相扣、每个环节层层把关，结果还是不如工程项目部内部一个小小的QC小组的自我把关。看来，NB市建筑质监部门算是抓住了牛鼻子，但QC小组是如何样做到的？我想他们的经验和做法对政府质监部门、监理部门、建筑学者及整个建筑业界应当有所启示，为此，本人精选总结分析了部分案例以飨读者，至于他们的成功在于技术问题还是在于管理问题，或者是在于别的什么问题，笔者在文中不下结论，还请读者自行分析判断。

最后，笔者特别感谢宁波市镇海区建筑工程质量监督站的徐剡源高工对本书的大力支持，感谢宁波市鄞州建筑有限公司、华恒建设集团有限公司、中建五局华东建设有限公司、海顺建设集团股份有限公司、浙江信宇建设集团有限公司、宁波建设集团股份有限公司、浙江省建工集团有限责任公司、禹顺生态建设有限公司、浙江省岩土基础公司、浙江新中源建设有限公司、龙元建设集团股份有限公司、浙江万华建设有限公司、海达建设集团有限公司、中国建筑第八工程局有限公司、中晟恒业建设有限公司、中科盛博建设集团有限公司、宁波中洲建设工程有限公司、宁波巨兴建安景观有限公司、浙江宝业建设集团有限公司、宁波建工工程集团有限公司、浙江尚升建设工程有限公司等单位提供工程案例。同时也特别期待能激起武警部队负责和参与营房建设的领导和同志们的兴趣，并能在实践中运用和借鉴。

作者于武警海警学院
2021.6.11

目 录

第一篇 钢材

第一篇

钢　材

第一章　钢筋

钢筋焊接工程施工质量的控制

——以 LG 人体工学科技股份有限公司厂房工程为例

一、工程概况

此工程位于某市 YZ 经济开发区，总用地面积 18 524 ㎡，总建筑面积 22 342 ㎡。此工程新建厂房总共三层，首层层高为 13 m，仓库层数一层。

二、选题理由

（1）此工程首层 13 m 高，内部空间大、跨度大，若钢筋焊接工程施工质量不过关将大大影响建筑的使用寿命，同时存在极大的安全隐患。

（2）钢筋焊接工程施工质量对整个工程至关重要，并且钢筋工程为隐蔽工程，返工困难，做好钢筋焊接工程的施工质量的控制，能给建筑施工企业提供有价值的技术经验。

三、PDCA 循环

某市 ×× 建筑有限公司为了确保施工质量，对钢筋焊接工程设立了专门的质量控制小组（QC），QC 按照 PDCA 循环进行质量监控。

（一）计划阶段（P 阶段）

1. 现状调查

为了了解影响钢筋工程施工质量的因素，QC 小组对某市各在建工程做了调研分析，走访调查在建主体工程的钢筋焊接工程累计 100 个，其中焊缝长度不足 5 个，焊接不牢固 2 个，焊缝不饱满 19 个，焊渣较多 2 个，合格率为 80%，具体统计数据如表 1 所示。

表 1 钢筋工程施工质量影响因素统计表

序号	检查项目	频数	频率 / %	累计频率 / %
1	焊缝长度不足	5	17.8	17.8
2	焊接不牢固	2	7.1	24.9
3	焊缝不饱满	19	67.8	92.7
4	焊渣较多	2	7.1	100
合计		28	—	—

QC 小组根据钢筋工程施工质量影响因素统计表，绘制出钢筋焊接工程施工质量影响因素排列图，如图 1 所示。从图表上来看，影响钢筋工程施工质量的主要因素是：焊缝不饱满。

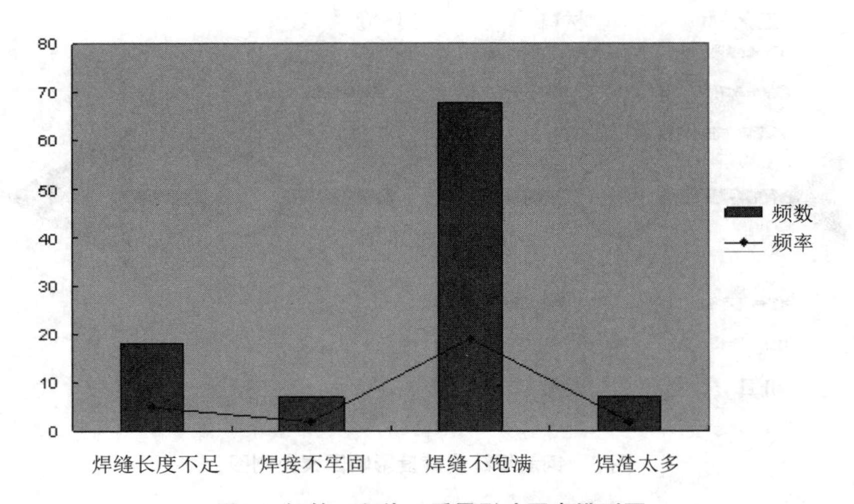

图 1 钢筋工程施工质量影响因素排列图

2. 设定目标

通过对钢筋焊接工程施工质量影响因素的调查研究，只要控制好钢筋焊缝的饱满度，其合格率将大大提高。经过讨论决定，QC 小组设定的活动目标是：提高钢筋焊接工程施工合格率至 95%。

3. 可行性分析

(1) 该QC小组成员文化水平高,有良好的专业功底,理论知识有保障;各成员均有多年施工管理经验,具有丰富的QC攻关技术,实践经验有保障。

(2) 建筑公司对本活动小组大力支持,并安排公司工程部技术顾问作为技术指导,技术力量再次得到保障。

(3) 建立了完善的质量保证体系,得到了公司上层的支持。

(4) 业主、监理对工程质量十分重视,各方面施工配合较好。

4. 原因分析

QC小组成员根据钢筋工程的主要问题,多次召开会议,通过查阅大量文献资料,结合实际施工问题,从人、料、机、工艺、环境等五方面进行详细的因果分析,找出影响焊缝饱满度质量的原因,最终确定因果关系分析图如图2所示。

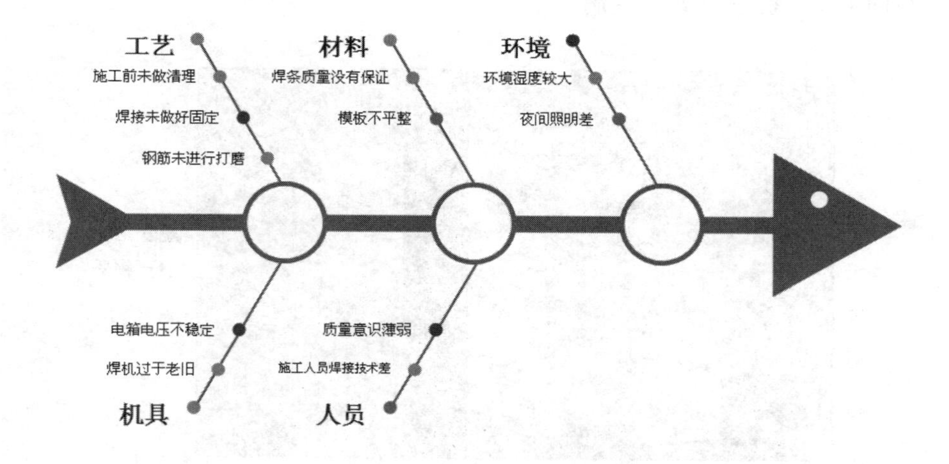

图2 钢筋焊缝饱满度影响因素鱼刺图

5. 要因确认

要因确认表如表2所示。

表2 要因确认表

序号	末端因素	确认内容	确认结果	结论
1	焊接前未做清理	焊接前是否做好钢筋表面清理工作	施工人员在焊接前对钢筋表面做好清理工作	非要因
2	焊接时未做好固定	焊接时是否对钢筋进行固定	焊接时钢筋处于固定可靠的状态	非要因
3	钢筋未进行打磨	焊接前是否对部分生锈钢筋进行打磨	经调查询问,施工人员未对生锈钢筋进行打磨	要因
4	焊条质量没有保证	焊条是否有质量合格证明	经抽样调查,焊条具有产品合格证	非要因
5	模板不平整	模板是否平整	现场模板基本平整	非要因
6	环境湿度较大	作业环境是否潮湿	经询问,作业环境基本干燥	非要因
7	夜间照明差	夜间施工是否有足够照明	夜间照明充足	非要因
8	电箱电压不稳定	电箱电压是否稳定	电箱输出电压基本稳定	非要因
9	焊机过于老旧	电焊机是否属于过于老旧	电焊机部分存在过于老旧的情况	要因
10	施工人员焊接技术差	施工人员是否接受过技术交底	施工人员技术交底不到位	要因
11	施工人员质量意识薄弱	是否有奖惩制度	建立奖惩制度	非要因

根据以上调查分析、现场验证确认,最终确认导致钢筋焊缝饱满度不过关的主要因素是:对施工人员的技术交底欠缺、焊接前未对生锈钢筋表面进

行打磨以及施工机具过于老旧。

6. 制订对策

根据上述三个主要因素，QC 小组查阅大量相关资料，多次召开小组会议，同时咨询本小组技术顾问，并听取公司领导意见，结合各施工技术，制订出相应对策（见表 3）和落实负责人。

表 3　对策分析表

序号	要因	对策措施	目标	时间
1	技术交底欠缺	1. 细化细部结构，加强细部做法教育； 2. 技术人员对施工人员进行技术交底，接受交底人员签字确认	强化教育优秀率达 95%，交底完成率达 100%	施工前
2	钢筋未进行打磨	1. 现场质量员加强巡查力度，对钢筋表面锈蚀情况进行严格监督； 2. 安排专门的施工人员对钢筋进行打磨	对生锈钢筋全部进行打磨至去除表面锈层	施工中
3	施工机具老旧	1. 对使用的施工机具进行调试和检测； 2. 申请经费对老旧的施工机具进行更换	全部更换新型施工机具	施工前

（二）实施阶段（D 阶段）

1. 实施一

针对技术交底欠缺的实施情况如表 4 所示，交底完成情况如表 5 所示。

表 4　技术交底情况表

要 因	技术交底欠缺	实施人	***	实施地点	****
实施过程	项目技术负责人对施工图和国家相关标准规范进行详细分析，对相关钢筋工及电焊工进行全面详细的技术交底，对重难点部位和项目进行严格要求。同时，将钢筋焊接的技术要点、操作要点、施工要求和质量验收要求做了详尽解说，并整理成书面材料，对相关专业班组进行技术交底强化训练。并进行优秀操作人员进行经验分享，使相关施工人员对技术关键了然于胸				
实施结果	23 名强化人员中，22 名取得优秀，优秀率达 95.6%				

表 5　交底完成情况统计表

序号	1	2	3	4
类别	技术要点	操作要点	施工要求	验收要求
是否交底	√	√	√	√
结果	交底完成率达 100%，完成对策目标			

2. 实施二

针对钢筋未进行打磨的实施情况如表 6 所示。

表 6　钢筋打磨情况表

要 因	钢筋未进行打磨	实施人	***	实施地点	施工现场
实施过程	在技术顾问及现场质量员的指导下，对钢筋焊接时钢筋表面的打磨程度进行了详细严格的规范解说				
	钢筋焊接进场前由现场质量员对钢筋进行检查验收，发现存在锈蚀情况的钢筋一律不得进场使用		对堆场钢筋进行材料保护，钢筋一律放置在防护棚内，下设垫块，且钢筋表面覆盖保护膜用于防雨防水		施工前对钢筋进行检查，发现焊接处存在锈蚀的钢筋必须进行打磨至锈层脱落方可进行焊接

续表

要 因	钢筋未进行打磨	实施人	***	实施地点	施工现场
实施过程	 				
实施结果	焊接前钢筋锈蚀情况已完全消除				

3. 实施三

针对施工机老旧的实施情况如表 7 所示。

表 7　施工机具情况表

要 因	施工机具老旧	实施人	***	实施地点	施工现场
实施过程	对老旧机具进行调试，发现施工效率低下或焊接施工质量不高的机具一律进行淘汰，并向项目部申请经费购置新型电焊机具				

实施结果	施工机具均已达到焊接要求				

（三）检查阶段（C 阶段）

活动前后焊缝饱满度质量对比如表 8 所示。

表 8 活动前后焊缝饱满度质量对比表

检查项目	活动前			活动后		
	测量点数	不合格数	合格率	测量点数	不合格数	合格率
焊缝饱满度	100	19	81%	100	4	96%

通过以上实测情况表明，钢筋焊缝饱满度合格率达 96%，质量比以前有了大幅度的提高，达到了提高钢筋焊接工程总体质量合格率的目标。

（四）总结阶段（A 阶段）

经过本次 QC 活动，钢筋焊缝饱满度质量的合格率达到了 96%，从而提高了整体钢筋焊接工程的合格率。本次 QC 活动不仅为确保“区标准化示范工地”、争创优质工程打下了扎实的基础，还大大提升了本项目管理人员的技术水平、管理能力、分析能力、团队意识，使他们学会了利用科学的方法解决工程中出现的问题，大大提高了业务水平。同时通过本次 QC 活动提高了小组成员自身素质，培养了人才，为建筑公司及整个行业提供了宝贵的技术及管理经验。

综合自我评价表如表 9 所示。小组成员自我评价雷达图如图 3 所示。

表 9 综合自我评价表

序 号	评价内容	活动前 / 分	活动后 / 分
1	质量、经济意识	80	95
2	个人业务能力	85	95
3	团队精神	80	92
4	QC 知识掌握及工具运用	80	95
5	解决问题的能力	75	93

注：满分 100 分。

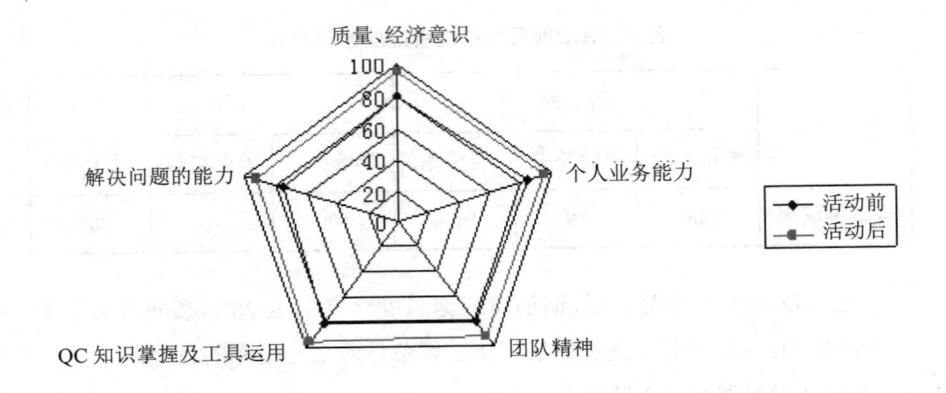

图 3　小组成员自我评价雷达图

四、总结

通过本次 QC 活动建筑施工企业积累了很多实践经验，加强了质量责任感，大大提高了公司 QC 小组参与人员素质水平，从而激励建筑公司在今后工程中将继续开展 QC 活动，并严格遵守 PDCA 工作循环，推进项目的全面质量管理，提高员工质量意识，不断改进施工方法，做出更好的工程，为建筑企业自身和社会做出更大的贡献。

提高钢筋直螺纹套筒连接合格率的施工过程

——以PJ经济适用房二期及公租房项目QC小组为例

一、工程概况

工程概况如表1所示。

表1　工程概况

工程名称	PJ经济适用房二期及公租房项目	工程地点	YZ区高桥
建设单位	某市HS区经济适用房建设管理办公室	设计单位	某市ZD建筑设计研究院
监理单位	某市国际投资咨询有限公司	开工时间	2012年11月6日
建筑面积	约66 542 m²	结构类型	框架结构
层数	地上18层,综合楼6层,地下一层	层高	标准层:2 900 mm
建筑总高度	地上57.05 m	局部高度	综合楼层高4.7 m，1#楼至4#楼层高2.9 m

二、选题理由

(一)施工现状

影响结构安全的主要因素,一是混凝土施工质量,二是钢筋施工质量。由于主体结构大部分用商品混凝土,混凝土工程质量相对易于保证。因此,钢筋工程的施工质量就成为影响结构安全的主要因素,尤其是大跨度梁钢筋的连接就更加成为第一要素。根据历年的机械连接合格率来看,只有80%左右,通过开展 QC 活动，确保钢筋直螺纹套筒连接合格率。

（二）质量目标要求

各分部、分项工程和检验批的质量一次合格是工程整体创优的基础，其中对于钢筋直螺纹套筒连接的要求有：钢筋丝头长度公差应为 0 ～ 2.0P（P 为螺距）。钢筋丝头宜满足 6F 级精度要求，应用专用直螺纹量规检验，通规能顺利旋入并达到要求的拧入长度，止规旋入不得超过 3P，抽检数量 10%，检验合格率不应小于 95%。钢筋直螺纹套筒连接检查情况如表 2 所示，统计情况如图 1 所示。

表 2 钢筋直螺纹套筒连接检查情况表

工程名称	PJ 经济适用房二期公租房项目	QX 路 2# 地块项目	QL 湾 6/7 期项目	HY 地块项目
检测点的数量 / 个	400	400	400	400
不合格的数量 / 个	75	36	32	30

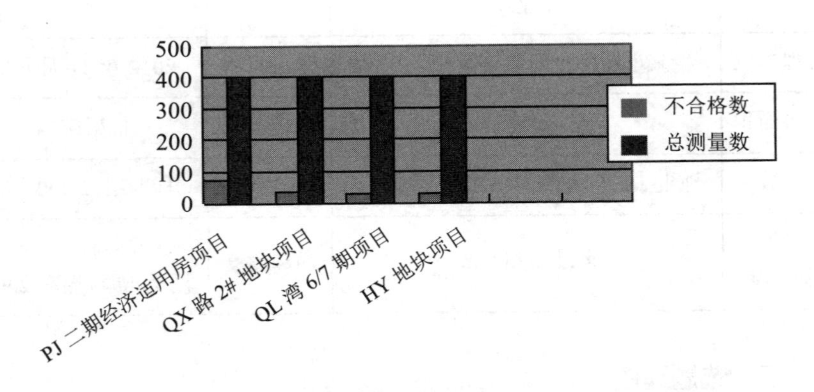

图 1 钢筋直螺纹套筒连接统计情况

QC 在 PJ 二期工程中检测了 400 个点的直螺纹连接套筒，结果出现了因为各个问题的不合格点 75 个，相较于历年所做的工程，其合格率明显偏低。

三、现状调查

PJ 经济适用房二期及公租房 400 个测试点的不同规格钢筋分布如表 3 所示。75 个不合格点的各个不合格情况如表 4 所示。

表 3 400 个测试点的不同规格钢筋分布表

规格 / mm	地下室	1# 楼	2# 楼	综合楼 1 层	累计点数	频率 / %	累计频率 / %
18	25	20	21	18	84	21.0	21.0
20	27	22	21	20	90	22.5	43.5
22	22	15	12	14	63	15.75	59.25
24	19	13	15	11	58	14.5	73.75
26	18	15	14	12	59	14.75	88.5
28	15	12	10	9	46	11.5	100.0
合计	126	97	93	84	400	100	—

表 4 75 个不合格点的各个不合格情况

不合格情况	地下室	1# 楼 7 层	2# 楼 5 层	综合楼 1 层	累计点数	频率 / %	累计频率 / %
丝扣外露过长	11	7	7	10	35	46.7	46.7
丝扣外露不足	9	5	4	7	60	33.3	80.0
套筒两侧钢筋未同心	3	1	0	1	65	6.7	86.7
丝扣连接过松	2	1	1	1	70	6.7	93.4
其 他	2	1	0	2	75	6.7	100.0
合 计	27	15	12	21	75	100	—

上述为 75 个不合格点的各个不合格问题。根据上述的频率来制作圆形占比图（见图 2），能更直观、形象地看出造成钢筋直螺纹套筒连接不合格的主要因素。

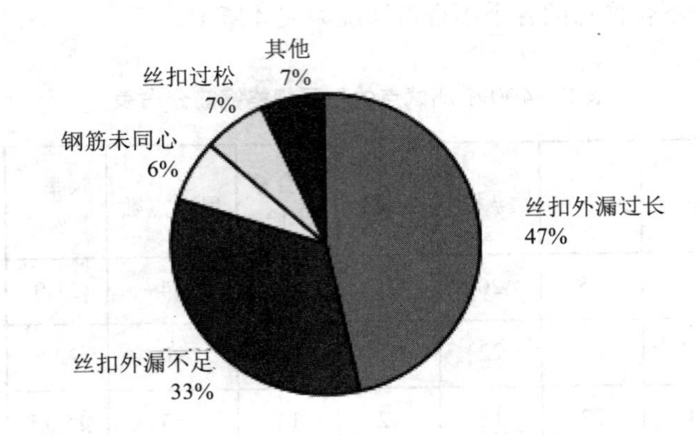

图 2　钢筋直螺纹套筒连接不合格点问题统计

根据问题的占比来分析出现钢筋直螺纹套筒连接不合格的原因，能更直观地体现出问题所在。

四、目标设定

钢筋直螺纹套筒连接合格率目标如图 3 所示。

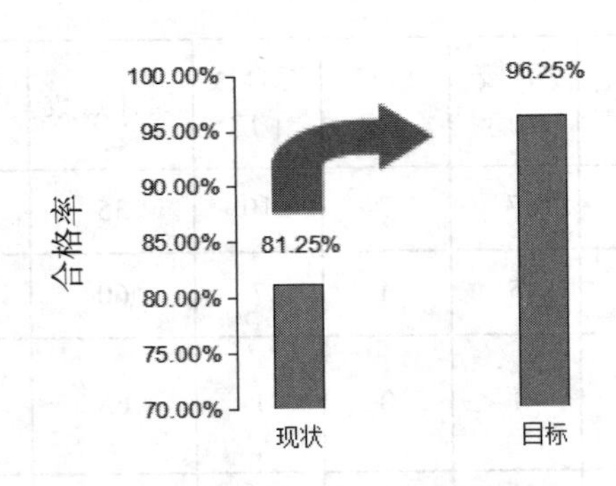

图 3　钢筋直螺纹套筒连接合格率目标图

通过以上图表分析，发现问题的症结是：钢筋直螺纹套筒连接合格率低，只要全力解决丝扣外露过长、丝扣外露不足问题，那么钢筋直螺纹套筒连接 -

合格率就能达到：（400 － 75 ＋ 35 ＋ 25）/ 400×100% ＝ 96.25%。

五、原因分析

小组成员通过查阅文献、现场调查和专题会议，分析造成钢筋直螺纹套筒连接合格率低的主要原因，整理绘制成如图 4 所示的关联图。

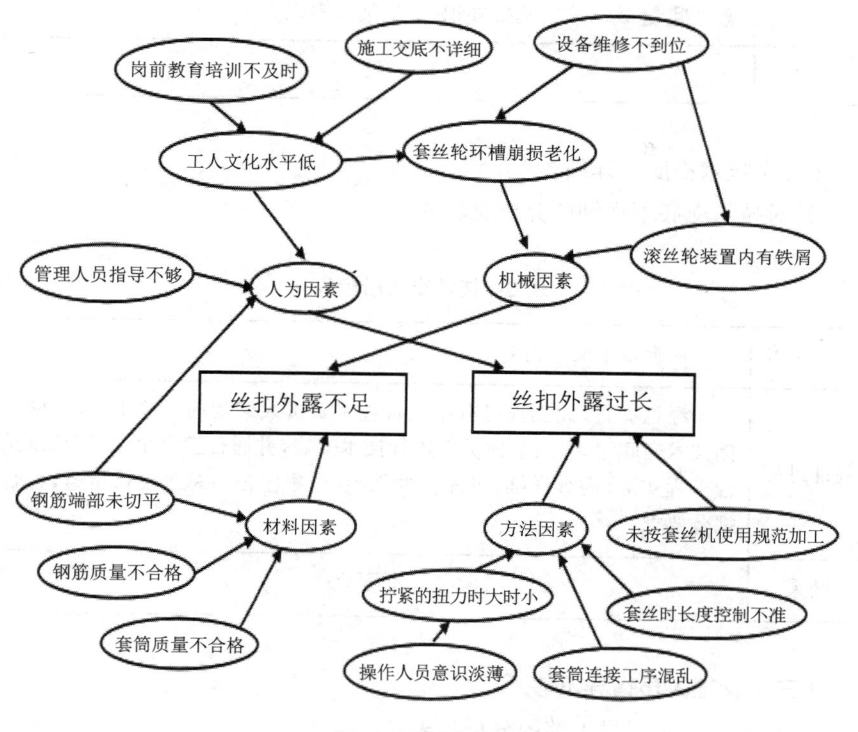

图 4　原因分析图

六、确定要因

小组成员对因果图中的 9 个末端因素进行了现场调查论证，已确认要因，如表 5 ～表 13 所示。

（一）缺少教育培训

针对缺少教育培训的分析见表 5。

表 5　教育培训措施表

验证标准	教育培训要求:时间 40 个学时,考核合格率 100%
验证过程	查教育培训记录,员工进场培训时间为 40 个学时,符合培训计划的要求。但是所培训的课程基本无现场实际操作型。培训内容:建筑安全法律、法规基础知识;建筑施工现场文明与环境卫生;农民工劳动权益;道德文明;建筑与施工基础知识;卫生基本常识
结果	要因

(二)技术交底不详细

针对技术交底不详细的分析见表 6。

表 6　技术交底措施表

验证标准	检查技术交底内容
验证过程	经过调查,此工程已有由项目技术负责人编制的钢筋工程、机械连接技术交底记录,向全体员工进行技术交底,并履行签字手续,其记录结合工程实际,内容详细,可操作性强,且经集团公司总工复核审查,符合规范要求
结果	非要因

(三)管理人员指导不够

针对管理人员指导不够的分析见表 7。

表 7 管理人员措施表

验证标准	管理人员根据不同施工环节来指导工人施工技艺要求
验证过程	经过现场检查，此工程有相应施工技术标准，现场都有施工员管理指导工人钢筋套筒连接，质量员在不同的梁板柱部位的钢筋套筒连接上都有相应的指导 
结果	非要因

（四）钢筋质量不合格

针对钢筋质量不合格的分析见表 8。

表 8 钢筋质量措施表

验证标准	是否有检验批和送检报告
验证过程	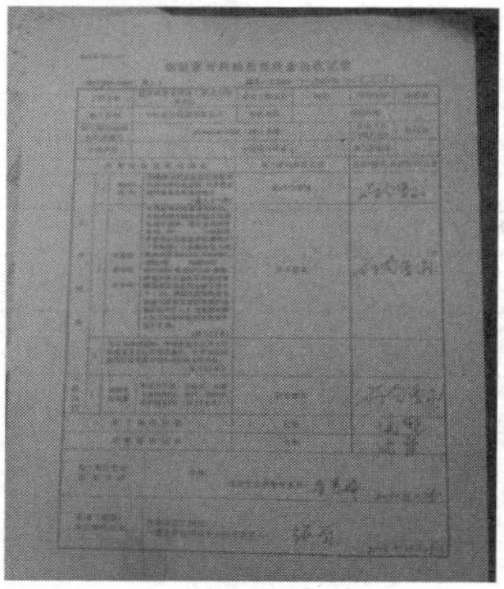 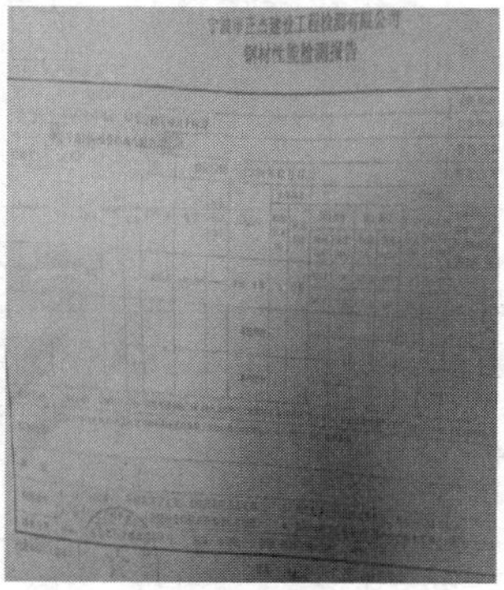
结果	非要因

（五）套筒质量不合格

针对套筒质量不合格的分析见表 9。

表 9　套筒质量措施表

<table>
<tr><td>验证标准</td><td>是否有检验批和送检报告</td></tr>
<tr><td>验证过程</td><td>
工程材料清单
工程名称：家经__济适用房二期及公租房项目　　编号:
<table>
<tr><td>序号</td><td>材料名称</td><td>品种规格</td><td>生产厂家</td><td>数量（袋）</td><td>备注</td></tr>
<tr><td>1</td><td>钢筋直螺纹连接套</td><td>Φ20</td><td>江苏常州武进区横山桥常邦金属制品厂</td><td>90</td><td></td></tr>
<tr><td>2</td><td>钢筋直螺纹连接套</td><td>Φ22</td><td>江苏常州武进区横山桥常邦金属制品厂</td><td>65</td><td></td></tr>
<tr><td>3</td><td>钢筋直螺纹连接套</td><td>Φ25</td><td>江苏常州武进区横山桥常邦金属制品厂</td><td>75</td><td></td></tr>
<tr><td></td><td></td><td></td><td></td><td></td><td></td></tr>
<tr><td></td><td></td><td></td><td></td><td></td><td></td></tr>
<tr><td></td><td></td><td></td><td></td><td></td><td></td></tr>
</table>
</td></tr>
<tr><td>结果</td><td>非要因</td></tr>
</table>

（六）操作者质量意识淡薄

针对操作者质量意识淡薄的分析见表 10。

表 10　操作者质量意识情况表

验证标准	以书面考察的形式验证操作者的质量意识
验证过程	公司领导小组做好试卷给现场的钢筋，工根据现场实际的调查结果和试卷的成绩总结出：操作者实际操作能力有，但对质量意识规范要求并不是很理解
结果	要因

（七）套筒连接工序混乱

针对套筒连接工序的分析见表 11。

表 11　套筒连接工序措施表

验证标准	根据现场调查施工流程
验证过程	根据现场调查，80% 的工人施工时采用先施工一端再扭紧另一端的施工方式，这样很大程度上的导致了不合格丝头现象的发生
结果	要因

（八）设备维修不到位

针对设备维修的分析见表 12。

表 12　设备维修措施表

验证标准	现场检测钢筋加工机械
验证过程	行程挡板松动，导致工人套丝加工时，套丝长度掌握不好，在检查出的 30 个不合格连续施工中，有 8 个是工人施工中直螺纹接头滚丝太长造成，导致连接不合格比例过大 
结果	要因

（九）未按套丝机使用规范加工

针对套丝机施工的分析见表 13。

表 13　套丝机施工措施表

验证标准	根据套丝机的使用说明书来施工
验证过程	以一个工作班内生产的丝头为一个验收批抽取 10%，用各种仪器进行检测，在检查的 200 个丝头中合格率较低
结果	非要因

七、制订对策

通过以上的调查分析，找出了四个要因：

①缺少教育培训；②操作者质量意识淡薄；③套筒连接工序混乱；④设备维修不到位。

对策评价选择表见表 14，对策表见表 15。

表 14　对策评价选择表

序号	要因	对策	评价				综合得分	选定方案
			有效性	可实施性	经济性	时间性		
1	缺少教育培训	落实完善教育培训制度，外聘专家进行培训	★	★	★	★	20	√
		派员去外单位考察学习，再由其进行教育培训	▲	★	★	●	14	
2	操作者质量意识淡薄	增加考试培训	★	★	★	★	20	√
		增加奖罚制度	▲	▲	★	▲	14	
3	套筒连接工序混乱	由老师傅示范指导	▲	▲	●	●	8	
		有处罚制度	★	★	★	★	20	√

续表

序号	要因	对策	评价				综合得分	选定方案
			有效性	可实施性	经济性	时间性		
4	设备维修不到位	责任到人，实行严格奖罚制度	★	▲	★	★	18	√
		对机修工做好交底	●	▲	▲	▲	10	
5	注：★ 5 分　▲ 3 分　● 1 分							

表 15　对策表

序号	要因	对策	目标	措施	地点
1	缺少教育培训	落实完善教育培训制度，外聘专家进行培训	工人熟悉和掌握钢筋直螺纹套筒连接技术，质量要求，现场考核合格率 100%	1. 邀请集团公司技术副总和质安部经理来讲解技术要求。 2. 通过多媒体对施工人员进行岗位技术培训，做到工人熟悉施工过程	现场
2	操作者质量意识淡薄	操作前进行质量意识教育，实行奖罚制度	增加质量意识，保证测试通过率 100%（测试分数大于等于 80 分才为合格分）	1. 对操作工进行质量意识教育并考核。 2. 使用每百日考试来提高工人质量意识	现场
3	套筒连接工序混乱	全过程跟踪检查	安排 10 个工人来做教育后的考核，确保工序顺序和技术要求合格人数要不低于 8 人	1. 若有违反，给予处罚。 2. 监督人员检查不同的钢筋套筒连接，确保两端一起扭紧	现场
4	设备维修不到位	责任到人，实行严格奖罚制度	活动实施后拟派质安部人员检测 5 台钢筋加工机械，确保通过率 100%	1. 对钢筋套筒加工机械与大型机械一样采取半月检，责任到人。 2. 拟派专人定时检查，并归入公司月检项目内	现场

八、对策实施

（一）加强教育培训

根据现场实际情况，考虑到现场许多工人对钢筋套筒连接施工技术，大多数凭以往的施工经验操作，对钢筋直螺纹套筒连接的重要性缺乏系统性认识。QC 组邀请集团公司技术副总和质安部经理，对所有相关人员进行为期五天的技术培训，他们结合现场实际情况和施工程序，通过计算机结合文字、图片和三维动画技术做成教学幻灯片，对施工规范和施工要点及注意事项进行了具体生动、详细的讲解，解决了原先单凭文字讲解工人理解不透的难题。

实施效果验证：经过为期五天理论结合实际的技术培训，使各工种工人对钢筋直螺纹套筒连接施工知识由生疏到掌握，强化了质量意识，使整个施工工艺质量得到了保证和提高。在项目经理的监督下，QC 组对钢筋工班、项目部管理人员、质检员等所有相关参培人员进行了钢筋绑扎、钢筋直螺纹套筒连接技术要点知识考核，考核合格率 100%（见表 16）。

表 16　培训后各班组对钢筋保护层施工工艺摸底统计表

工　班	钢筋工班（共 35 人）	质检员（共 1 人）	管理人员（共 17 人）	考核合格率
了解施工工艺	35	1	17	100%
不了解施工工艺	0	0	0	

（二）提高操作者质量意识

为了提高钢筋直螺纹套筒连接的合格要求，公司邀请了焊接多年的老师傅进行现场指导和教育，从而提高工人的质量意识。直螺纹接头外观检查结果，应符合下列要求：

（1）螺纹牙型　用目测或卡尺检测牙型完整，螺纹大径低于中径的不完整丝扣累计长度不得超过两螺纹周长。

（2）丝头长度　用卡尺检测标准套筒长度的 1/2，其公差为 $2P$（P 为螺距）。

（3）螺纹直径　通端螺纹环规能顺利旋入螺纹、止端螺纹环规允许环规与端部螺纹部分旋合，旋入量不应超过 $3P$（P 为螺距）。

（4）套筒两侧钢筋同心，丝扣连接紧密。

实施效果验证：

为提高工人们的质量意识做了考试培训，图 5 所示为工人培训后的考试结果。

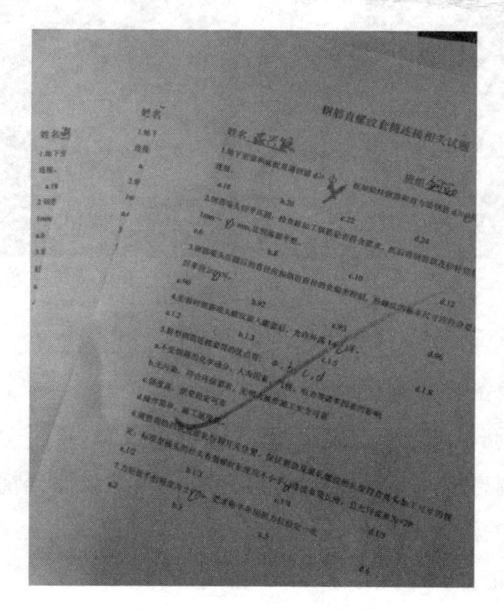

图 5　工人考试结果

（三）细化工序，避免混乱

对连接施工进行仔细研究，开会并商议后决定将原有工序细化。增加了“简单连接”和“作标记”工序，具体如下：

每组安排三人，第一名工人负责按照图纸检查钢筋摆放位置是否正确；

第二名工人负责拧下钢筋保护帽和套筒保护盖，并用手将套筒和钢筋进行简单连接；

第三名工人负责接头拧紧，并做好标记表示已经连接完毕，避免疏漏和重复施工；

第三名工人做好标记后，第一名工人对其进行自检。这样就实现了流水作业，提高了工效，保证了连接质量。

通过工序的调整和人员的重新配备，经现场检查，各工序按要求有条不紊地进行，流水工作避免了窝工和工序疏漏、重复，实施效果良好。

实施效果验证如图 6 所示。

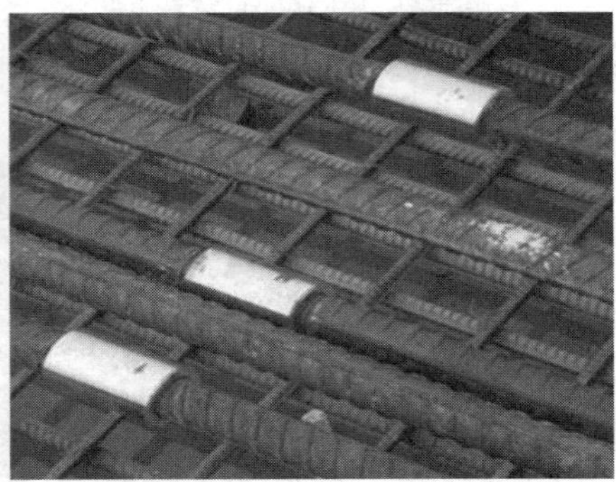

图 6　现场指导及事后图

（四）确保设备维修到位

现场各个钢筋机械加工区都有专职机修工负责，每半个月都有统计检查表记录套丝机、调直机等钢筋机械的运行情况和维修保养情况。责任到人，若发现滚丝轮上有铁渣或破损的则追溯到该专职机修工人上。

实施效果验证如图 7 所示。

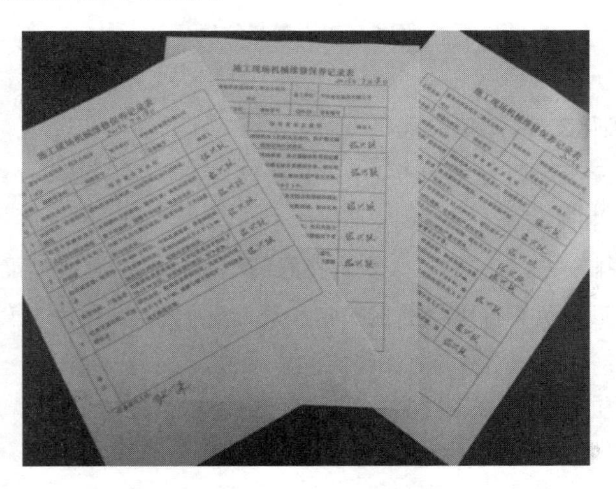

图 7　钢筋加工机械的维修保养记录（每月检）

现在实施责任到人，实行严格奖罚制度。实施后，钢筋直螺纹套筒连接接头合格率达到预期目标。

九、效果检查

为了检验目标值实现情况，小组会同建设单位、设计单位、监理单位，对一层共检查 100 个点，缺陷点 3 个，合格率达到了 97%，达到了预定的目标。具体如表 17 所示。

表 17 活动实施后钢筋直螺纹套筒连接接头合格率问题统计表

序号	项目	频数 / 点	累计频数	频率	累计频率
1	丝扣外露过长	1	1	33.3%	33.3%
2	丝扣外露不足	0	1	0	33.3%
3	套筒两侧钢筋未同心	1	2	33.3%	66.7%
4	丝扣连接过松	1	3	33.3%	100%
6	其 他	0	3	0	100%
7	合 计	3	—	100%	—

施工见效果图 8。

图 8 施工现场效果

经过 QC 小组成员的共同努力，成功地确保了钢筋套筒连接接头合格率，经建设单位、设计单位、监理单位等共同验收，均超过了预定的目标值，得到了他们的一致好评。

通过本次 QC 活动，不仅加快了施工进度，保证了质量，完成了预定的目标，而且还创造了一定的经济效益。合格率从 81.25% 升至 97%，100 个钢筋中不合格率从原来的 18.75% 降到 3.75%。每减少一个不合格连接可节省时间 17 min、人工费 1 元、机械台班费 2 元、材料费用 2.5 元。活动见效后约还有 1.5 万个接头未施工，则可节省费用：

（15 000/100）×（18.75－3）×（2.5＋1＋2）＝12 993.75 元

累计节省时间为

（15 000/100）×（18.75－3）×17＝40 162.5 min ≈ 27 d

十、标准化和巩固措施

通过本次活动，QC 小组对钢筋直螺纹套筒连接施工工艺进行了整理汇总，现已编制成企业标准，编号为 QJ/HH08-2014，该工艺操作简便，能提高施工质量并加快施工进度，效果好，适用于多层、高层建筑钢筋直螺纹套筒连接接头处。

十一、总结

通过本次 QC 小组活动，使小组成员的质量意识、个人能力、团队精神、创新意识又有了进一步的提高，为今后继续开展 QC 小组活动打下了坚实的基础。小组活动综合素质评价见表 18，综合素质评价雷达图见图 9。

表 18　小组活动综合素质评价表

序号	评价内容	活动前 / 分	活动后 / 分
1	质量意识	85	95
2	个人能力	80	85
3	团队精神	80	90

续表

序号	评价内容	活动前 / 分	活动后 / 分
4	QC 工具运用	75	85
5	创新意识	85	95

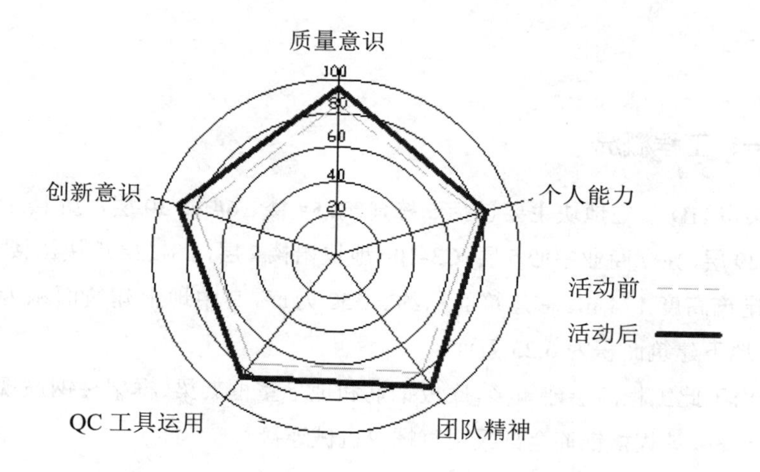

图 9 综合素质评价雷达图

提高钢筋直螺纹连接施工质量

——以HD华府“信和”QC小组为例

一、工程概况

某市HD住宅地块主要包括5栋建筑：5#楼、6#楼30层，7#楼38层，8#楼29层，独立商业中心5层，C3-10#地块裙楼2层，C3-12#地块裙楼4层，最高建筑高度174 m。总建筑面积约21.53万㎡，其中地上建筑面积为15.3万㎡，地下建筑面积为6.23万㎡。

由于此工程高层建筑多，底板钢筋和地下室框架梁、框架柱钢筋规格多为20～36，该规格钢筋全部采用直螺纹机械连接。

二、选题理由

直螺纹连接是属于特殊过程控制的内容之一，施工质量的好坏，直接影响到结构的安全；直螺纹连接现场施工质量普遍较差，是施工过程中较难控制的内容之一；此工程为超高住宅和写字楼，受力主筋规格较大且连接数量多，其施工质量直接影响工程质量。

三、现状调查

针对前期直螺纹连接质量进行了系统的现场调查，现场主要存在表1所示质量缺陷。每100个钢筋直螺及连接缺陷接头质量缺陷一览表如表2所示。

表 1 质量缺陷及检查方法

序号	检查项目	检查办法
1	丝头缺陷	现场观察
2	套筒规格	参照规范对现场进行观察
3	连接过程缺陷	现场观察
4	其他	现场观察

表 2 每 100 个钢筋直螺纹连接缺陷接头质量缺陷一览表

序号	缺陷问题	频数	频率 / %	累积频率 / %
1	丝头缺陷	34	34	34
2	连接过程缺陷	52	52	86
3	套筒规格	9	9	95
4	其他	5	5	100
合计		100	100	—

根据以上每 100 个钢筋直螺纹连接缺陷接头质量缺陷一览表，做出图 1 所示的排列图。

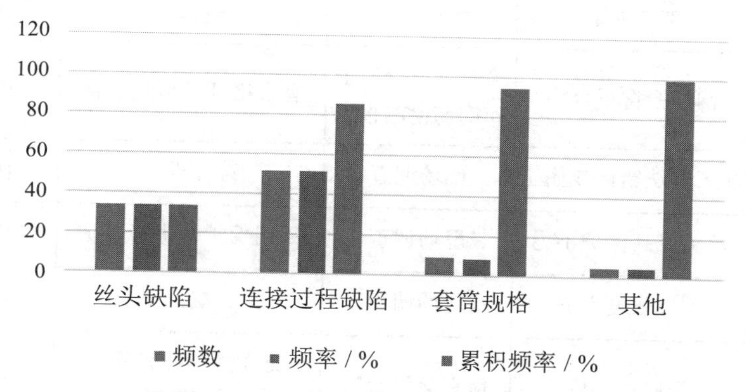

图 1 钢筋直螺纹连接缺陷接头质量缺陷调查排列图（100 个接头）

结论：从排列图中可以看出，影响钢筋直螺纹连接施工质量的主要因素为钢筋丝头缺陷、连接过程缺陷，占所有因素的86%，QC小组将主要针对这三点进行改进。

四、设定目标

活动小组根据质量缺陷实际情况及质量缺陷排列图，确定活动目标，具体如下：

对钢筋直螺纹连接质量进行攻关，对丝头缺陷、连接过程缺陷进行质量控制。目标为：提高钢筋直螺纹连接合格率达到98%。

五、分析原因

根据表2和图2可以看出，丝头缺陷、施工连接过程缺陷是影响钢筋直螺纹连接施工质量的最主要因素。

为全面分析出影响钢筋直螺纹连接质量的相关因素，小组组织召开原因分析会，对两个主因进行分析，得出11个末端因素，并绘制出关联图。

六、确定主要原因

末端因素分析汇总如表3所示。

表3　末端因素分析汇总表

序号	末端因素	确认方法	标准	完成时间
1	钢筋原材不合格	检查钢材合格证和钢筋检测报告	有合格证且检测合格	2014.8.14
2	加工方法错误或偷工	现场调查	符合规范	2014.9.20
3	丝头成品保护不力	现场调查	采用保护帽进行保护	2014.8.22
4	刀片长度不够	现场调查	符合规范要求	2014.8.25
5	交底不到位	检查交底资料	有交底资料且劳务和分包签字	2014.8.26

续表

序号	末端因素	确认方法	标准	完成时间
6	机械不合格	现场调查	机械检测合格	2014.8.30
7	刀片调整错误	现场调查	刀片间距符合规范要求	2014.8.30
8	套筒不符合规范	现场调查和检测报告	套筒形式检测报告齐全	2014.8.31
9	拧紧方法不对	现场调查	现场方法能正确拧紧	2014.8.30
10	使用工具不当	现场调查	采用扳手把手长度足以拧紧套筒	2014.9.2
11	钢筋截断方法不正确	现场调查	采用砂轮切割机进行切割且切口平整	2014.9.7

钢筋直螺纹连接施工质量主要控制项关联如图 2 所示。

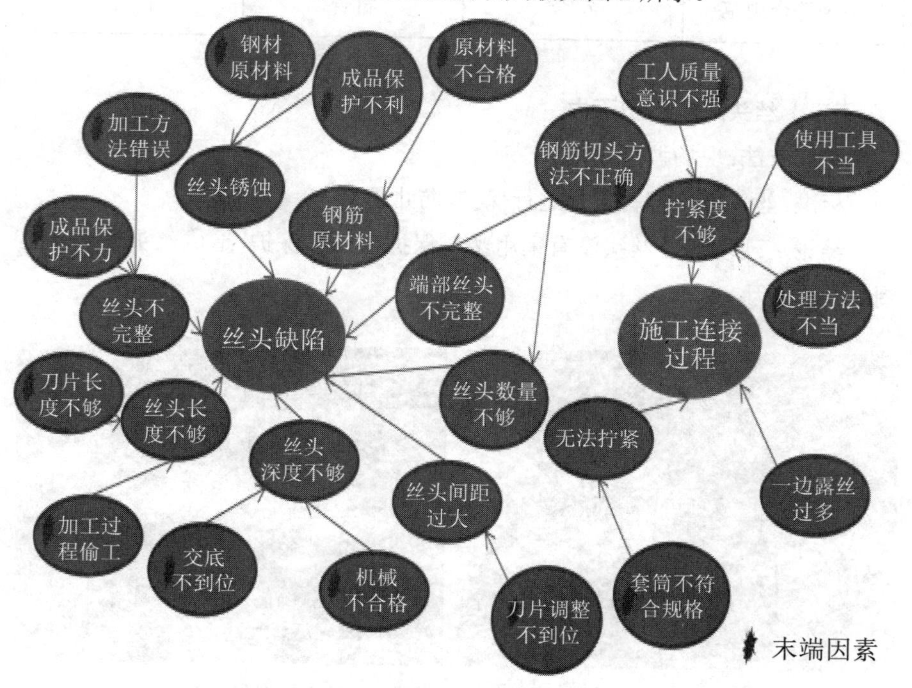

图 2　钢筋直螺纹连接施工质量主要控制项关联图

（一）钢筋原材料不合格

确认方法：对每次进场钢筋进行合格证检查并进行第三方检测。

标准：每次进场钢筋都有合格证并第三方检测合格。

结论：钢筋原材具有合格证且检测合格，为非要因。

（二）加工方法错误或加工过程偷工

确认方法：现场观察加工过程。

标准：符合规范要求。

结论：现场丝头加工方法符合规范要求（见表4），为非要因。

表4　抽查六次加工过程方法是否错误

加工时间	2014.8.23	2014.8.30	2014.9.6
是否符合规范	符合	符合	不符合
加工时间	2014.9.14	2014.9.16	2014.9.19
是否符合规范	符合	符合	符合

（三）丝头成品保护不力

确认方法：现场调查。

标准：丝头采用塑料帽扣进行保护，防止锈蚀。

结论：现场部分丝头没有采用塑料保护套进行保护，造成丝头锈蚀（见图3），为要因。

图3　丝头没有采用塑料帽扣进行保护造成丝头锈蚀

（四）刀片长度不够

确认方法：调查分析。

标准：刀片长度符合规范要求。

结论：刀片长度符合规范要求（见图 4），为非要因。

图 4 套丝机刀片检查合格

（五）交底不到位

确认方法：现场观察直螺纹套筒的施工过程，观察是否按照交底进行施工，并询问工人是否接受了项目管理人员的交底；查内业资料，工人交底记录签字是否有效。

标准：现场工人接受项目管理人员的交底且存在签字的交底记录。

结论：没有发现交底记录，为要因。

（六）机械不合格

确认方法：现场对机械进行检查，并记录。

标准：所有直螺纹套丝机检测完整。

结论：经检查所有直螺纹套丝机合格完好，为非要因。

（七）刀片调整不到位

确认方法：现场对机械套丝刀片进行检查，并记录。

标准：所有套丝机刀片安装合格。

结论：经检查所有直螺纹套丝机合格完好（见图 5），为非要因。

图 5 对套丝机刀片进行检查

(八)套筒不符合规范

确认方法:现场调查套筒是否为国标,内业查套筒的型式检测报告。

标准:套筒为国标,具有型式检测报告。

结论:套筒有型式检测报告,且检测合格,为非要因。

(九)拧紧方法不对

确认方法:现场对拧紧方法进行检查。

标准:拧紧方法正确,符合规范,能够拧紧套筒。

结论:拧紧方法不正确,导致套筒一边拧紧一边不能拧入,为要因。

(十)使用工具不当

确认方法:现场调查。

标准:扳手长度所产生的力矩能够拧紧套筒。

结论:扳手长度为 650 mm 所产生力矩能够使得套筒拧紧,为非要因。

(十一)钢筋截断方法不对

确认方法:现场调查统计。

标准:截断平面平整,无斜口。

结论:钢筋采用切断机切断,断头为斜口(见图 6),为要因。

图 6　对断头进行检查

七、制订对策

对策措施如表 5 所示。

表 5　对策措施表

序号	要因	对策	目标	措施	完成时间	实施地点
1	丝头没有进行保护	丝头采用塑料帽进行保护	所有丝头都能得到有效地保护并不会锈蚀	定期进行现场巡查（每天一次）对没有采用塑料帽保护的丝头进行保护	2014 年 12 月 10 日	施工现场
2	交底不到位	对工人进行现场实际操作的交底	每个工人能够按照技术交底施工	在日常现场质量管理的过程中不断发现工人操作上的不正确及时纠正，并在现场进行统一交底	2014 年 8 月 31 日	施工现场
3	套丝拧入方法不正确	研究切实可行的拧紧方法	能让每个直螺纹套筒都拧紧	小组成员针对情况每个人都提出方案后进行讨论并现场实施	2014 年 8 月 20 日	会议室及施工现场

续表

序号	要因	对策	目标	措施	完成时间	实施地点
4	钢筋截断截面为斜口	研究出适合现场施工且能保证施工质量	截断切口平直	小组成员针对情况每个人都提出方案后进行讨论并现场实施	2012 年 8 月 20 日	会议室及施工现场

八、对策实施

（一）丝头采用塑料帽进行保护，确保丝头不锈蚀

经过小组成员共同研究并结合以往工程的施工经验，决定对现场加工好的丝头和作业面没有进行施工的丝头采用塑料帽进行保护（见图 7，8），有效避免现场丝头的锈蚀，保证接头的连接质量。

图 7　加工现场丝头用塑料帽扣进行保护

图 8　工作面丝头用塑料帽扣进行保护

实施效果展示如图 9，10 所示。

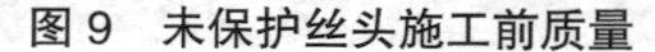

图 9 未保护丝头施工前质量

图 10 塑料帽扣保护后施工前丝头质量

（二）对工人进行现场实际操作的交底和理论交底

经过小组成员的调查，得出结论现场工人没有得到有效地现场技术交底指导，决定在现场对所有的施工人员进行现场的交底并形成交底记录（见图 11，12）。

图 11 对工人进行现场交底

图 12 操作过程中进行技术指导

实施效果展示如图 13，14 所示。

图 13 未交底前实施效果

图 14 交底后实施效果

（三）研究出切实可行的拧紧方法

经过小组成员的研究和对前期方法进行分析，得出一套可操作的，能够有效保证施工质量的直螺纹拧紧方法，如图 15 ～ 18 所示。

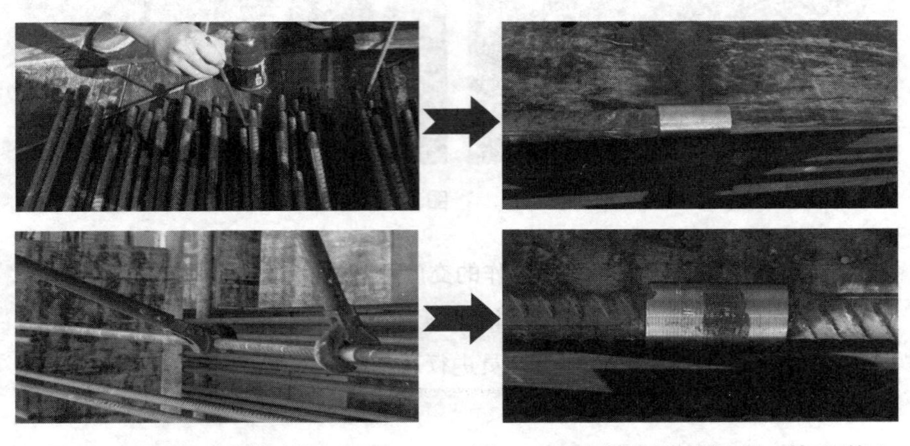

图 15　利用扳手将接头进行拧紧　　图 16　将套筒连接到丝扣上到标示停止

图 17　采用力矩扳手进行检查　　图 18　检查完成进行合格标记

（四）采用砂轮切割机进行钢筋的截断

经过小组成员共同研究并结合工地施工经验及现有机具的利用，决定采用砂轮切割机进行直螺纹机械连接接头处钢筋的截断，能有效保证丝头端面的完整（见图 19，20）。

图 19 钢筋截断使用机械（砂轮切割机）

图 20 钢筋截断过程

实施效果展示如图 21，22 所示。

图 21 普通截断机截断钢筋效果

图 22 采用砂轮切割机截断效果

九、检查结果

（一）质量效益

通过上述措施的制订与实施，直螺纹施工质量的合格率达到了预定的要求。小组于 2015 年 1 月 10 日对现场随机 100 个加工丝头和 100 个连接接头进行了检查，合格率具体统计如表 6 所示。

表 6　质量效果检查统计表（2 000 ㎡）

序号	检查项目	检查数量	合格数量	合格率	综合合格率
1	丝头缺陷	100	99	99%	98.3%
2	连接缺陷	100	98	98%	

（二）社会效益

通过本次 QC 活动，QC 小组取得了良好的成绩，很好地解决了施工中钢筋直螺纹机械连接合格率低的质量通病，获得业主、监理、设计等单位的好评，向各方表明了项目部有能力，也有信心把质量搞好，增强了各方对项目评奖创优的信心。

通过此次活动对各方产生了积极影响，提升了企业的形象，扩大了企业在某市的影响力。

（三）经济效益

本 QC 小组通过此次活动，不但取得了良好的社会效益，也取得了可观的经济效益。由于提前控制好了钢筋直螺纹机械连接的施工质量，因此，避免了工程中对直螺纹接头的返工损失，为工程有序进行创造了良好的条件，缩短了工期，节约了成本，综合经济效益显著。此工程预计节约费用约 18 720 元。计算如下：

按照每个钢筋技术工每天能够完成不合格直螺纹机械连接修复 100 个计算，QC 活动前合格率为 90%，此工程每 2 000 ㎡地下室约有直螺纹连接 3 000 个，此工程地下室总共面积为 60 000 ㎡，直螺纹连接 9 万个，共计需返工 9 000 个，需要 90 工日，每工日按 260 元计算，共计需要 23 400 元；QC 活动后返工所需工日为 18 工日，消耗 4 680 元。经计算此工程共计减少损失 18 720 元。

QC 活动减少返工工期大约为 10 个日历天，按此工程工期责任状中每延误工期 1 d 赔偿业主 5 万元，经计算节省 50 万元。

十、总结

通过开展本次 QC 活动，QC 活动小组提高了钢筋直螺纹连接施工质量的合格率，圆满地完成了预期目标。本次活动不仅增进了活动小组人员的 QC 知识，加强了人员责任心与质量意识，而且激发了员工的工作热情，提升了创造力，增强了个人团队意识，使整个团队更加凝聚，工作效率显著提升，为今后开展其他 QC 活动打下了坚实的基础。小组活动自我评价打分详见表 7 所示。

表 7　自我评价打分表

项目	自我评价（总分 5 分）	
	活动前	活动后
质量意识	3	5
个人能力	3	4.5
QC 知识	1.5	3.5
责任心	4	5
团队精神	3	5
工作热情	3	5

提高混凝土结构竖向钢筋安装质量

——以 GHW 镇新城服务中心项目部 QC 小组为例

一、工程概况

GHW 镇新城便民服务中心、社区卫生服务中心工程总建筑面积为 16 196.1 ㎡，共包括 2 幢建筑单体。结构为现浇框架，地上四、五层，地下一层。

此工程结构混凝土强度等级为 C35，C30，C25；采用的钢筋类型有 HPB235，HRB335，HRB400，纵向受力钢筋最小直径 Φ14 mm，最大直径 Φ25 mm。

二、选题理由

（1）合同明确要求工程结构质量确保“某市优质结构奖”，竣工争创某市“甬江杯”。

（2）杜绝因竖向钢筋安装偏差引起的质量隐患。由于大部分结构中竖向配筋规格较细，容易出现位移过大，造成混凝土结构性能的承载力下降、裂缝宽度超标、挠度超限等隐患，影响工程结构的安全性、适用性和耐久性。

（3）降低质量缺陷可以减少后序施工的抹灰量，因此，造成人工和材料的损耗。

为此，QC 小组决定本次攻关的课题为：提高混凝土结构竖向钢筋安装质量。

三、现状调查

2015 年 5 月 22 日，QC 小组对已浇筑的地下室的剪力墙、柱部位进行检查，共检查 200 个点，发现竖向钢筋位置偏差超过规范允许范围内的有 50 处，合格率为 75%。

通过对检查结果的统计归纳，得出影响竖向钢筋安装质量的 5 类缺陷问题，结果见表 1。

表 1 竖向钢筋安装质量缺陷情况调查表

序号	质量问题	频数	频率	累计频率
1	纵横向位移偏差	22	44%	44%
2	保护层厚度偏差	13	26%	70%
3	间距不均匀	7	14%	84%
4	尺寸加工不标准	5	10%	94%
5	其他缺陷	3	6%	100%
合 计		50	100%	—

根据质量缺陷统计表，绘制出质量缺陷排列图进行分析，如图 1 所示。

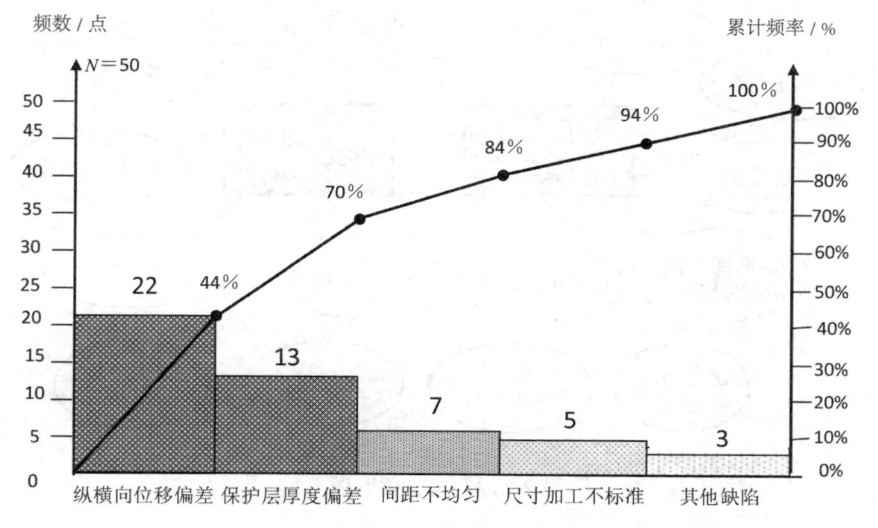

图 1 质量缺陷排列图

从排列图中可以看出，“纵横向位移偏差”和“保护层厚度偏差”累计频率占了整个不合格点数的 70%，是影响竖向钢筋安装质量的主要问题。

因此解决“纵横向位移偏差”“保护层厚度偏差”是 QC 小组活动的主要方向。

四、确定目标

QC 小组将活动的目标值确定为：质量合格率提高到 90% 以上，同时提高竖向钢筋的安装质量，即

（1）结构的竖向钢筋位移偏差值在规范允许范围内，要求≤ ±5 mm；

（2）墙柱钢筋保护层厚度满足≤ ±3 mm 的规范要求。

五、原因分析

根据设定的目标和目前的质量现状，QC 小组召开头脑风暴会议。2015 年 6 月 20 日，QC 小组针对排列图中得出的主要问题进行了多次讨论，运用图 2 所示的关联图进行分析。

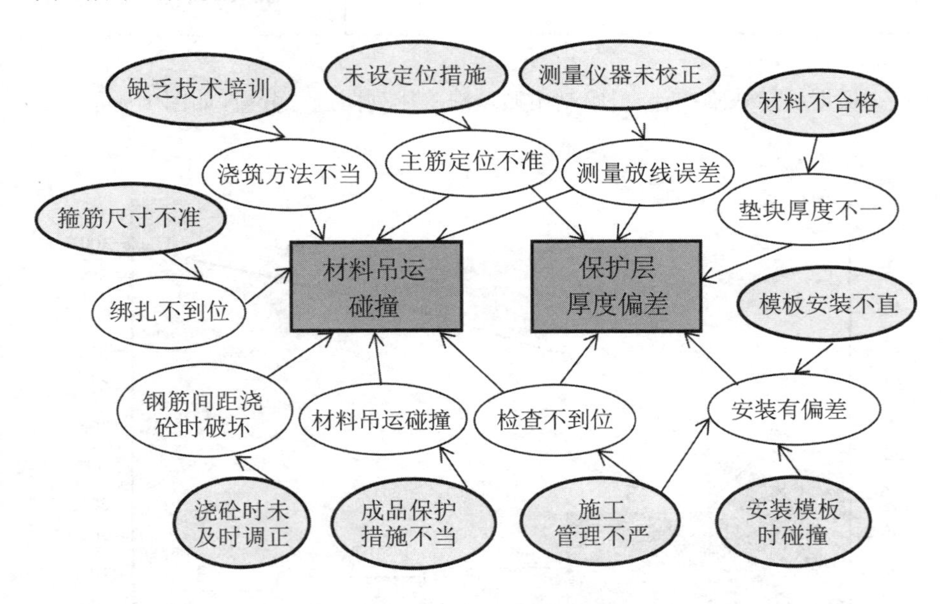

图 2　原因分析关联图

通过关联图，找出 10 条末端因素如下：①缺乏技术培训；②测量仪器未校正；③施工管理不严；④未设定位措施；⑤材料不合格；⑥模板安装不直；⑦安装模板时碰撞；⑧成品保护措施不当；⑨箍筋尺寸不准；⑩浇砼时未及时调正。

六、要因确认

QC 小组由相应人员对各个因素进行逐一分析，对关联图中 10 个末端因素进行了要因确认。

（一）缺乏技术培训

确认方法：调查分析。

确认时间：2015 年 7 月 2 日—7 月 10 日。

标准：检查施工人员是否已接受施工技术培训，测试及格率达 100%。

实测：此工程施工作业人员都有丰富的类似工程的施工经验，另外通过技术交底和对有关规程的教育，加强认识，通过查看施工人员的培训记录，培训平均课时达 15 课时，组织人员进行测试，合格率达 100%，如表 2 所示，故对工程影响小。

表 2　培训教育课时和考试统计表

日期	培训课时	测试分数	人数
2015 年 6 月 15 日	6	80～90 分	11
2015 年 6 月 21 日	5	70～80 分	17
2015 年 6 月 25 日	5	60～70 分	6
合　计	15 课时	不及格	0

结论：非要因。

（二）测量仪器未经校正

确认方法：现场验证。

确认时间：2015 年 7 月 3 日。

标准：校验合格率 100%，仪器使用有校正检测合格证书。

实测：经现场查看所用测量仪器（包括水准仪、全站仪等）的校验合格检定证书，合格证书均在有效期内，满足精度要求。

结论：非要因。

（三）施工管理不严

确认方法：调查分析。

确认时间：2015年7月2日—7月10日。

标准：管理制度健全，责任明确。

实测：管理制度不健全，管理人员及施工人员各自责任不明确，造成管理上的疏漏，无法追究到个人，存在明显的失控现象。

★结论：要因。

（四）未设定位措施

确认方法：调查分析、现场验证。

确认时间：2015年7月5日—7月9日。

标准：严格按照方案、交底要求放置水平定位筋、竖向梯子筋、定位框。

实测：对施工过程进行检查，发现多数竖向钢筋部位未按照方案、交底要求放置水平定位筋、竖向梯子筋、定位框。

★结论：要因。

（五）材料不合格

确认方法：现场检查。

确认时间：2015年7月7日。

标准：砂浆垫块规格一致，强度达到使用要求。

实测：绑扎在主筋上的砂浆垫块使用的规格统一，厚薄一致，砂浆垫块的强度达到使用要求。

结论：非要因。

（六）模板安装不直

确认方法：现场检查。

确认时间：2015年7月4日—7月11日。

标准：模板垂直度不大于5 mm。

实测：施工中发现由于模板的垂直度偏差过大，导致使用剪力墙、框架柱的钢筋定位不准确，使用保护层厚度达不到设计要求。

★结论：要因。

（七）安装模板时碰撞

确认方法：现场检查。

确认时间：2015 年 7 月 4 日—7 月 11 日。

标准：模板安装过程中，不得碰撞变形已绑扎安装完成的钢筋。

实测：模板安装施工中，技术人员对工人进行了完整的技术交底，不得随意挤压和碰撞已经绑扎完成的钢筋工程，模板固定时规范施工，未造成竖向钢筋的位移。

结论：非要因。

（八）成品保护措施不当

确认方法：调查分析。

确认时间：2015 年 7 月 5 日—7 月 10 日。

标准：吊运材料时严禁碰撞钢筋。

实测：现场塔吊在进行吊运各类材料时，现场的塔吊指挥人员均到岗进行指挥作业，同时在楼层有指定空阔区域进行吊运材料的堆放，基本未出现吊运模板、钢管、钢筋等材料时碰撞到钢筋的情况。

结论：非要因。

（九）箍筋尺寸不准

确认方法：现场检查。

确认时间：2015 年 7 月 7 日—7 月 8 日。

标准：尺寸误差在不大于 10 mm。

实测：经现场检查各类钢筋箍筋的加工尺寸，未发现存在的较大的偏差，符合设计图纸和规范要求。

结论：非要因。

（十）浇砼时未及时调正

确认方法：调查分析。

确认时间：2015 年 7 月 2 日—7 月 10 日。

标准：钢筋位置准确，排列顺直。

实测：在浇筑社区卫生服务中心一层剪力墙、柱时，进行 2 次抽查，钢筋值守人员未及时对混凝土浇筑时产生的钢筋位移进行调整；混凝土浇筑完成后，也没有及时进行顺直调整。

★结论：要因。

通过要因确认，汇总的要因为：①施工管理不严；②未设定位措施；③模板安装不直；④浇砼时未及时调正。

七、制订对策

2015 年 7 月 18 日，根据以上要因分析，小组成员根据 5W1H 的原则制订了对策表（见表 3）。

表 3　对策表

序号	要因	对策	目标	措施	地点	完成日期
1	施工管理不严	严格执行现场质量管理制度	管理人员各负其责，严把质量关	严格执行项目部质量奖罚制度和绩效考核制度	施工现场	2015 年 7 月 18—10 月 30 日
2	未设定位措施	在施工的结构部位严格按照方案、交底要求放置水平定位筋、竖向梯子筋、定位框	通过措施筋的布置，有效控制竖向钢筋位移情况的发生	在施工的结构部位严格按照方案、交底要求放置水平定位筋、竖向梯子筋、定位框	施工现场	2015 年 7 月 25—10 月 20 日
3	模板安装不直	严格检测模板垂直度	垂直度不大于5 mm	每块墙、柱模板至少选择 3 个点进行垂直度检测	施工现场	2015 年 7 月 25—10 月 20 日
4	浇砼时未及时调正	施工队派专人进行调整	保证每次砼浇筑时，设有专人看筋	安排专人进行看筋工作，发现钢筋位差立即进行调整	施工现场	2015 年 7 月 15—10 月 30 日

八、对策实施

（一）针对施工管理不严

（1）由项目经理组织制订详细的质量奖罚制度，使工程质量与经济进行挂钩；项目部与每个管理人员签订质量责任书，工人的施工质量水平也是对管理人员的考核标准。

（2）严格验收制度。班组先进行自检，施工员进行复查，复查合格后，质量员再进行验收检查，最后再上报监理进行验收。对违反质量管理制度的班组和工人由小组成员负责下发整改通知单和罚款处理，提高全体员工的质量意识。

实施效果：项目部通过制订质量奖罚制度和下发整改通知等措施，现场质量管理制度得到严格执行。

（二）针对未设定位措施

（1）由 QC 小组成员技术负责人具体负责实施设计竖向钢筋的定位措施，以抵抗在浇筑混凝土时各种外力对竖向钢筋的干扰、碰撞，确保钢筋不发生位移。根据以往施工经验，设计出符合要求施工方便的水平定位筋、竖向梯子筋、定位框。

（2）在确定好定位措施设计方案后，由小组成员现场制作出样品，小组成员施工员负责控制在剪力墙、柱钢筋绑扎成型后进行正确安装。要求施工班组按照方案、交底要求放置水平定位筋、竖向梯子筋、定位框，未经检查的部位不得进行下道工序施工。

实施效果：安装完成检查，结构各部位的剪力墙、柱严格按照方案、交底要求放置水平定位筋、竖向梯子筋、定位框（见图 3）。

图 3　现场实际施工质量图

（三）严格检测模板垂直度

（1）由小组成员对现场模板安装进行现场指导，由小组成员监督检查模板的垂直度。

（2）由小组成员在剪力墙、柱模板安装前弹出模板边线和柱中心线及放大 50 cm 的四周墨线，上部定位采用取面吊线对准放大 50 cm 的外边墨线，用卷尺测量准确后，再用夹具进行定位固定，保证模板的上下垂直。

实施效果：经小组成员检查各结构部位剪力墙、柱模板的垂直度情况，偏差值均控制在 3 mm 以内。

（四）针对浇砼时未及时调正

（1）施工前由小组成员对工人进行技术交底，施工中指导工人正确振捣，钢筋密集的部位钢筋振捣密实，加强对工人的教育，提高其质量意识及成品保护意识。

（2）小组成员负责安排专人（要求责任心强）进行看筋工作，发现竖向钢筋有位移偏差时立即进行调整到位。

实施效果：由小组成员分别在 2015 年 8 月 15 日、2015 年 9 月 5 日对竖向构件混凝土浇筑施工过程进行检查，现场看筋人员到岗值守，对发现有钢筋偏移的及时进行调整。

九、效果检查

通过本次 QC 活动的开展，在主体结构施工阶段，剪力墙、柱的钢筋安装质量一直处于良好受控状态。

QC 小组成员对施工完成的便民服务中心、社区卫生服务中心这两个单体工程的主体结构各楼层部位进行检查记录，检查统计结果如表 4 所示。

表 4　竖向钢筋安装质量合格率调查表

序号	质量问题	抽查点数	缺陷点数	合格率 /%
1	纵横向位移偏差	100	6	94%
2	保护层厚度偏差	100	7	93%
3	间距不均匀	100	7	93%
4	尺寸加工不标准	100	3	97%
5	其他缺陷	100	3	97%
合　计		500	26	95%

从表 5 可以看出，竖向钢筋安装质量达到了预先设定的目标值，质量合格率从 75% 提高到 94%。其中结构的竖向钢筋位移偏差值最大 ±5 mm，墙柱钢筋保护层厚度偏差满足设计和规范要求。

十、总结

根据本次活动实施的过程及效果来看，QC 课题取得圆满的成功。活动成功增强了小组成员对质量管理的信心，为工程的创优打下了坚实基础。

为了巩固 PDCA 循环所取得的成果，项目部对检查的结果及时地对各班组进行通报，在质量例会中进行总结，将上述实施方案在后续相同工程施工中运用，确保整个工程的施工质量及质量管理全面有效长期地开展，从而推动质量的不断提高。

提高框架柱竖向钢筋垂直度

——以某市BLXMH区总部基地4#地块工程项目部QC小组为例

一、工程概况

此工程为某市 BLXMH 区总部基地 2# 地块，由主楼和裙房组成。主楼为地下一层、地上二十二层框筒结构，裙楼为地下一层、地上三层框筒及框剪结构。总建筑面积为 42 457.5 m²，其中地上部分为 32 170.9 m²，地下部分为 10 286.6 m²。建筑结构形式为框架结构，建筑使用年限为 50 年，抗震设防烈度为 7 度。建筑屋面高度 96.00 m，女儿墙最大高度 102.70 m，因而对框架柱竖向钢筋的垂直度要求很高，框架柱主要钢筋级别、规格有 22， 25， 28，框架柱要求纵向受力钢筋混凝土保护层最小厚度 30 mm。

二、选题理由

（1）纵筋偏移轻微的，造成柱筋一侧的保护层过大，另一侧过小，而保护层过大时会在混凝土表面产生裂缝，过小时则会加快钢筋的腐蚀，影响结构的耐久性和黏结性。

（2）纵筋偏移严重的，可能造成框架柱相对于定位轴线错位偏中现象，从而改变原结构的计算图示和受力状况，影响框架柱的承载能力。同时对建筑物的美观和使用也造成影响。

（3）因为在结构实体钢筋保护层厚度检测中没有要求对柱子也进行检测，造成施工单位在潜意识中就轻视了柱子钢筋保护层厚度的重要性。

（4）工程质量目标是以创“结构优质奖”为中心，确保“甬江杯”，纵筋偏移严重的会直接影响到该工程创优夺杯的成败。

三、现状调查

2014 年 3 月 1 日—6 月 1 日期间，QC 小组对主体施工中的 1# 楼 2 ～ 5 层和 2# 楼 2 ～ 9 层的框架柱纵筋偏位现象进行了实测，先后共选取了 200 个点，弹出点所在框架柱的边框线，然后用尺子测量纵筋到边框线的距离，统计数据如表 1 所示。

表 1 框架柱纵筋偏位表

序号	纵筋离柱子边框线距离	频数	频率 / %	累计频率 / %
1	超出边框线	2	1%	1%
2	0 ～ 25 mm	20	10%	11%
3	25 ～ 35 mm	166	83%	94 %
4	≥ 35 mm	12	6%	100%
合计		200	100%	100%

根据框架柱纵筋偏位表，得出相应的排列图如图 1 所示。

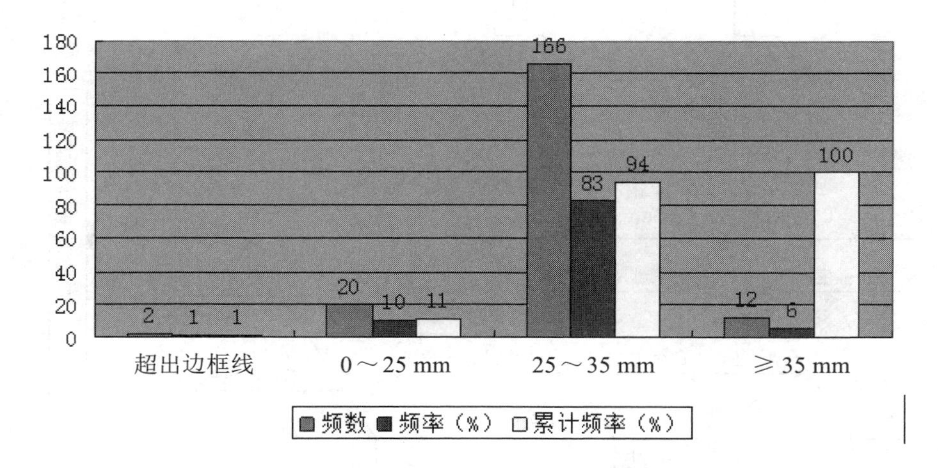

图 1 框架柱纵筋偏位情况排列图

结论：

因为在结构实体钢筋保护层厚度检测中没有对柱子要求进行检测，所以，我国在施工质量验收规范中对柱子的保护层厚度允许偏差没有明确的规定，因此，项目部将钢筋安装时柱子保护层厚度的允许偏差 ±5 mm 作为判定保护层是否合格的依据，即保护层厚度应处在 25 ～ 35 mm 之间。

从调查数据可以看出，纵筋离柱子边框线距离处在 25 ～ 35 mm 范围内的只占到 83%，不合格的占到 17%，所以，控制保护层厚度，将纵筋离柱子边框线距离控制在 25 ～ 35 mm 范围内是钢筋工程控制的关键点。

四、确定目标

以创“结构优质奖”为中心，确保“甬江杯”的质量目标，控制保护层厚度，将纵筋离柱子边框线距离控制在 25 ～ 35 mm 范围内，并将这个比例提高到 90% 以上。

五、原因分析

经过实践、分析、讨论，QC 小组成员采用因果分析法对影响框架柱钢筋偏位现象的因素进行分析，如图 2 所示。

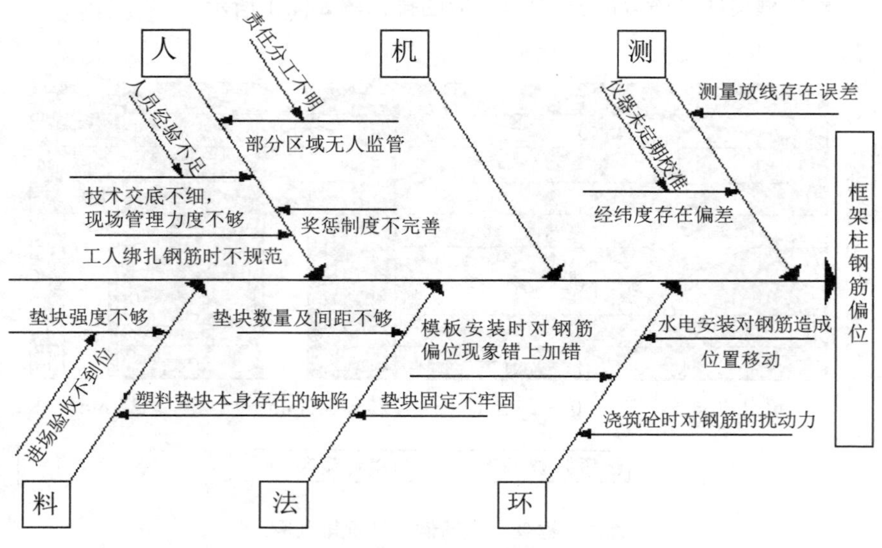

图 2　原因分析

六、要因确认

根据以上末端因素，结合工程现场条件，QC 小组开会对末端因素逐条分析确认结果，如表 2 所示。

表 2 要因确定表

序号	末端因数	确认方法	确认情况	是否要因
1	人员经验不足	调查提问	由于年轻的施工员入项目部时间不长，缺乏实战经验，对一些施工操作的重点不明确	非要因
2	责任分工不明	现场调查了解询问	现场对管理人员进行调查，发现许多责任区责任不明，无人监督施工	要因
3	奖惩制度不完善	讨论分析	未对发生钢筋位移的施工班组进行处罚	非要因
4	工人绑扎钢筋时不规范	现场验证	钢筋绑扎施工中，对于倾斜的竖向钢筋不进行修整，导致成型后的墙柱钢筋倾斜而产生位移	要因
5	塑料垫块本身所存在的缺陷	现场检查检查记录	垫块的选择：进场垫块与样品有偏差，强度不够，进场材料要严格把关	要因
6	塑料垫块进场验收不到位	现场检查检查记录	1. 塑料垫块与钢筋连接处容易发生侧向位移。 2. 塑料垫块本身的强度较低。 3. 塑料垫块的膨胀系数较大，垫块和混凝土内的钢筋容易产生脱离，产生裂缝，加之在柱子上的用量较多，易造成安全隐患	要因
7	垫块数量及间距不够	现场检查检查记录	垫块间距 1.5 m 放置，过于稀疏，不能对钢筋进行有效地支撑，另外工人在操作过程中也存在少放、漏放的现象	要因
8	垫块固定不牢固	现场检查检查记录	垫块没有进行有效地固定，容易发生碰撞变形，失去垫块的作用	要因

续表

序号	末端因数	确认方法	确认情况	是否要因
9	模板安装时对钢筋偏位现象错上加错	现场检查	模板安装过程中，对于钢筋施工不到位的地方不汇报，直接上模，造成钢筋位移	要因
10	水电安装时对钢筋造成的位置移动	现场检查	水电安装过程中（尤其是在钢筋上焊接防雷引下线的时候）对竖向钢筋造成的位置移动	非要因
11	浇筑砼时对钢筋的扰动力	现场检查	混凝土浇筑过程中，振捣工人振捣的方法及振捣位置不正确，振动棒产生的冲击力使钢筋位移	要因
12	仪器未定期校核	现场检查	一台经纬仪在测试过程中发现存在偏差	非要因
13	测量放线存在误差	现场检查	测量人员在测量过程中存在误差，不过均在允许范围内	非要因

通过小组成员讨论确认，要因共有以下八条：

（1）责任分工不明；

（2）工人钢筋绑扎时不规范；

（3）塑料垫块本身所存在的缺陷；

（4）塑料垫块进场验收不到位；

（5）垫块数量及间距不够；

（6）垫块固定不牢固；

（7）模板安装时对钢筋偏位现象错上加错；

（8）浇筑砼时对钢筋的扰动。

七、制订对策

对策措施如表 3 所示。

表 3 对策措施表

序号	要因	对策	目标	措施	地点	时间
1	责任分工不明	建立小组内岗位责任明确制度	建立小组内岗位责任明确制度	建立小组内岗位责任明确制度	现场会议室	2014 年 6 月 2 日
2	工人绑扎钢筋时不规范	对带班进行教育，要求现场工人严格按照规范进行施工	提高工人的质量意识，熟练掌握钢筋绑扎的质量要求	1. 要求班组向作业人员明确规范中规定的钢筋绑扎过程中需要注意的事宜。 2. 现场管理人员加强管理、监督	施工现场	2014 年 6 月 2 日
3	塑料垫块本身所存在的缺陷	采用新型柱筋定位框	采用新型柱筋定位框，解决塑料垫块在自身属性、进场验收以及现场使用中存在的缺陷与不足	1. 施工员根据图纸画出定位框尺寸。 2. 由技术部门审核后交加工厂加工。 3. 召集现场操作人员进行交底，明确定位框的使用方法及注意事宜。 4. 现场管理人员实时进行检查，确认工人是否按交底进行操作	办公室和施工现场	2014 年 6 月 2 日—6 月 5 日
4	塑料垫块进场验收不到位					
5	垫块数量及间距不够					
6	垫块固定不牢固					
7	模板安装时对钢筋偏位现象错上加错	对工人进行教育，严格按照交底进行施工	工人进行模板施工时发现钢筋位移的及时通知项目部对钢筋工要求整改	对工人进行交底，严禁不规范施工，对于钢筋不到位处，经钢筋工修正后才可安装模板	施工现场	2014 年 6 月 2 日

续表

序号	要因	对策	目标	措施	地点	时间
8	浇筑砼时对钢筋的扰动	对工人进行现场交底，正确使用振捣棒	浇筑混凝土时避免碰撞钢筋，引起钢筋位移	施工前对工人进行技术交底，施工中指导工人正确振捣	施工现场	2014年6月2日

八、对策实施

（一）针对责任分工不明

由小组组长在现场会议室主持召开减少框架柱纵筋偏位现象责任分工会议，会议中明确小组内管理人员岗位责任制度，深刻了解、体会责任的重要性而且刻不容缓，会后由组长带头全部在责任状上签字确认。

（二）针对工人钢筋绑扎不规范

（1）召开技术交底会，对工人进行现场交底，并进行样板钢筋绑扎，现场讲解质量要求。

（2）制订奖罚制度，对不严格按照规范进行绑扎的现象做出处罚。

（3）加强管理，在现场一旦发现有钢筋绑扎不规范现象的，立即向作业人员指出，并要求做出改正。

（三）针对采用新型柱筋定位框

（1）施工员先根据图纸，确定此工程框架柱的类型，不同的柱子截面尺寸和配筋所用到的定位框也是不同的，最后按照不同的类型绘制出特定的定位框平面图（见图3，4）。

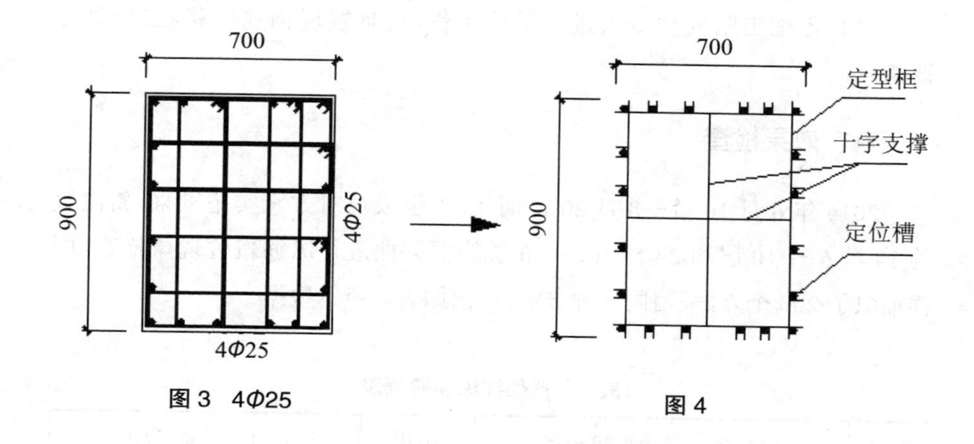

图3 4Φ25　　图4

（2）选用 Φ14 mm 钢筋作为柱筋定位框的材料。

（3）由技术部门审核后交加工厂加工，加工厂根据图纸尺寸制作定型模具，经过检查验收及试焊合格后进行大批量生产。

（4）召集现场的操作人员，对柱筋定位框的使用方法及注意事项进行交底，明确在施工过程中，柱筋定位框应与箍筋同时安装，并且根据现场楼层的层高，确定在每根柱子的上端和下端共安装 2 个柱筋定位框，部分层高超过 4 m 的楼层，则在柱子中间部位再增加一个柱筋定位框。

（5）项目管理人员实时到现场进行检查，确认作业人员是否已经能够正确使用柱筋定位框，发现有不规范处，及时做出指正。

（四）针对模板安装时对钢筋偏位现象错上加错

（1）一方面要求管理人员在施工前对工人进行技术交底，严禁不规范施工，对已产生位移的竖向钢筋，必须经过钢筋工修正后方可进行模板安装。

（2）施工过程中严格执行“三检”制度，未经验收合格不得进行下道工序施工。

（3）加强对模板定位的校核，必须坚持对模板垂直度、下口控制边线和上口尺寸的复核。

（五）针对砼浇筑时对钢筋的扰动

（1）施工前对工人进行技术交底，施工中指导工人正确使用振捣棒，尤其在钢筋密集的部位要求振捣密实的同时避免对钢筋进行碰撞。

（2）加强对工人的教育，提高其质量意识及成品保护意识。

（3）各施工队安排专人进行看筋工作，一旦发现钢筋位移，立刻进行调整。

九、效果检查

2014 年 6 月 10 日—8 月 20 日期间，小组成员对方案实施以来，新浇筑的 1# 楼 6 ～ 10 层和 2# 楼 10 ～ 16 层的框架柱进行纵筋偏位现象检查，同样抽取了 200 个点，采用同一种方法，得出如表 4 所示数据。

表 4　框架柱纵筋偏位表

序号	纵筋离柱子边框线距离	频数	频率	累计频率
1	超出边框线	0	0%	0%
2	0 ～ 25 mm	8	4%	4%
3	25 ～ 35 mm	186	93%	97%
4	≥ 35 mm	6	3%	100%
合计		200	100%	—

由图 5 可以看出，框架柱钢筋保护层厚度合格率已经达到 93%，达到了预定的目标值。

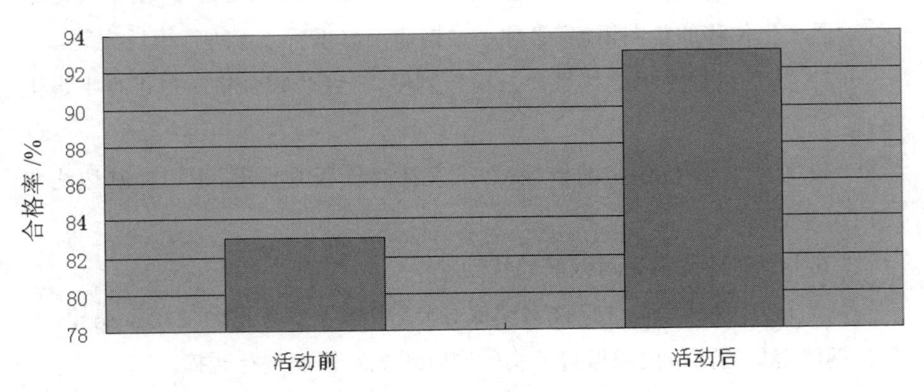

图 5　框架柱钢筋保护层厚度合格率对比表

十、总结

通过这次 QC 小组活动，对减少此工程框架柱纵筋偏位现象有了明显的效果。同时还提高了 QC 小组人员分析问题和解决问题的能力，增强了项目部自身的凝聚力，也提高了大家的现场管理水平，并在解决问题的过程中认识到在现场管理中的不足，以便能够在今后工作中不断地改进、完善。

为了巩固每次 PDCA 循环所取得的成果，项目部对检查的结果及时地对各班组进行通报，在质量例会中进行总结，确保整个工程的施工质量及质量管理全面有效长期地开展，从而推动质量的不断提高。项目部将此次 QC 小组活动的经验和教训以及原始数据资料详细地加以总结整理，形成文字记录，以更好地指导今后的工作，并积累宝贵的经验。

提高桥梁花瓶墩钢筋安装一次合格率的方法

——以某市 LS 国际机场三期扩建工程市政配套工程项目部 QC 小组为例

一、工程概况

某市 LS 国际机场三期扩建工程——市政配套工程，涉及市政道路主干道长度 3 158 m，次干道 4 558 m，支路 4 328 m；高架匝道，地面桥梁 2 座；给排水管，泵站 2 座、施工期临时泵站 1 座，临时水泵房，场内供电管网，通信管道。其中，桥梁工程高架部分包括 8 个路段：T2 航站楼进、离场匝道（R1，R2，R3，R4，R5，R7 匝道）；新建跨线桥（J3，J4 跨线桥）。高架共涉及桥墩 126 个，其中花瓶墩有 89 个，花瓶墩高度在 1.5 ～ 9.1 m（见表 1）。

表 1　各匝道花瓶墩统计表

匝道或跨线桥	总墩数	花瓶墩个数	花瓶墩高度
R1	29	5	1.5 ～ 9.1 m
R2	13	13	
R3	12	10	
R4	4	4	
R5	24	19	
R7	6	6	

续表

匝道或跨线桥	总墩数	花瓶墩个数	花瓶墩高度
J3	17	17	1.5 ～ 9.1 m
J4	21	15	
总计	126	89	

花瓶墩分为墩帽及墩身两部分，其中墩帽统一为 2 m 高，墩身为类矩形直立柱，如图 1 所示。花瓶墩竖向钢筋为 HRB400 $\Phi 32$，箍筋为 HRB400$\Phi 12$ 及 $\Phi 16$，箍筋加密区按 100 mm 布置，标准段为 200 mm 间距。

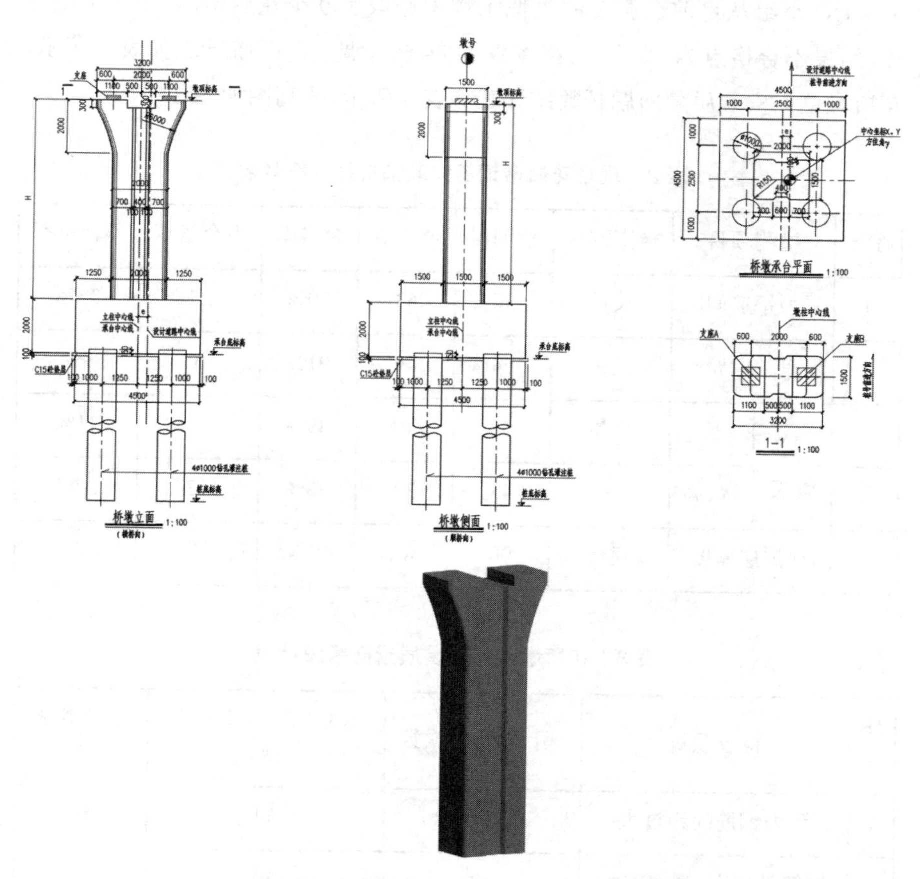

图 1 花瓶墩施工图、三维效果图

二、选题理由

（1）钢筋安装位置会影响结构的保护层厚度，钢筋保护层的厚度太小了会影响结构的耐久性，太大会影响结构的承载能力，重要性不言而喻。

（2）花瓶墩钢筋形状复杂，制作要求高，主筋为 32 mm 的钢筋，一旦成型后便很难调整。

（3）从以前项目施工情况看，花瓶墩钢筋安装一次合格率在 85% 左右，必须进一步提高，且钢筋安装质量直接影响了花瓶墩结构工程施工质量。

三、现状调查

QC 小组从目前在施工的类似工程中选取了 9 个花瓶墩，共 324 个检测点，结果不合格点为 50 个，合格率仅为 84.6%，调查情况统计表如表 2 所示，花瓶墩钢筋安装质量问题频数统计表如表 3 所示，排列图如图 2 所示。

表 2　现场花瓶墩钢筋安装情况抽检统计表

<table>
<tr><th>序号</th><th colspan="2">检测项目</th><th>检查方法</th><th>检测点</th><th>合格点</th><th>合格率</th><th>不合格点</th><th>不合格率</th></tr>
<tr><td>1</td><td colspan="2">受力钢筋间距</td><td>尺量</td><td>90</td><td>63</td><td>70%</td><td>27</td><td>25%</td></tr>
<tr><td>2</td><td colspan="2">箍筋间距</td><td>尺量</td><td>54</td><td>49</td><td>91%</td><td>5</td><td>9%</td></tr>
<tr><td>3</td><td rowspan="2">钢筋骨架</td><td>长</td><td>尺量</td><td>45</td><td>40</td><td>89%</td><td>5</td><td>11%</td></tr>
<tr><td>4</td><td>宽、高</td><td>—</td><td>45</td><td>33</td><td>73%</td><td>12</td><td>27%</td></tr>
<tr><td>5</td><td colspan="2">保护层厚度</td><td>尺量</td><td>90</td><td>87</td><td>97%</td><td>3</td><td>3%</td></tr>
</table>

表 3　花瓶墩钢筋安装质量问题统计表

序号	检查项目	项目不合格次数	缺陷项目发生频率 / %	累计频率 / %
1	受力钢筋间距过大	27	54	54
2	钢筋骨架宽、高偏差大	12	24	78

续表

序号	检查项目	项目不合格次数	缺陷项目发生频率 / %	累计频率 / %
3	箍筋间距过大	5	10	88
4	钢筋骨架长误差大	3	6	94
5	保护层厚度不符合	3	6	100

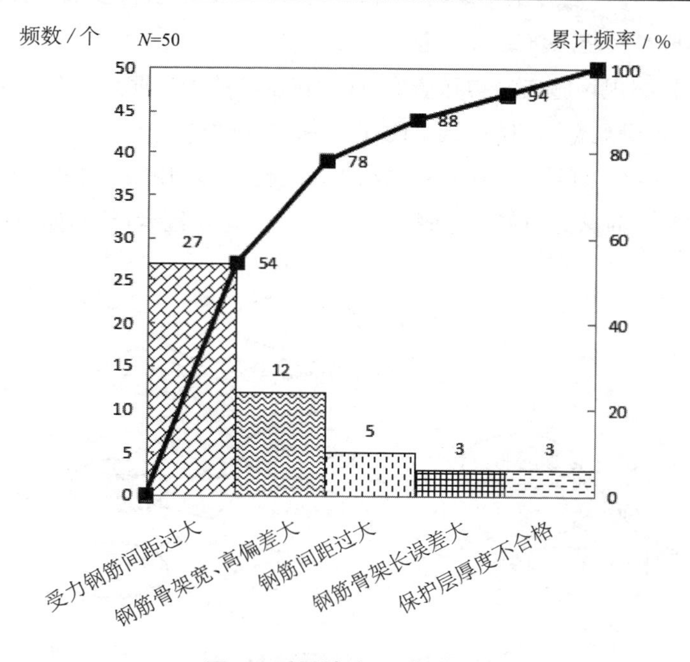

图 2　质量缺陷项目排列图

由图 2 可知：影响花瓶墩钢筋安装合格率的主要问题集中在受力钢筋间距过大，钢筋骨架宽、高偏差大这两方面，占 78%，是本次 QC 小组活动要解决的主要问题。

由表 2 可知，324 个检测点中结果不合格点为 50 个，合格点为 274 个，如果将花瓶墩受力钢筋间距，钢筋骨架宽、高问题解决 80% 后，合格率可达到 [324 − 39×（1 − 80%）− 11]/324×100% = 94.1%，所以，桥梁花瓶墩钢筋安装一次合格率定在 93% 是合理的。

四、设定目标

QC 小组将目标设定为:桥梁花瓶墩钢筋安装一次合格率达到 93%。

五、原因分析

针对现状调查中找出的主要问题——受力钢筋间距过大,钢筋骨架宽、高偏差大,小组成员召开了专题会议,做出了如下分析:

(1)QC 小组召开了“原因分析会”,会议由组长主持,参加人员包括 QC 小组全体成员及施工班组部分施工人员。

(2)根据现场施工的实际情况,针对花瓶墩的施工要点以及产生受力钢筋间距、钢筋骨架宽高问题的原因进行了探讨、分析。

(3)根据会议研究、分析讨论的结果,结合成员提出的影响受力钢筋间距、钢筋骨架宽高问题的因素进行概括,并对提出的影响因素,绘制如图 3 所示的关联图。

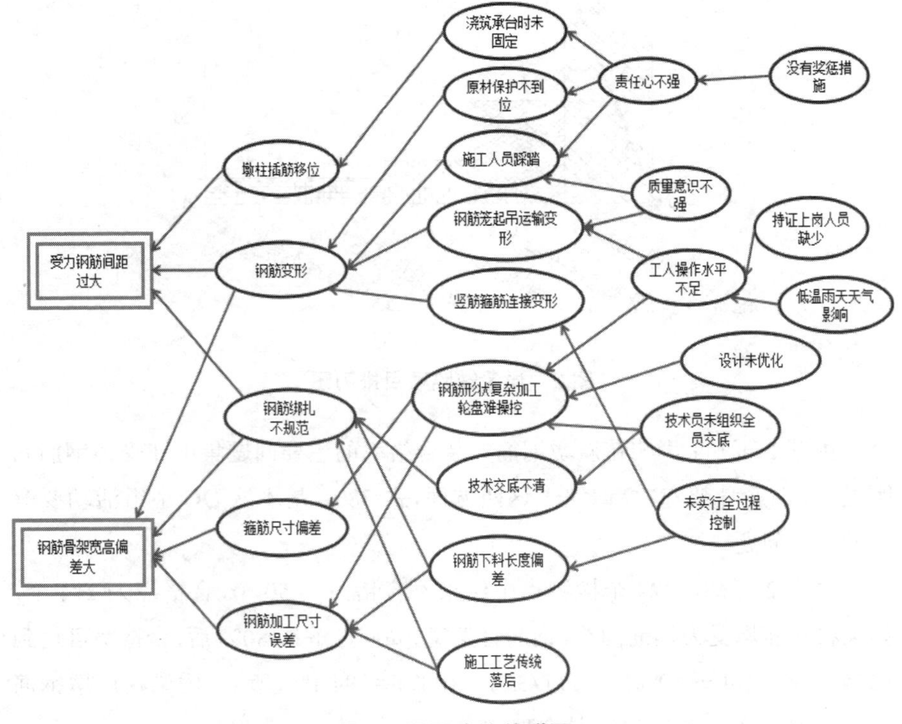

图 3 要因确认关联图

要因确认计划表如表 4 所示。

表 4 要因确认计划表

序号	末端因素	确认内容	确认方法	确认标准
1	没有奖惩措施	现场作业人员的奖励惩罚管理制度	调查分析	管理制度制订
2	质量意识不强	调查作业人员对施工质量的内容是否掌握	现场调查理论测试	对作业人员进行理论测试，合格率达 80% 以上
3	持证上岗人员缺少	确保钢筋班、泥工班、起重机械工人持证上岗	调查分析	调取工人登记备案记录、证书确认
4	低温雨天天气影响	记录每天施工班组的作业情况及天气情况	现场调查	与晴天的工作质量一致
5	技术员未组织全员交底	调查现场技术交底是否及时到位	调查分析	工人交底达到 100%
6	未实现全过程控制	花瓶墩钢筋加工成型多个工序，需要层层相扣，相互衔接	现场调查	各部门单位联合验收
7	设计未优化	调查现场钢筋的连接是否存在冲突	现场调查	调整钢筋后施工便利快速
8	施工工艺传统落后	对比传统绑扎与预制吊装钢筋的变形情况及花瓶墩成型后的保护层情况	现场调查	预制花瓶墩合格率达到 90% 以上

六、要因确认

根据要因确认计划表，小组从各个方面积极开展活动，认真分析成因，并将要确认情况进行整理，列表如下：

（一）没有奖惩措施

针对没有奖惩措施的调查分析如表 5 所示。

表 5　管理制度情况表

<table>
<tr><td>确认方法</td><td colspan="2">调查分析</td></tr>
<tr><td>确认标准</td><td colspan="2">管理制度是否制订，若无相关制度，则为要因；制订了则为非要因</td></tr>
<tr><td>确认内容</td><td>2016 年 10 月 9 日，小组成员专人检查了项目部相关管理制度及制度中的各项规定，工人的培训情况。制度中对工程出现质量问题有明确规定相关班组进行整改落实</td><td>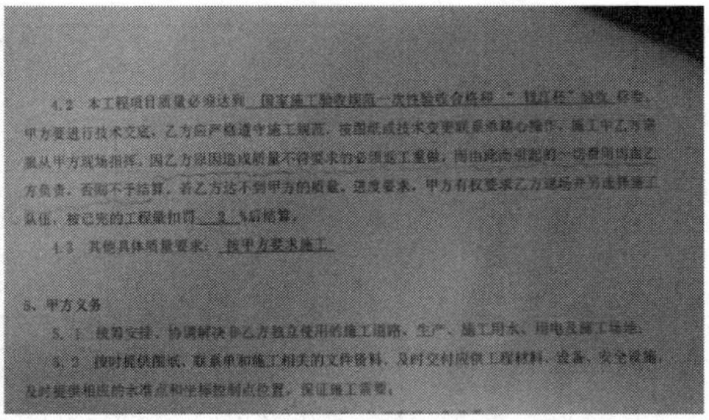
4.2 本工程项目质量必须达到 国家施工验收规范一次性验收合格和"钱江杯"验收 标准。甲方要进行技术交底，乙方应严格遵守施工规范，按图纸或技术变更联系单精心操作，施工中乙方需服从甲方现场指挥，因乙方原因造成质量不符要求的必须返工重做，因由此而引起的一切费用由乙方负责，否则不予结算，若乙方达不到甲方的质量、进度要求，甲方有权要求乙方退场并另选择施工队伍，按已完的工程量扣罚 5 %后结算。
4.3 其他具体质量要求： 按甲方要求施工
5、甲方义务
5.1 统筹安排，协调解决非乙方独立使用的施工道路、生产、施工用水、用电及施工场地。
5.2 按时提供图纸、联系单和施工相关的文件资料，及时交付应供工程材料、设备、安全设施，及时提供相应的水准点和坐标控制点位置，保证施工需要。</td></tr>
<tr><td>结论</td><td colspan="2">非要因</td></tr>
</table>

（二）质量意识不强

针对质量意识不强的调查分析如表 6 所示。

表 6　质量意识情况表

<table>
<tr><td>确认方法</td><td colspan="2">现场调查、理论测试</td></tr>
<tr><td>确认标准</td><td colspan="2">对作业人员进行理论测试，合格率达 80% 以上则为非要因，低于 80% 为要因</td></tr>
<tr><td>确认内容</td><td>2016 年 10 月 10 日，小组成员专人对作业队施工人员共计 20 人，进行了简单的质量意识理论测试，合格人数为 17，合格率为 85%</td><td>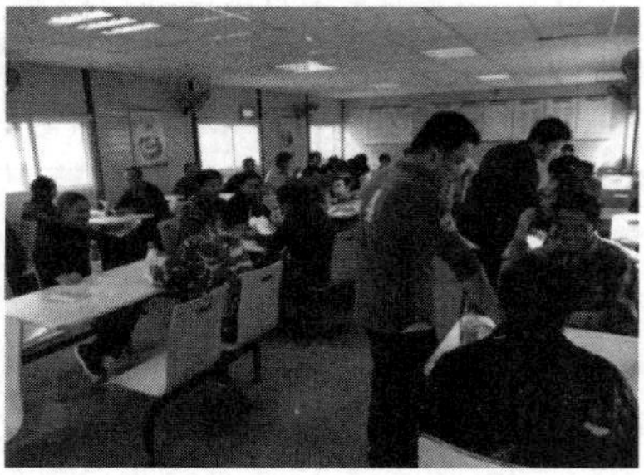</td></tr>
<tr><td>结论</td><td colspan="2">非要因</td></tr>
</table>

（三）持证上岗人员缺少

针对持证上岗人员缺少的调查分析如表 7 所示。

表 7　施工人员持证上岗情况表

确认方法	调查分析	
确认标准	调取工人登记备案记录，证书确认。若施工人员人证相符则为非要因；反之，则为要因	
确认内容	2016 年 10 月 10 日，小组成员专人核对了作业队施工人员证书及现场实际操作人员的情况，起重机械司机均在登记内，各班组人员均已培训备案，各司其职	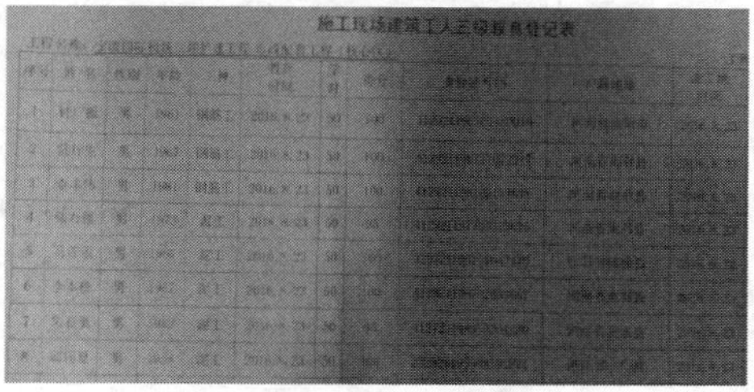 施工现场建筑工人三级教育登记表
结论	非要因	

（四）低温雨天天气影响

针对低温雨天天气影响的调查分析如表 8 所示。

表 8　低温雨天情况表

确认方法	现场调查	
确认标准	低温雨天与晴天的工作质量是否一致，若一致则为非要因；反之为要因	
确认内容	2016 年 10 月 15 日，小组成员专人对当天施工作业进行了评估，钢筋下料统一在钢筋棚内加工不受雨天的影响；外业工作雨天便不进行	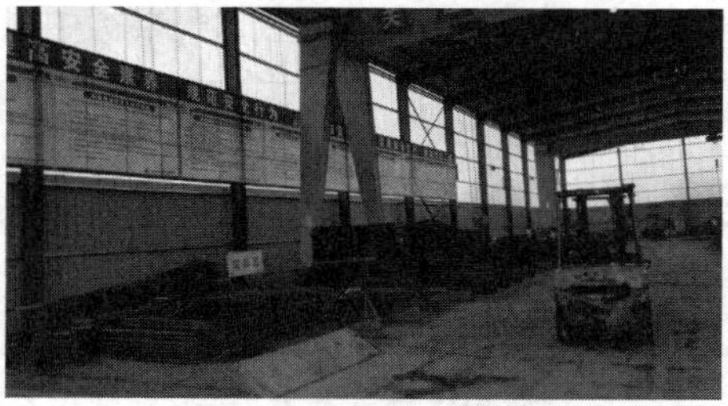
结论	非要因	

（五）技术员未组织全员交底

针对技术交底的调查分析如表 9 所示。

表 9　技术交底情况表

确认方法	调查分析	
确认标准	现场是否有技术交底记录，交底的时间是否在工序开始之前，参加人员名单及最后的签字确认情况是否符合要求	
确认内容	2016 年 10 月 11 日，小组成员核对了作业队施工人员的情况，现场施工人员均已签字接受技术交底	
结论	非要因	

（六）未实现全过程控制

针对施工工序的调查分析如表 10 所示。

表 10　施工工序情况表

确认方法	现场调查	
确认标准	各道工序是否自检合格后再报验，报验合格后再进行下道工序施工，若各程序达到则为非要因；反之为要因	
确认内容	2016 年 10 月 13 日，小组成员指定专人对各项工序衔接进行跟踪，检查花瓶墩钢筋情况，个别花瓶墩箍筋变形，竖筋与箍筋连接不到位。	
结论	要因	

（七）设计未优化

针对设计情况的调查分析如表 11 所示。

表 11 设计情况表

<table>
<tr><td>确认方法</td><td colspan="2">现场调查</td></tr>
<tr><td>确认标准</td><td colspan="2">调整钢筋后施工便利快速，若施工方便迅速，则为要因；反之为非要因</td></tr>
<tr><td>确认内容</td><td>2016 年 10 月 12 日，小组成员专人与设计联系沟通，将部分箍筋的 135° 弯钩调整为 10d 焊接，便于施工的同时也减小了竖筋与箍筋之间连接空隙</td><td> </td></tr>
<tr><td>结论</td><td colspan="2">要因</td></tr>
</table>

（八）施工工艺传统落后

针对施工工艺的调查分析如表 12 所示。

表 12 施工工艺情况表

<table>
<tr><td>确认方法</td><td colspan="2">现场调查</td></tr>
<tr><td>确认标准</td><td colspan="2">对比传统现场绑扎，钢筋骨架整体预制的外观变形情况及骨架钢筋保护层与设计值的误差是否缩小。若有则为要因，否则为非要因</td></tr>
<tr><td>确认内容</td><td>2016 年 10 月 14 日，小组成员专人组织班组进行花瓶墩钢筋预制，成型后钢筋骨架美观变形小，且与设计值的误差明显缩小</td><td> </td></tr>
<tr><td>结论</td><td colspan="2">要因</td></tr>
</table>

将要因确认表进行筛选后，整理出以下三点要因：

（1）未实现全过程控制；

（2）设计未优化；

（3）施工工艺传统落后。

七、制订对策

找到了问题的关键所在后，小组对分析整理出来的三条要因，经过认真的讨论，对其按照5W1H原则，研究对策、制订目标、限定时间、落实责任到人。对策表如表13所示。

表13　对策表

序号	要因	对策	目标	措施	地点	完成时间
1	未实现全过程控制	加强各工序各部位的监督检查	全面提高对各项工序各部位的完成质量	1. 各部位工序进行施工时要确认上道工序检验合格；2. 各部门加强对自己工作的要求和监督	现场	2016.10.21
2	设计未优化	请求设计优化	沟通调整部分箍筋降低竖筋箍筋间的空隙	积极与设计沟通联系，并让设计单位出联系单	项目部	2016.10.21
3	施工工艺传统落后	摒弃传统施工方法，采用新工艺	采取新工艺使保护层合格率达到95%以上	1. 钢筋下料加工采用工厂化处理，减小误差；2. 花瓶墩钢筋骨架采用预制	现场	2016.10.22

八、对策实施

（一）未实现全过程控制

2016年11月3日下午，QC小组在项目部会议室组织召开了对策讨论会（见图 4），组长介绍了开展此次活动的原因，各部门相关人员参与讨论，发表意见和建议，形成良好的舆论氛围。

2016 年 11 月 7 日上午，QC 小组再次组织相关人员，对如何实现过程控制的方法进行汇总，编制了相关方案。

针对现场实际情况，小组制订了工序检验表（见图 5），对各部位设置了相应负责人，各部位自检互检合格签字后方可进入下道工序施工。

效果验证一：根据现场实际检查，11 月 10 日在作业的几个花瓶墩钢筋安装质量较之前有了明显的提高。

图 4　对策讨论会

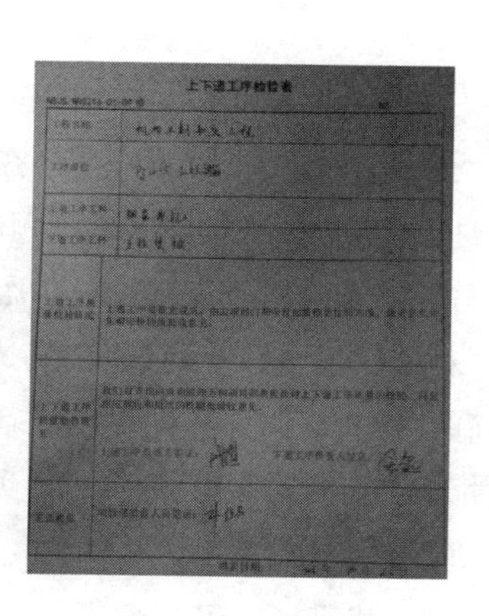

上下道工序检验表

图 5　工序检验表

（二）设计未优化

在了解现场施工难度后，小组成员在施工现场做了一组对比试验，记录开口箍与封闭箍的实际对比情况。发现采用封闭箍的方式时，施工速度明显加快，同时竖筋与箍筋的间隙明显缩小（见图 6）。

小组讨论后，与设计单位进行联系，是否可以更改箍筋形式。经商议后，设计单位提出花瓶墩部分箍筋可采用 10*d* 焊接的封闭箍形式，但底部的加密段根据抗震规范必须采用 135° 的弯钩，同时设计单位也下发了联系单（见图 7）。

效果验证二：调整后竖筋箍筋间隙得到了明显控制，骨架宽度偏差进一步缩小，同时工人施工效率也得到了提升，减少了花瓶墩钢筋绑扎的时间。

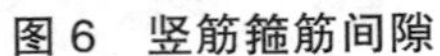

图 6　竖筋箍筋间隙

图 7　联系单

（三）施工工艺传统落后

2016 年 11 月 3 日，小组召开会议讨论施工工艺改进问题。会后决定组织一批工人对花瓶墩钢筋进行预制，对钢筋加工准备引进数控弯曲机（见图 8），与传统方法比较评估预制花瓶墩钢筋实施的可行性。

对比发现，数控弯曲机钢筋成型的质量明显好于传统弯曲机（见图 9），箍筋的大小尺寸、弯曲角度与设计图纸上注明尺寸误差很小；预制花瓶墩钢筋骨架外形美观（见图 10），各项检测项目全部合格，平均合格率可以达到 95% 以上。

因吊装需要竖筋与箍筋的连接方式也由原来的绑扎改为电焊，同时，在花瓶墩中间及两端断面处加设了剪刀撑进行加固（见图 11），保证了钢筋骨架在起吊过程中不变形。

效果验证三：对比在现场插筋，然后进行绑扎的传统施工方法，钢筋安装的质量更容易进行控制。

图 8　数控弯曲机

图 9　传统弯曲机

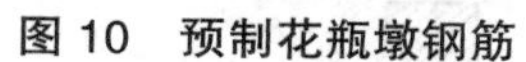
图 10 预制花瓶墩钢筋

图 11 吊装加固剪刀撑

九、效果检查

（一）目标完成

通过各项有针对性的措施实施，以及在 QC 小组全过程严格监控下，项目后期桥墩钢筋安装合格率较之前有了一定的提高，表 14 为 QC 执行后随机抽取的 7 个桥墩钢筋，各断面不取均值，按实际记录。

表 14 花瓶墩钢筋安装质量问题调查表

<table>
<tr><th>序号</th><th colspan="2">检测项目</th><th>检查方法</th><th>检测点</th><th>合格点</th><th>合格率</th><th>不合格点</th><th>不合格率</th></tr>
<tr><td>1</td><td colspan="2">受力钢筋间距</td><td>尺量</td><td>70</td><td>68</td><td>97%</td><td>2</td><td>3%</td></tr>
<tr><td>2</td><td colspan="2">箍筋间距</td><td>尺量</td><td>42</td><td>40</td><td>95%</td><td>2</td><td>5%</td></tr>
<tr><td>3</td><td rowspan="2">钢筋骨架</td><td>长</td><td>尺量</td><td>35</td><td>33</td><td>94%</td><td>2</td><td>6%</td></tr>
<tr><td>4</td><td>宽、高</td><td>—</td><td>35</td><td>34</td><td>97%</td><td>1</td><td>3%</td></tr>
<tr><td>5</td><td colspan="2">保护层厚度</td><td>尺量</td><td>70</td><td>67</td><td>96%</td><td>3</td><td>4%</td></tr>
</table>

通过本次 QC 活动，项目部的桥墩钢筋安装合格率 =242/252=96%，由活动前的 84.6% 提高到 96%，达到并超过了活动目标 93%（见图 12）。

（二）经济效益

小组发现花瓶墩的施工时间也相应缩短了，原本施工顺序为：承台绑扎钢筋→花瓶墩插筋→承台浇筑混凝土→花瓶墩钢筋绑扎→花瓶墩浇筑混凝土，现在变更为承台绑扎钢筋→花瓶墩钢筋吊装→承台浇筑混凝土→花瓶墩浇筑混凝土，在承台施工期间已将花瓶墩钢筋加工完成，优化了工序的衔接，加快了施工进度。同时，也节省了部分现场钢筋绑扎的人工费。

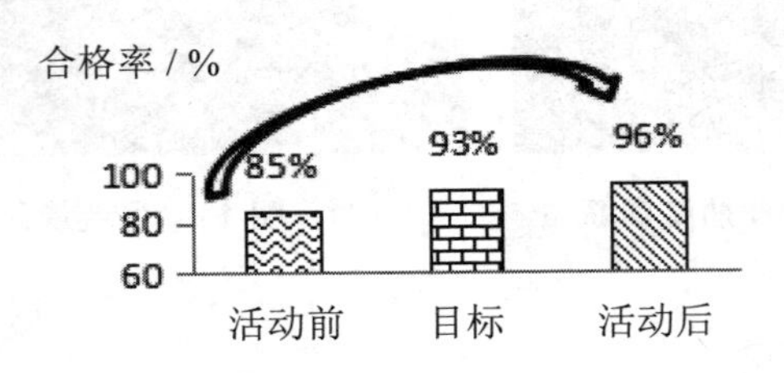

图 12　活动前后及目标对比柱状

花瓶墩钢筋采用预制代替现场绑扎，符合住建部倡导的建筑工业化中的“构配件生产工厂化”这一理念。

十、制订巩固措施

（1）后序工作按照 QC 小组活动的要求，严格执行措施，严把质量关，明确责任，奖罚分明，不断改进，使工程质量不断提高。

（2）将本次 QC 小组活动的经验和原始数据资料详细加以总结整理，形成《桥梁花瓶墩钢筋预制加工作业指导书》，以更好地指导今后的工作，并积累宝贵的经验。

（3）继续对班组人员进行技术培训，使现场施工人员的技术水平得到不断的提高。

十一、总结

本次 QC 活动，小组成员遵循 QC 活动程序，圆满达成活动目标，综合素质得到了提高，积累了宝贵的施工管理经验。对活动前后的状态进行了自我评价，如表 15 和图 13 所示。

表 15 活动前后综合素质评价表

项目	活动前	活动后
团队精神	70	85
质量意识	75	95
个人能力	85	90
解决问题的信心	75	90
工作热情和干劲	80	85
QC 知识	65	95

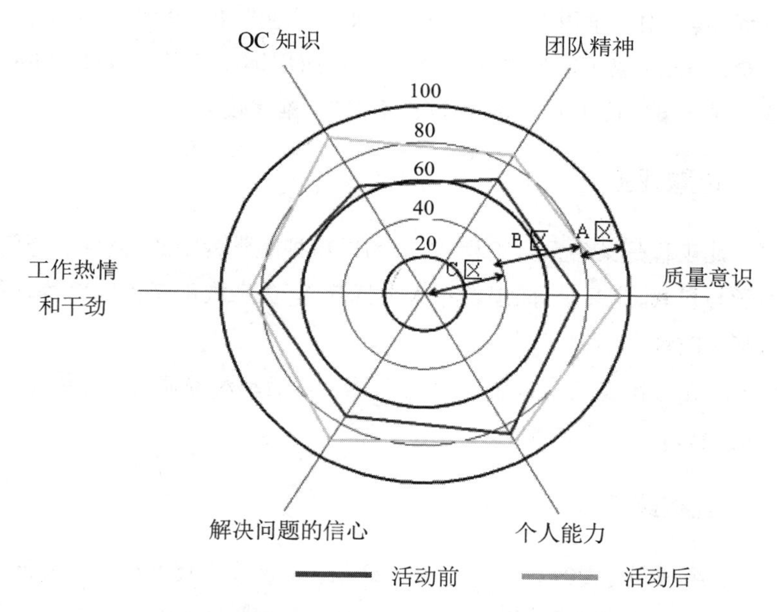

图 13 小组活动前后综合素质评价雷达图

提高框架结构梁柱核心区钢筋安装质量的施工程序

——以某省复员退伍军人精神病疗养院工程 QC 小组为例

一、工程概况

某市精神病院、某省复员退伍军人精神病疗养院工程总用地面积约28 200 ㎡，其中中小学用地约 24 000 ㎡，公园绿地约 4 200 ㎡。此工程主筋为 $\Phi20\sim\Phi28$ mm；梁主筋为 $\Phi16\sim\Phi32$ mm，所用钢筋类型均为 HRB400 级，框架核心区（梁柱接头）主筋、箍筋密集，施工难度较大。

二、选题理由

（1）此工程是某省重点工程，将成为以精神医学为中心，兼顾普通门诊、医学教学与科研、康复护理、退伍军人优抚疗养、失智失能老人照料等功能为一体的精神医疗中心。

（2）对此工程施工中的难点、重点开展 QC 活动对保证该工艺成功运用、提高质量、节约成本是非常重要的。

三、现状调查

QC 小组成员于 2017 年 4 月 20—23 日，依据《混凝土结构工程施工质量验收规范》和某市优质结构质量标准，对此工程地下一层梁柱钢筋安装质量进行检查，主控项目均符合要求，但一般项目中尤其是梁柱核心区钢筋安装质量存在一些问题，统计如表 1 ～表 3 所示。

表 1 梁柱核心区钢筋安装问题调查表

序号	质量问题	抽查点数	不合格点数	合格率
1	柱箍筋间距不匀	60	19	68 %
2	柱主筋位置偏移	60	16	75 %
3	梁箍筋 50 mm 起步筋不到位	30	3	90 %
4	梁钢筋骨架不到位	30	2	93.3 %
5	主筋与箍筋漏绑	30	2	93.3 %
6	钢筋绑丝朝向错误	30	1	96.6 %

表 2 核心区钢筋安装问题调查表

序号	质量问题	设计要求	结构“长城杯”允许偏差 /mm	实测超差值 /mm
1	柱箍筋间距不匀	100 mm	±10	+12，+11，−11，+15，+12，+12，+18，+11，+15，−16，−11，−12，+12，+13，−13，−12，+12，+11，+16
2	柱主筋位置偏移	25 mm	±3	−4，+4，−5，−4，+4，+5，−4，−6，+4，+4，−4，−6，−5，−5，+6，−5
3	梁箍筋 50 mm 起步筋不到位	50 mm	±10	+12，−12，−11
4	梁钢筋骨架不到位	—	±5	−7，+6
5	主筋与箍筋漏绑	—	每扣都进行绑扎	有两处漏绑
6	钢筋绑丝朝向错误	—	均朝向里侧	有一处绑丝朝外

表 3 核心区钢筋安装问题数据统计表

质量问题	频数	累计频数	频率 / %	累计频率
柱箍筋间距不匀	19	19	42.2	42.2%
柱主筋位置偏移	16	35	37.2	81.4%
梁箍筋 50 mm 起步筋不到位	3	38	7	88.4%
梁钢筋骨架不到位	2	40	4.6	93%
主筋与箍筋漏绑	2	42	4.6	97.6%
钢筋绑丝朝向错误	1	43	2.3	100%
合　计	43	43	100	—

经过现场检查，梁柱核心区各项目钢筋安装合格率平均为 82%，不能达到结构"长城杯"标准 90%，必须采取针对措施，提高该区域钢筋安装质量。

从排列图可以看出，目前影响梁柱核心区钢筋安装质量的主要原因是柱箍筋间距不匀和柱主筋位置偏移，这两项平均合格率为 71.5%。

四、目标设定及分析

（一）目标设定

提高梁柱核心区钢筋安装质量，使柱箍筋间距和柱筋位移偏差这两项质量有明显提高，平均合格率达到 92% 以上（见图 1）。

（二）目标分析

要实现柱箍筋间距不匀和柱主筋位置偏移这两项合格率达到 92% 以上的目标，不合格点数应控制为 10 个之内，连同频率低的四项因素，不合格点数合计为 18 个，合格率为（240 − 18）/240=92.5%，能够保证整体合格率达到 92% 以上。

71.5%　92%
活动前　目标值

图 1 目标设定

五、原因分析

QC 小组召开原因分析会，小组成员应用“头脑风暴法”，充分发表意见，按“5M1E”六大因素对存在的两个主要问题分析原因，形成关联图（见图2）。

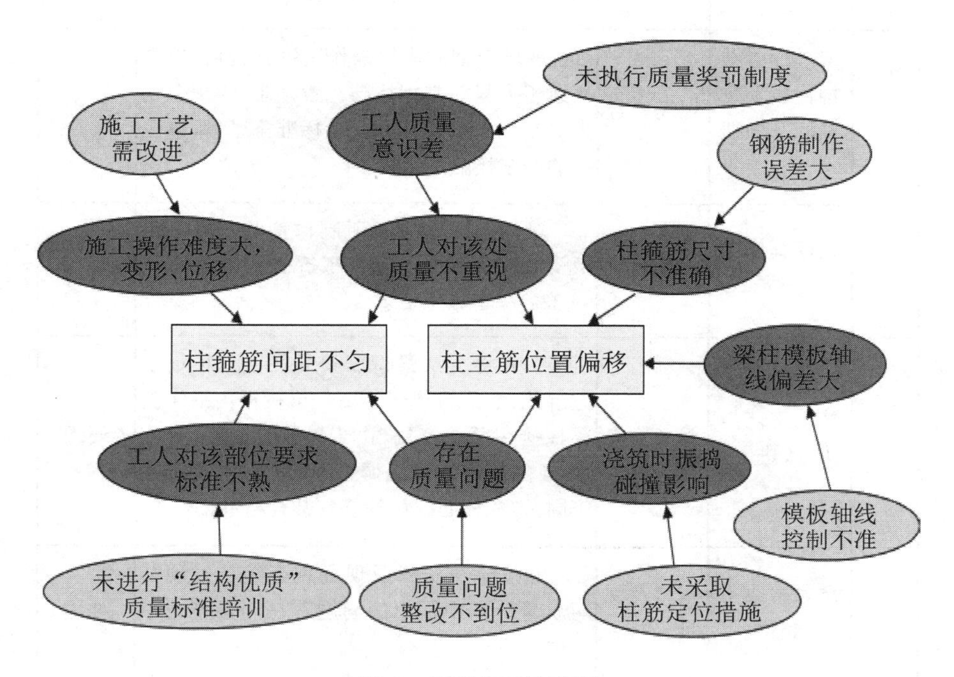

图 2　原因分析关联图

由图 2 共找出七条末端因素：

①未执行质量奖罚制度；②未进行“结构优质”质量标准培训；③钢筋制作误差大；④施工工艺需改进；⑤质量问题整改不到位；⑥模板轴线控制不准；⑦未采取柱筋定位措施。

六、要因确认

要因确认如表 4 所示。

表 4　要因确认表

序号	末端因素	确认方法	不合格点数	结论
1	未执行质量奖罚制度	资料检查	通过检查质量员的质量过程控制资料，发现质量问题整改通知单、质量奖罚单都有，且都按质量奖罚制度规定执行	非要因
2	未进行"结构优质"质量标准培训	现场检查	现场对钢筋班组操作员进行询问，发现班组工人只对常规标准比较熟悉，大部分工人对结构"长城杯"质量标准不了解，甚至有的尚未接触过	要因
3	钢筋制作误差大	现场检查	对钢筋制作班组所制作箍筋尺寸，梁、板受力筋尺寸，弯起筋弯折位置合格率为93.3%，满足施工要求	非要因
4	施工工艺需改进	现场检查	工人将主次梁钢筋架立在梁口模板上方绑扎，然后再统一落下到梁模板内后绑扎梁柱接头区柱箍筋，由于操作空间小、难度大，工人难以将箍筋调整到应有位置并绑扎牢固，造成核心区柱箍筋安装合格率偏低	要因
5	质量整改不到位	资料及现场调查	通过检查资料及现场调查统计发现公司质量检查中提出的问题存在明显整改不到位	要因
6	模板轴线控制不准	现场测量	对现场梁柱模板轴线进行复测，可以满足施工质量要求	非要因
7	未采取柱筋定位措施	现场试验	地下一层砼浇筑完并放线后，对现场柱主筋位置进行测量，共检查 60 点，其中有 18 个点位移超出偏差允许范围，合格率为 70%，已对钢筋施工质量造成明显影响	要因

经过分析确认出以下四条要因：

①未进行"结构优质"质量标准培训；②施工工艺需改进；③质量整改不到位；④未采取柱筋定位措施。

七、制订对策

针对已确认的四个主要原因，按照“5W1H”制订对策表，如表5所示。

表5　对策措施表

序号	要因	对策	目标	措施	地点	完成时间
1	未进行“结构优质”质量标准培训	安排组织培训	管理人员培训合格率达到100%，班组培训合格率达到90%	购买某市优质结构培训教材，组织项目部管理人员集中学习	项目会议室	2017年4月29—30日
2	质量问题整改不到位	严格按照项目部质量管理办法进行工程管理	通过采取措施下发整改通知单及跟踪检查验收，质量问题100%整改到位	1. 项目部质量员根据质量管理奖罚制度，对钢筋班组分包方进行奖罚，促进分包管理层质量问题整改意识的提高； 2. 钢筋工长、质量员加强现场管理检查力度、明确责任、强化工序检查； 3. 要求劳务队设专职检查员，加强自检工作	施工现场	2017年4月30日—5月1日
3	施工工艺需改进	改进核心区钢筋安装工艺	方便操作，质量达到结构优质验收要求，工艺100%适用	1. 小组成员现场研究如何改进工艺。 2. 做法：将梁柱核心区柱箍筋先用定位筋点焊固定后，再同梁筋整体落入模板内，即“装配式做法”。 3. 经试验能够满足要求后再全部采用该做法	一层东、西段钢筋安装施工现场	2017年5月2日—5月3日

续表

序号	要因	对策	目标	措施	地点	完成时间
4	未采取柱筋定位措施	采用定位模具控制柱主筋位置并设专人看护	确保主筋位置偏移不超过允许范围	1. 现场用Φ14 mm，Φ10 mm钢筋加工改进定位模具，达到控制效果后统一使用； 2. 浇筑同时安排专人看护，防止泵管或振捣棒碰撞钢筋，出现影响及时纠正	一层梁板浇筑现场	2017年5月1—3日

八、对策实施

实施一　未进行结构优质质量标准培训

措施1：购买结构优质培训系列教材，安排、组织项目部管理人员集中学习。

措施2：对钢筋操作班组进行培训，现场进行交底。

实施效果：经过为期两天的技术培训，使管理人员及各工种对某市优质结构的要求进行了解，质量意识显著提高。QC小组对现场钢筋班组重新进行考核，结果如图3、表6所示。

图3　培训现场

表6　培训考核统计表

钢筋安装施工班组	班组人数	不合格	合格	合格率
合　计	42	3	39	93%

实施二 质量问题整改不到位

措施 1：项目部质量员根据质量管理奖罚制度，对劳务分包方进行奖罚，促进分包管理层质量问题整改意识的提高。

措施 2：钢筋工长、质量员，加强现场管理检查力度、明确责任、强化工序检查。

措施 3：要求劳务班组设专职质量员，加强自检工作，对出现的质量问题，进行针对性奖罚，提高问题整改率。

实施效果：通过实施措施后的现场检查，质量问题已 100% 整改到位（见图 4）。

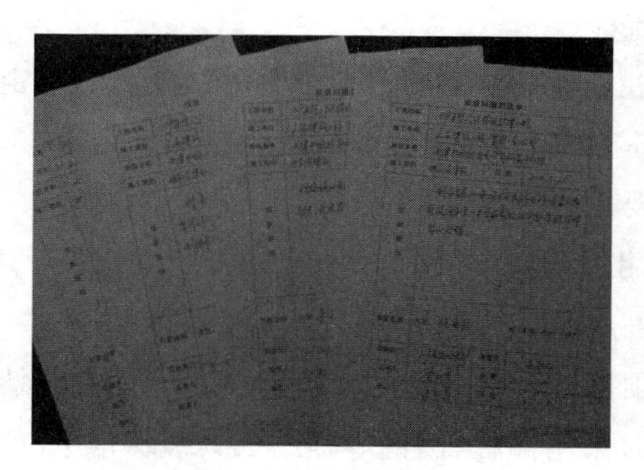

图 4 质量整改情况

实施三 施工工艺需改进

措施实施步骤：

1. 分析原做法不足

在梁板模板安装完毕后，将主次梁钢筋架立起绑扎，核心区（梁柱接头处）柱箍筋放上后不能同柱筋绑扎，待梁筋绑扎完，一同落到模板内调整好后，再从空隙中对柱箍筋进行调整绑扎，这样就会造成操作非常不便，效率低，易造成箍筋位置、间距偏差大且漏绑、绑扎不牢等质量问题，见图 5。

2. 探讨如何改进

围绕如何能够达到便于施工、减少偏差、确保质量效果的做法，大家集思广益、反复论证，最后采用焊接定位筋固定箍筋的方法，见图 6。

图 5　原操作方法施工的效果

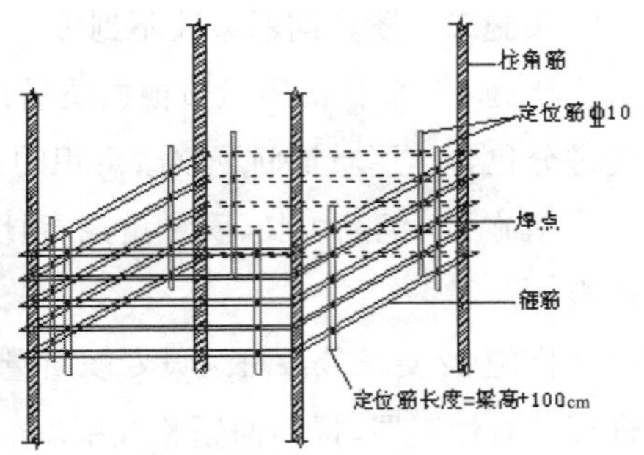

图 6　柱箍筋定位筋位置示意图

3. 主要施工流程

梁筋架立绑扎到位→核心区柱箍筋临时绑扎→点焊定位筋→去掉箍筋临时绑扎点→梁筋整体落入模板→绑扎上面箍筋（见图 7）。

4. 具体操作要点

（1）定位筋用约 650 mm 长、Φ10 mm 钢筋，在距离柱角 100 mm 处贴箍筋内侧竖向放置点焊；

（2）电焊工须持证上岗并经现场考核，焊点牢固且严禁损伤箍筋；

（3）梁筋落时采用撬杠、倒链等辅助工具缓缓落下，严禁猛落、猛砸，保护箍筋；

（4）最后将上面箍筋同柱筋绑扎牢，使整体箍筋都固定在设计部位。

（a）箍筋放入，先将梁筋绑扎牢

（b）箍筋临时绑扎

图 7　操作步骤

（c）定位筋预绑到位

（d）定位筋点焊

（e）最后去除临时绑扎点，同梁筋落下

（f）绑扎上部箍筋

图 7　操作步骤（续图）

经过在施工现场尝试比较，这种方法能够达到预期效果并且比以往施工方法节省人工、缩短时间，随后对钢筋班组所有人员进行专项施工技术交底，在施工现场全面使用。

效果检查：小组在对策实施完后对现场进行复查，箍筋安装合格率平均达到 95%，达到“长城杯”标准要求，工艺 100% 适用。

实施四　未采取柱筋定位措施

（1）吊装就位：利用现场的塔吊作为型钢柱的吊装设备，经计算，该塔吊的吊装能力能满足要求。

（2）临时固定：型钢柱吊装就位时，立即将上下型钢柱对正，将两块连接夹板与预埋在型钢柱上的 L 形芯板用螺栓连接，作为临时固定，以保证型钢柱的稳定。

措施 1：针对浇筑砼时碰撞柱主筋、影响位置这一问题，经过现场试验改进，最后采用 Φ16 mm，Φ10 mm 钢筋加工定位模具，对柱主筋进行固定，如图 8 所示。

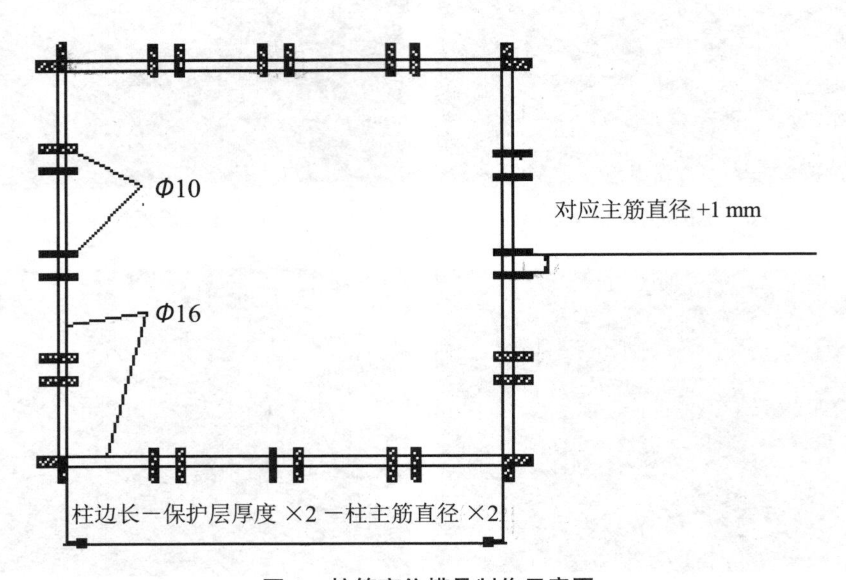

图 8　柱筋定位模具制作示意图

图 9　柱主筋定位模具安装

图 10　混凝土浇筑现场

措施 2：浇筑砼过程中安排专人保护，防止泵管及振捣棒碰撞柱主筋，如造成偏移及时调整恢复。

效果检查：混凝土浇筑后，质量员对现场柱主筋位置进行检查，共计 90 处，有一处出现位移，合格率为 98.8%，已解决了主筋位置偏移的问题。

九、效果检查

（一）问题调查

2017 年 9 月 5 日，QC 小组对框架核心区梁、柱钢筋安装质量进行全面检查，统计如表 7 所示。

表 7　梁柱核心区钢筋安装问题调查表

质量问题	抽查点数	不合格点数	合格率
核心区柱箍筋间距不匀	60	3	95%
柱主筋位置偏移、保护层偏差大	60	2	96.7%
梁箍筋 50 mm 起步筋不到位	60	5	91.7%
核心区梁钢筋骨架不到位	60	4	93.3%
主筋与箍筋漏绑	60	5	91.7%
钢筋绑丝朝向错误	60	3	95%
合 计	360	22	93.9%（平均）

对策实施前后合格率对比柱状图见图 11。

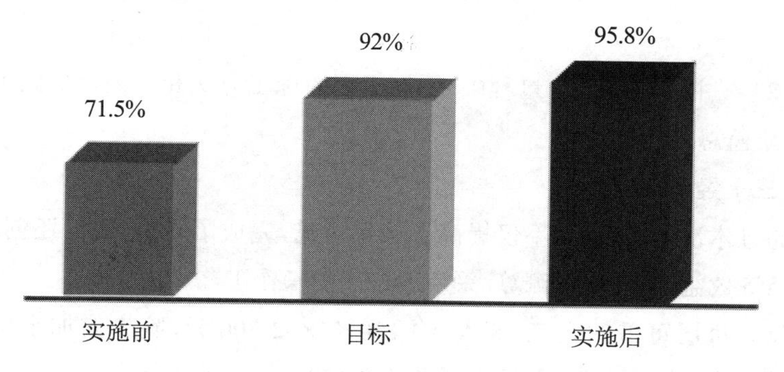

图 11　对策实施前后合格率对比柱状图

（二）社会效益

（1）某市优质结构评审专家组对此工程进行现场评审，对已完成的结构混凝土外观和正在施工的模板、钢筋安装进行了逐一检查，主体结构质量被专家一致评价为"内坚外美，眉清目秀"，尤其是对梁柱核心区钢筋安装质量效果表示满意，对该部位柱箍筋"整体装配式"的施工做法给予了充分肯定。梁柱核心区钢筋安装现场图见图 12。

图 12　梁柱核心区钢筋安装现场图

（2）在主体结构施工过程中，钢筋工程的施工方法和效果也受到了建设、监理、质监总站的认可。

（三）经济效益

通过本次 QC 活动，不仅提高了施工质量，完成了既定目标，还创造了一定的经济效益。经过比对测算，采用改进后的操作工艺。

（1）每层可节约人工 18 人、约 150×18=2 700 元，除去增加定位筋、电焊焊条等消耗约 550 元，每层实际节约 2 150 元。

（2）主体结构施工合计可节约 2 150×6（层）=12 900 元。

（3）钢筋合计节约 8 600 元；每层施工时间缩短 1 d；缩短主体结构工期 1×6=6 d，节省现场三钢工具、机械设备租赁费 3 000 元 ×6=18 000 元。

（4）此次活动支出经费 2 000 元。

合计节约为：12 900+18 000+8 600−2 000=37 500 元

十、巩固措施及标准化

（1）小组根据 QC 活动成果，总结编制了相关作业指导书，以利于后续及类似工程施工。

（2）项目部为将活动成果标准化、规范化，在此基础上编制出《框架核心区钢筋安装施工工法》，已上报其集团总公司，准备申报省级工法。

（3）在此工程一层核心区钢筋安装质量，按《混凝土结构工程施工质量验收规范》和某市优质结构标准验收，合格率提高到 93.8% 后，QC 小组在后序施工中继续严格要求、加强管理，现场检查合格率均达到了预期目标，见表 8。

表 8 梁柱核心区钢筋安装合格率调查表

单位：%

层数	核心区柱箍筋间距不匀	柱主筋位置偏移、保护层偏差大	梁箍筋 50 mm 起步筋不到位	核心区梁钢筋骨架不到位	主筋与箍筋漏绑	钢筋绑丝朝向错误	平均合格率
二层	94	95.5	94	93.5	94	98	94.8
三层	95.4	95.3	95.6	96	95	96	95.6
四层	96	95.4	95.3	97	96.8	96	96
五层	96	96.2	96	96.8	96	97	96
六层	96.3	97	95.6	98	96.3	98	96.8

十一、总结

通过开展 QC 小组活动，小组成员的质量意识、个人能力、团队精神、创新意识有了进一步的提高，为今后继续开展 QC 小组活动打下了坚实的基础。自我评价表见表 9，综合素质评价雷达图见图 13。

表 9　自我评价表

评价内容	活动前	活动后
团队精神	75	90
质量意识	80	95
进取精神	70	90
QC 工具运用	60	85
工作热情和干劲	70	90
改进意识	60	85

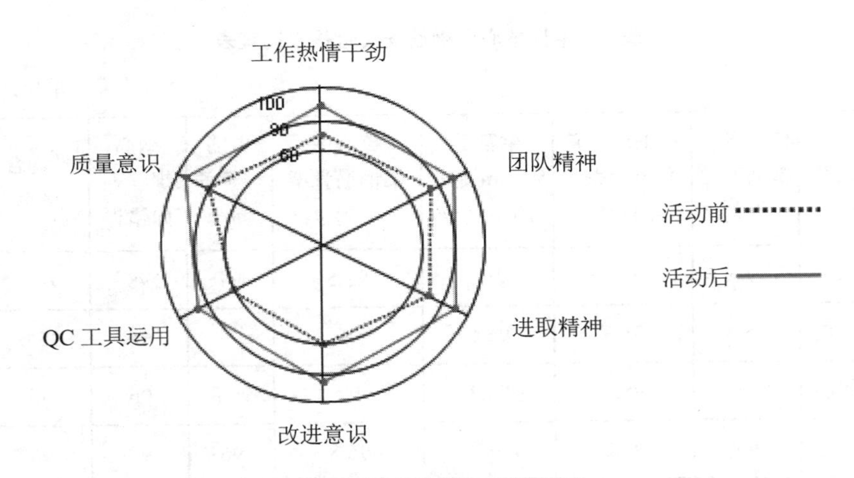

图 13　综合素质评价雷达图

该公司决定在今后的施工中，将继续利用 QC 活动的方法提高施工质量、创建精品工程、树立企业形象。

竖向钢筋电渣压力焊接头优良率控制

——以某市工程学院新校区二期Ⅲ标段工程QC小组为例

一、工程概况

某市工程学院新校区二期二阶段Ⅲ标段项目。总建筑面积34 601 ㎡。国际交流学院、实训中心二和学生活动中心均为钢筋混凝土框架结构，是某市的重点工程。此工程根据实际情况，其整体的竖向钢筋均采用电渣压力焊连接，该连接方法具有操作简单，提高工效等优点。但施工过程中稍有不规范将影响钢筋分项工程的质量，进而影响结构的安全性及工程进度。为此，QC小组决定攻关这一课题。

二、选题理由

1. 外部环境要求

该工程作为公司在某市高教园区北区的形象工程，其质量好坏将直接影响公司的社会形象。

2. 工程质量要求

某市工程学院二期工程作为某市重点工程，其工程质量目标为争创“甬江杯”。确保工程结构的优质是实现质量目标的基础。

3. 工程施工要求

主体施工工期很紧，较多工种交叉作业，各楼层高度较高，钢筋留槎高，施工难度大，质量、安全要求高。

4. 确定课题

提高竖向钢筋电渣压力焊接头优良率。

综上所述，QC小组力求集思广益，进一步提高团队合作精神，合理安排工序，确保工程结构一次达优，以优秀的质量回报业主。

三、现状调查

目前，随着社会经济的快速发展，建筑施工难度大、高度高，而且在工程质量及保证结构安全方面也提出了相应的高要求。特别是在钢筋连接的施工方面，关系到整个建筑的质量及结构安全。近几年，不断涌现出能够保证工程质量的钢筋焊接和机械连接技术，竖向钢筋电渣压力焊便是其中之一，《钢筋焊接规范》对竖向钢筋电渣压力焊的施工提出了严格的要求。

某市工程学院新校区二期二阶段Ⅲ标段的学生活动中心柱网跨度大，层高较高，施工难度较大。此工程根据实际情况为了节约钢材、降低施工成本及满足施工规范要求，竖向钢筋的连接采用电渣压力焊连接技术。这种连接方式具有施工操作简单、容易控制施工质量、施工进度快、节约钢筋等优点，而且焊接用夹具和焊药可回收后重复利用。但是竖向钢筋电渣压力焊接施工时，由于受原预留钢筋及施工操作人员技术水平等影响，稍有不按操作规程施工，将会影响钢筋焊接接头的优良率，影响结构的安全。

本项目 QC 小组对学生活动中心 A 区和 B 区，国际交流学院的三、四层竖向钢筋电渣压力焊，进行检查评定验收，得出竖向钢筋电渣压力焊焊接接头质量的优良率为 69%，合格率为 99%。本次现场调查，对不达优的 50 个接头，列出了常规质量问题及频率频数表（见表 1），确定施工中需要重点控制的关键环节。

表 1　竖向钢筋电渣压力焊焊接接头现场调查情况

序号	质量问题	频数	频率 / %	累计频率 / %
1	轴线偏移	16	32	32
2	弯折	13	26	58
3	焊包不均匀	15	30	88
4	烧伤	2	4	92
5	咬边	1	2	94

续表

序号	质量问题	频数	频率 / %	累计频率 / %
6	焊包下淌	3	6	100
7	合计	50	100	—

根据电渣压力焊接头不达标现象画出饼状分布图如图 1 所示。

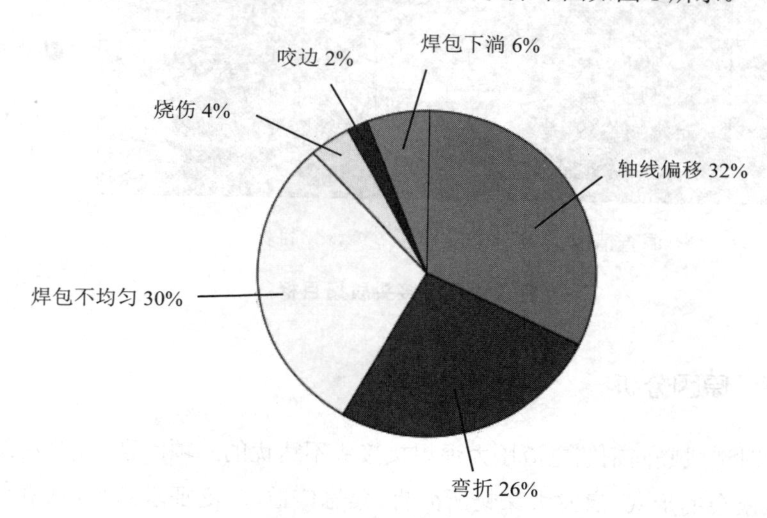

图 1　焊接头不达标现象饼状分布图

由饼状图可以看出，在 50 个不达优良接头中，其中轴线偏移 16 个，弯折 13 个，焊包不均匀 15 个，共计 44 个，占总不达优数的 88%，影响焊接接头优良率的主要因素是以上三项，故列为此次攻关的主要内容。QC 小组召开小组成员、项目管理人员、班组技术骨干共同参加的会议，分析原因，并根据工地实际情况制订对策。

四、目标确定

（1）确保电渣压力焊接接头质量的优良率为 90% 以上，合格率为 100%，保证质量达优，一次性通过优质验收。

（2）确保结构工程无质量事故，安全文明达标化，为达“钱江杯”打下良好基础。

（3）工程观感质量达到上等水平，为以后类似工程积累先进经验。

焊接接头质量目标如图 2 所示。

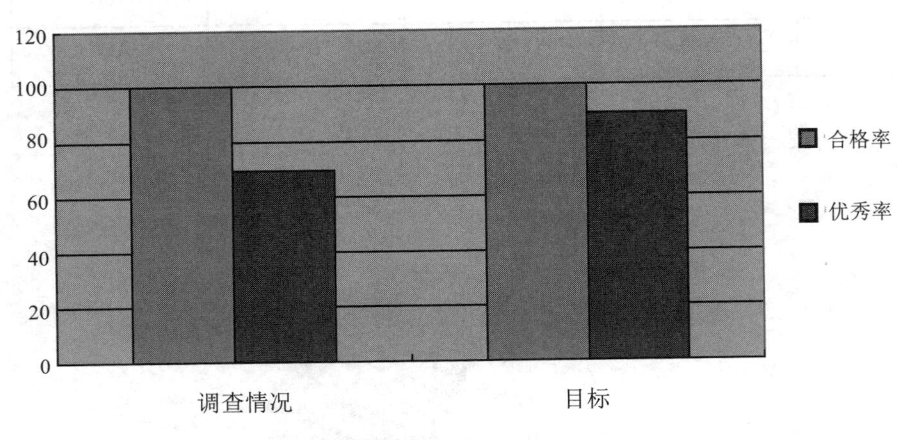

图 2 焊接接头质量目标

五、原因分析

针对造成竖向钢筋电渣压力焊焊接接头不达优的三项因素，QC 小组成员以座谈会的形式，启发大家畅所欲言、集思广益，广泛征求意见，认真调研分析，并听取了众多专家的意见，制订了原因分析图，如图 3 所示。

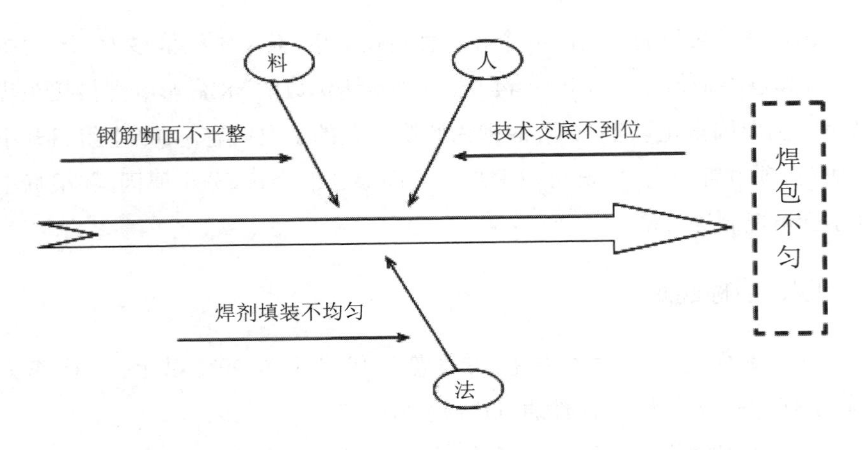

图 3 原因分析图

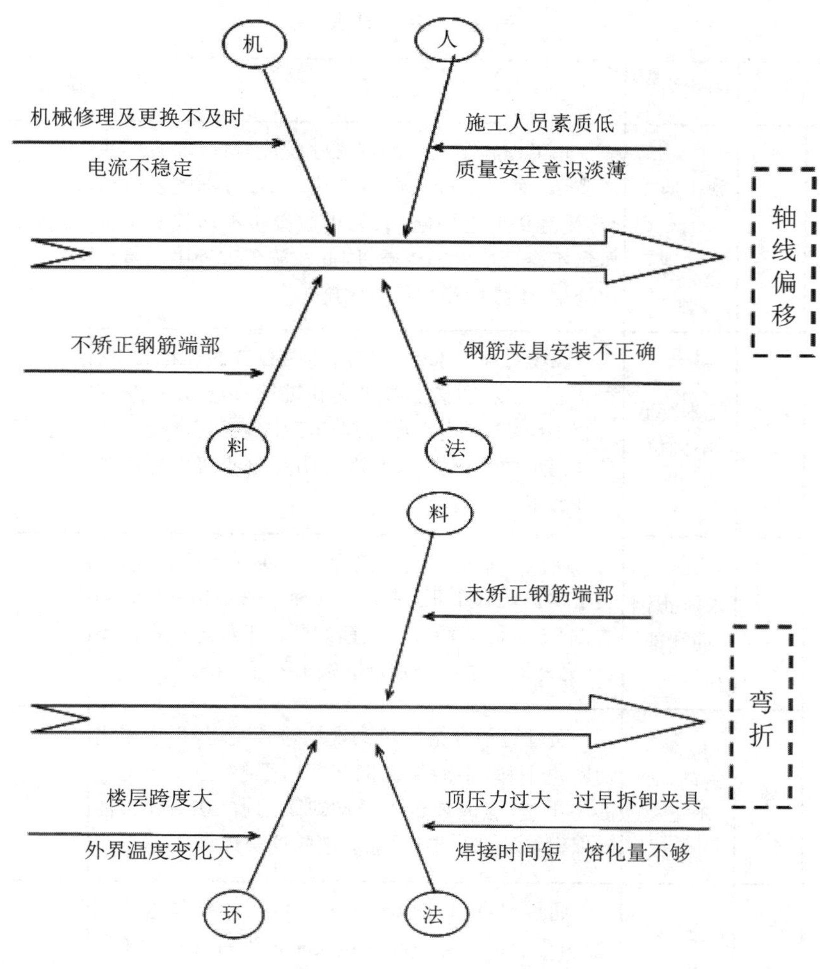

图 3 原因分析图（续图）

由图可见:造成竖向钢筋电渣压力焊施工不规范有 10 项末端因素。

六、要因确认

根据上述因果分析图，QC 小组从人、机、料、法、环等五个方面寻找存在问题的原因,并结合此工程实际情况,对主要因素进行确认（见表 2)。

表 2　要因确认表

项次		因素内容	验证情况	确认要因
人员	1	施工质量安全意识淡薄	此工程施工人员不仅文化程度较低，而且图快图省事，对焊接接头焊包未认真清理，不能及时检查，受经济利益影响，认为少数接头不达优对工程质量不会造成大的影响，因此在施工过程中质量意识淡薄，不按操作规程要求施工	是要因
	2	技术交底不到位	现场对项目部的学生活动中心 B 区一楼、二楼和 A 区三楼、四楼的技术交底进行检查，发现交底内容不明确，对电渣压力焊施工中施工工艺交底不具体，针对性不强，未严格说明对电渣压力焊质量标准要求	是要因
材料	3	未矫正钢筋端部	通过对不达优的钢筋焊接接头现场检查发现，由于钢筋端部不正，造成钢筋轴线偏移和弯折缺陷的占 85%，同现场采用钢筋切断机下料造成端部不正，另外钢筋进场个别钢筋端部不正，未予切除	是要因
材料	4	钢筋端部不平整	通过对不合格的接头现场检查发现，现场采用切断机下料，不能保证钢筋断口平整，由于钢筋端部不平整，造成焊包不平均缺陷的占 30%，如果能确保钢筋端部平整，就能够消除这一焊接缺陷	是要因
机械	5	机械修理及更换不及时	通过对项目部电渣压力焊使用的夹具进行调查，发现有的损坏影响焊接质量而没有在每次施焊前得到修复，个别的夹具已经损坏至无法修复的程度还在继续使用，进而造成施工质量问题	是要因
环境	6	焊剂填装不均匀	项目部经过对现场施工的观察发现，每次焊接的焊剂填装量基本在同一平面	非要因
	7	焊接时间短熔化量不够	经过对施工现场施焊时的观察，焊接时间短，熔化量不够，导致钢筋焊接接头中焊包不平均这一缺陷所占的比例高达 30%	是要因

续表

项次		因素内容	验证情况	确认要因
方法	8	钢筋夹具安装不正确	项目部对所有施焊的焊工，在上岗操作前均要检查特种作业操作证，都在有效期内符合要求。作为一名专业焊工，接受过专门培训及考核，现场检查钢筋夹具安装均符合操作规程要求	非要因
	9	顶压力过大，过早拆卸夹具	作为一名专业焊工，接受过专门培训及考核，持证上岗，而且在施工前为了选择焊接参数，做了首焊试件，另外现场观察拆卸夹具的时间控制在30 s以上	非要因
	10	楼层跨度大，外界温差大	在某市地区历年来平均气温都是十几度，温差不大。钢筋焊接时都是标准长度对接，与单个楼层跨度无关联	非要因

结论：经过小组成员认真调查、研究、分析得出影响竖向钢筋电渣压力焊的六条要因：

（1）施工人员质量安全意识淡薄；

（2）技术交底不到位；

（3）机械修理及更换不及时；

（4）未矫正钢筋端部；

（5）钢筋端部不平整；

（6）焊接时间短、熔化量不够。

七、制订对策

决策表如表3所示。

表 3　制订对策表

序号	要因	对策	目标	措施	完成时间
1	施工人员质量安全意识淡薄	对施工人员进行专项培训	提高施工人员质量、安全意识使其规范施工	由项目部管理人员对工人进行培训，并组织考试，合格后方可上岗，施工时由专人检查	2014 年 11 月 15 日前
2	技术交底不到位	每层电渣压力焊施工前对工人进行详细的技术交底	技术交底具体明确针对性强，可操作性强，内容明确	施工前由施工员、技术员、质量员向工人进行施工中各项内容的详细交底，由项目工程师审核后下发给施工作业人员	2014 年 11 月 15 日前
3	机械修理及更换不及时	对能够再使用机械按期保养，对不能使用的机械及时报废更换	保证每次施焊前机械性能良好，满足保证焊接质量要求	项目部机械员定期对夹具进行检修保养，对不能使用的提出报废申请，由项目经理批准后通知材料部购进相同数量的机具替补	2014 年 11 月 18 日前
4	未矫正钢筋端部	对原预留钢筋及已用切断机下料端部不正的钢筋用钢筋扳手校正，在制备焊接钢筋时用切割机截料	满足焊接对原材料质量的要求以保证接头质量	1. 采用钢筋无齿切割机下电渣压力焊用钢筋原材料 2. 对钢筋原材料上有不正的端部予以切除	焊接前 2 天
5	钢筋端部不平整	对原钢筋下料工具进行调整且对已下的材料逐一进行检查，不符合要求的重新切平端头	满足焊接对钢筋端部的要求，尽量保证平整	采用钢筋无齿切割机下电渣压力焊用钢筋原材料，下料时尽量保证端部平整且与钢筋垂直	焊接前 2 天

续表

序号	要因	对策	目标	措施	完成时间
6	焊接时间短、熔化量不够	延长焊接时间，增加熔化量	根据钢筋直径确定合适的焊拉参数，使焊接时间、熔化量符合要求	根据不同钢筋直径做首焊试件，钢筋焊接参数的熔化量	焊接过程中

八、对策实施

（一）对施工人员进行专项培训

（1）由项目经理、项目技术负责人在项目部会议室对项目管理人员及施工人员进行了培训，加强项目部全体人员对竖向钢筋电渣压力焊的重视程度。

（2）由项目部质量员、安全员进行了电渣压力焊施工过程中各项质量要求、技术规程、验证标准以及安全和职业健康方面注意事项，提高他们的质量和安全意识。

（3）由工地质量员对现场施工人员进行了专项测试，及时了解工人掌握的情况。

（二）对施工人员进行专项技术交底

（1）施工前，由项目部工程师向班组详细进行电渣压力焊施工的专项交底，交底中对电渣压力焊所用材料、机具、施工程序、质量验收以及常见的缺陷原因防治等均做出了详细的介绍，经审核后下发到施工队。

（2）由质量员加强对施工过程中的质量检查，对交底成果进行复核。

进行专项技术交底后，操作工人掌握了施工方法、操作要点。

（三）对能够使用的施工机具定期检修保养

对能够使用的施工机具定期进行检修保养，控制好焊机的电压电流，对接触不良的部件进行更换，确保机具以最佳状态工作；对不能保证施工质量而又无法修复或修复费用过高不值得修复的要及时报废，同时项目部购置相同数量的替补。

换用新购的机具使电渣压力焊接头的合格率大幅度提高。

（四）用钢筋扳手校正钢筋，改换下料机械

（1）由项目工程师组织电渣压力焊施工人员及钢筋班组人员在会议室开会，要求电渣压力焊施工人员自己检查现场欲焊接预留钢筋的端部，对不符合焊接要求的做出标记，由钢筋班组人员配合逐一调直，对已用钢筋切断机加工的材料，由电渣压力焊工人检查一遍，将不符合焊接要求的挑出来由钢筋班组人员校正。

（2）项目经理安排材料设备组购进两台钢筋无齿切割机用来下料。

（3）由质量员、技术员在施工检查时，将不符合要求的钢筋焊接接头逐一挑出，并做出标识。

经过校正钢筋和改换下料机械，钢筋端部不直的现象消除了。

（五）更换下料工具，对已下好的不符合要求的钢筋进行处理

（1）购进的两台钢筋无齿切割机，经安装调试合格后，电渣压力焊接用竖向钢筋全部采用钢筋无齿切割机下料。

（2）工长安排电渣压力焊工人对已经下料端部不平整的挑出来，由钢筋组用切割机切平端头并已实施。

（3）由质量员、技术员在施工之前对原材料进行复查，均符合焊接对原材料的要求。

经过对不符合要求的原材料的处理以及更换下料工具，钢筋端部不平的现象消除了。

（六）延长焊接时间，适当增加焊接时熔化量

（1）现场跟踪首焊试件制作过程，以确定合适的焊接参数，增加熔化量，以消除焊包不均匀的现象。

（2）根据已确定的焊接参数及熔化量，组织焊工现场专门交底，并实施检查，均符合要求。

根据不同钢筋直径确定焊接时间及熔化量，焊接时间短和熔化量不足的问题消除了。

九、效果验证

经过对施工过程管理，严格落实小组制订的几项措施，项目部对还在施工的某市工程学院新校区学生活动中心A区第三、四层墙、柱竖向钢筋电渣压力焊接头进行了检查，现场电渣压力焊各项指标均达到了规范要求，一次验收合格，对轴线偏移、弯折、焊包不均匀施工不规范进行了重点检查，检查结果表明其已达到了预期目标。在确保工程结构优质的前提下保证了安全施工，节约了周转材料的投入，合理穿插了工期的节点，受到了业主、代建、监理以及主管部门的好评。

十、总结

（1）本次QC活动得到了建设监理单位的多方配合，为工程的质量安全目标的实现奠定了坚实的基础，并深刻地了解到竖向钢筋电渣压力焊在实际施工过程中容易出现的问题和解决方法，从中获得了宝贵的经验。

（2）以持续改进为目标，拟将解决影响钢筋分项工程质量施工过程中的若干问题作为下一个PDCA循环，对钢筋分项工程体系质量进行巩固。

（3）整个资料组织编写电渣压力焊施工方案范本，供公司今后类似工程借鉴。

（4）公司质量管理部门组织内部其他在建项目管理人员来现场共同参观、学习。

就小组而言，在质量意识、技术水平、管理水平、协调能力以及团队精神这五个方面均有所提高。对活动前后的状态进行了自我评价，见图4。

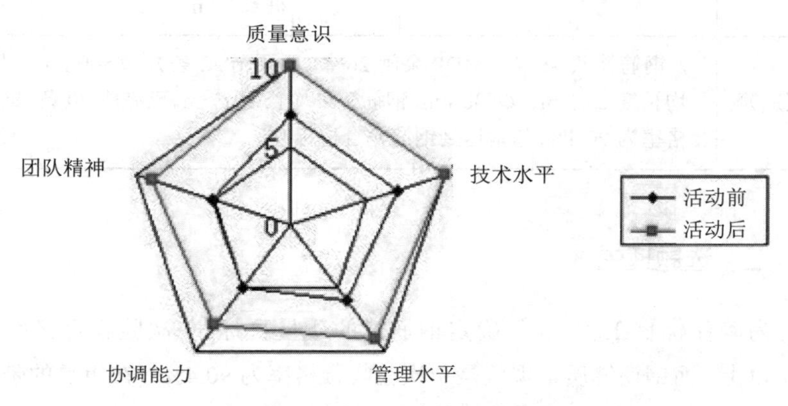

图4 QC小组活动效果对比图

提高钢筋笼制作一次成型合格率

——以YY市YJ城区段堤防加固工程（一期）I标段QC小组为例

一、工程概况

工程概况如表1所示。

表1 工程概况表

工程名称	YY市YJ城区段堤防加固工程（一期）I标段	建设单位	YY市流域防洪工程建设指挥部
泵闸规模	本泵闸基础工程按照一个独立基坑进行设计，其中MDP泵闸基坑东西长13.7 m，南北长14.5 m，MDP西泵闸东西长11.8 m，南北长14.5 m	木桩	闸室段Φ800 mm灌注桩，管理房段Φ600 mm灌注桩，桩间距根据泵闸中边墩间距3.45 m（3.53 m）、4.3 m（3.53 m），Φ800 mm桩长35 m，Φ600 mm桩长28 m
钢筋笼	钢筋笼共48条（MDP泵闸26条、西泵闸22条），Φ800 mm钢筋笼平均长度25.1 m，Φ600 mm钢筋笼平均长度17 m。已完成20条，钢筋笼合格率为90.4%，基本达到钢筋笼合格标准		

二、选题理由

为确保优良工程，项目确定钢筋笼的质量目标，一次验收合格率达到95%以上，而钢筋笼质量现状是一次验收合格率为90.4%（在组长的带领下小组质量员对钢筋笼进行检查，合格率为90.4%），一次验收合格率存在差距为95%−90.4%=4.6%。图1所示为现状分析图，图中数据显示桩基返工中因钢筋笼不合格的因素比值最大，降低桩基返工率，有利于加强项目管理，创造良好的经济效益和社会效益。由于工期较紧，为节约工期，应提高钢筋笼制作安装质量，促进桩基合格率。

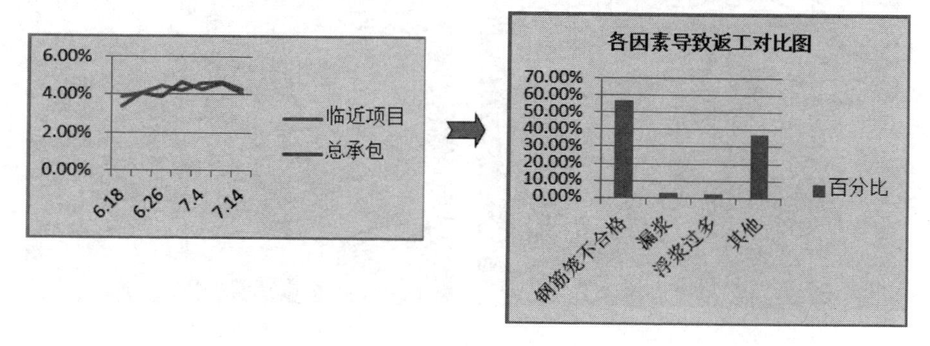

图 1　现状分析图

三、现状调查

针对钢筋笼制作的施工质量问题，QC 小组对监理方发送的“监理工程师通知单”及“工作联系单”（共 5 份）中钢筋笼问题进行分析研究，并对钢筋笼制作的质量进行了细致的实地考察，共调查了 20 条桩，从钢筋笼焊接质量、箍筋间距偏差、钢筋笼表面、钢筋笼变形、主筋保护层等五个方面进行检查，每条桩抽查 25 个点，共检查 500 点，其中合格 452 点，合格率为 90.4%。钢筋笼一次不合格问题频数、频率统计见表 2。

表 2　钢筋笼一次不合格问题频数、频率统计表

序号	项　目	频数	频率 / %	累计频率 / %
1	钢筋笼焊接质量差	42	75%	75%
2	箍筋间距偏差超标	5	9%	84%
3	主筋保护层过大	4	7%	91%
4	钢筋笼表面不清洁	3	5%	96%
5	钢筋笼变形	2	4%	100%
合　计		56	100%	—

钢筋笼制作质量问题现场如图2所示。

钢筋笼焊接质量差

钢筋笼表面不清洁

主筋保护层过大

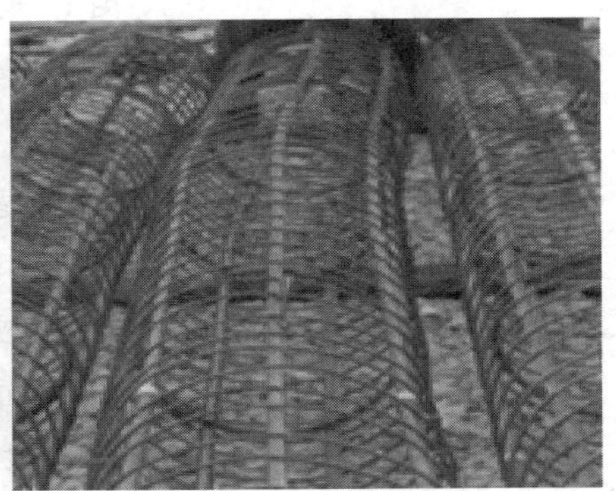

钢筋笼变形

图2 钢筋笼制作质量问题现场图

由表2可以看出，“钢筋笼焊接质量差”占75%，是影响钢筋笼制作合格率的主要质量问题。因此，QC小组将重点采取措施对“钢筋笼焊接质量差”进行控制。

四、确定目标

根据现状调查结果，小组成员经过反复论证，研究讨论，一致决定如在施工中采取一些有效地手段、方法和措施，可以解决该主要因素的90%，经推算：[580－(1－75%×90%)×42－(56－42)]/580＝95%，即钢筋笼合格

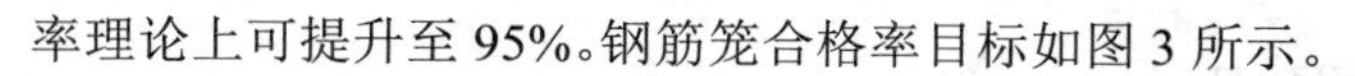

率理论上可提升至 95%。钢筋笼合格率目标如图 3 所示。

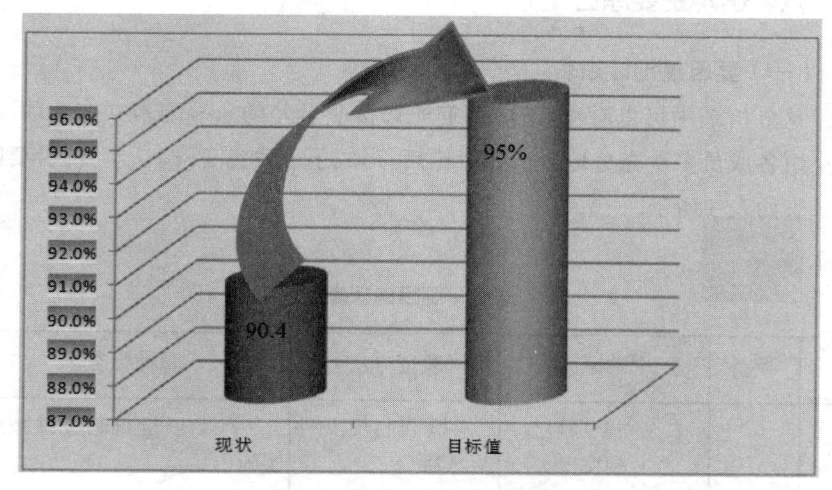

图 3 钢筋笼合格率目标图

五、原因分析

QC 小组成员针对“钢筋笼焊接质量差”这个主要质量问题，运用头脑风暴法，从“人”“机”“料”“法”“环”等五个方面展开讨论分析，得到了 7 个末端原因，并绘制了以下因果鱼刺图（见图 4）。

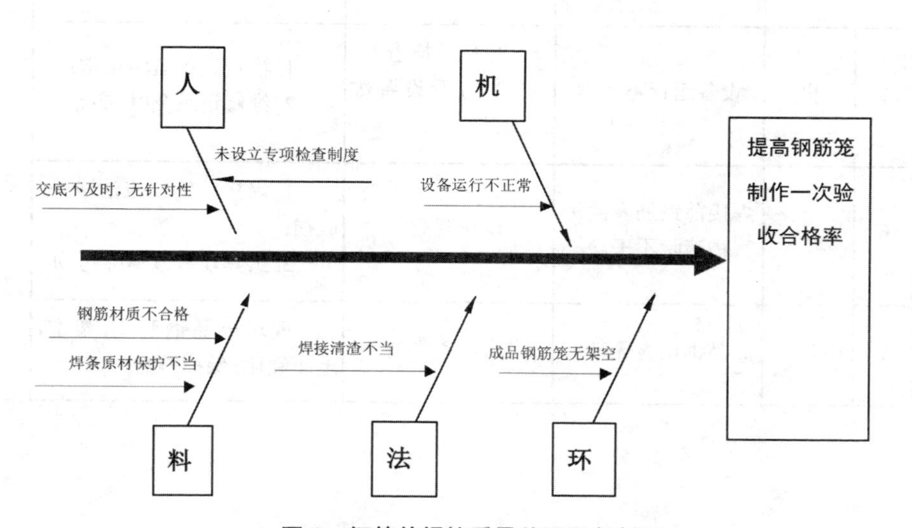

图 4 钢筋笼焊接质量差因果鱼刺图

六、确定主要原因

（一）要因确定计划表

从分析图中可以看出，造成钢筋笼焊接质量差的末端因素共有 7 项，经过小组各成员多次充分地分析和讨论后，形成了一致意见，确认了要因，要因确认表如表 3 所示。

表 3　要因确认表

序号	类别	末端原因	验证方法	验证标准
1	人	未设立专项检查制度	检查制度文件及内容	有专项检查制度并按此实施
2		交底不及时，无针对性	检查技术交底记录与施工日志	内容有针对性，针对作业人员 100% 经过技术交底
3	料	钢筋材质不合格	查阅钢筋进场验收资料	检查记录详尽，检测报告合格
4		焊条原材保护不当	现场检查	焊条保护得当，无受潮、药皮破坏、铜芯生锈等现象
5	机	设备运行不正常	1. 现场检查 2. 查看设备维修记录	1. 检查设备运转正常； 2. 维修记录及时，齐整
6	法	焊接前钢筋表面污物清除不干净	现场观察	1. 焊接前钢筋应洁净，不破损； 2. 工具能有效清除污物
7	环	成品钢筋笼无架空	现场查看	现场成品钢筋笼，架空，地面硬化，保护得当

（二）逐项确认要因

逐项要因确认如表 4 ～表 10 所示。

表 4 未设立专项检查制度

确认标准	有专项检查制度
确定方法	1. 检查制度文件及内容；2. 检查质检人员巡查记录，施工日志
确认过程	项目部颁布了专项检查制度，并于开工前向所有操作工人宣布，并由班组长签名接收。资料如下： 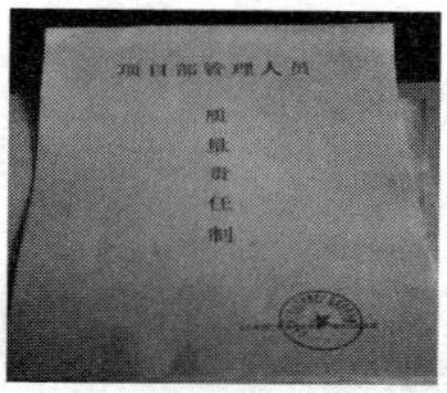 质量检查制度 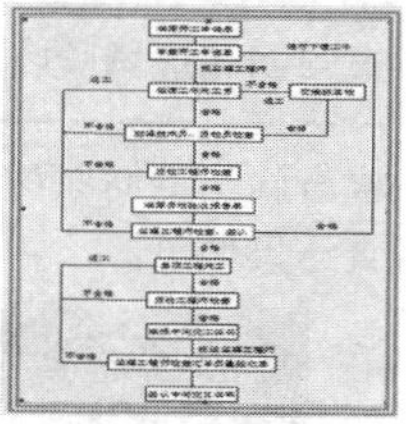　质量检查程序框图
确认结果	项目部对于专项检查制度很好地执行，不存在因专项检查制度原因造成工程质量问题
结　论	未设立专项检查制度非要因

表 5 交底不及时，无针对性

确认标准	1. 对班组均在工序开始前；2 天进行交底；3. 针对作业人员 100% 经过技术交底
确定方法	检查技术交底记录与施工日志
确认过程	对桩基班组开工的日期及负责该专业施工员的技术交底卡进行检查，结果如下： 技术交底资料 　工人签字 　QC 小组成员在检查技术交底资料

续表

确认结果	对班组的技术交底及时到位，开工前都已经做好了技术交底，而且有据可依
结　论	交底不及时，无针对性为非要因

表6　钢筋材质不合格

确认标准	检查记录详尽，检测报告合格
确定方法	查阅钢筋进场验收资料
确认过程	检查施工钢筋原材料进场验收记录，发现产品具备合格证、检验报告，检查结果如下： 检测报告　合格证
确认结果	原材料进场检查记录完整，详尽，检测报告合格
结　论	钢筋材质不合格为非要因

表7　焊条原材保护不当

确认标准	1. 焊条保护得当，无受潮、药皮破坏、铜芯生锈等现象；2. 焊条分类存放于干燥的仓库中
确定方法	现场检查
确认过程	现场检查焊条保护措施不足，焊条因保护不当出现不同程度的受潮、药皮破坏等现象

续表

确认过程

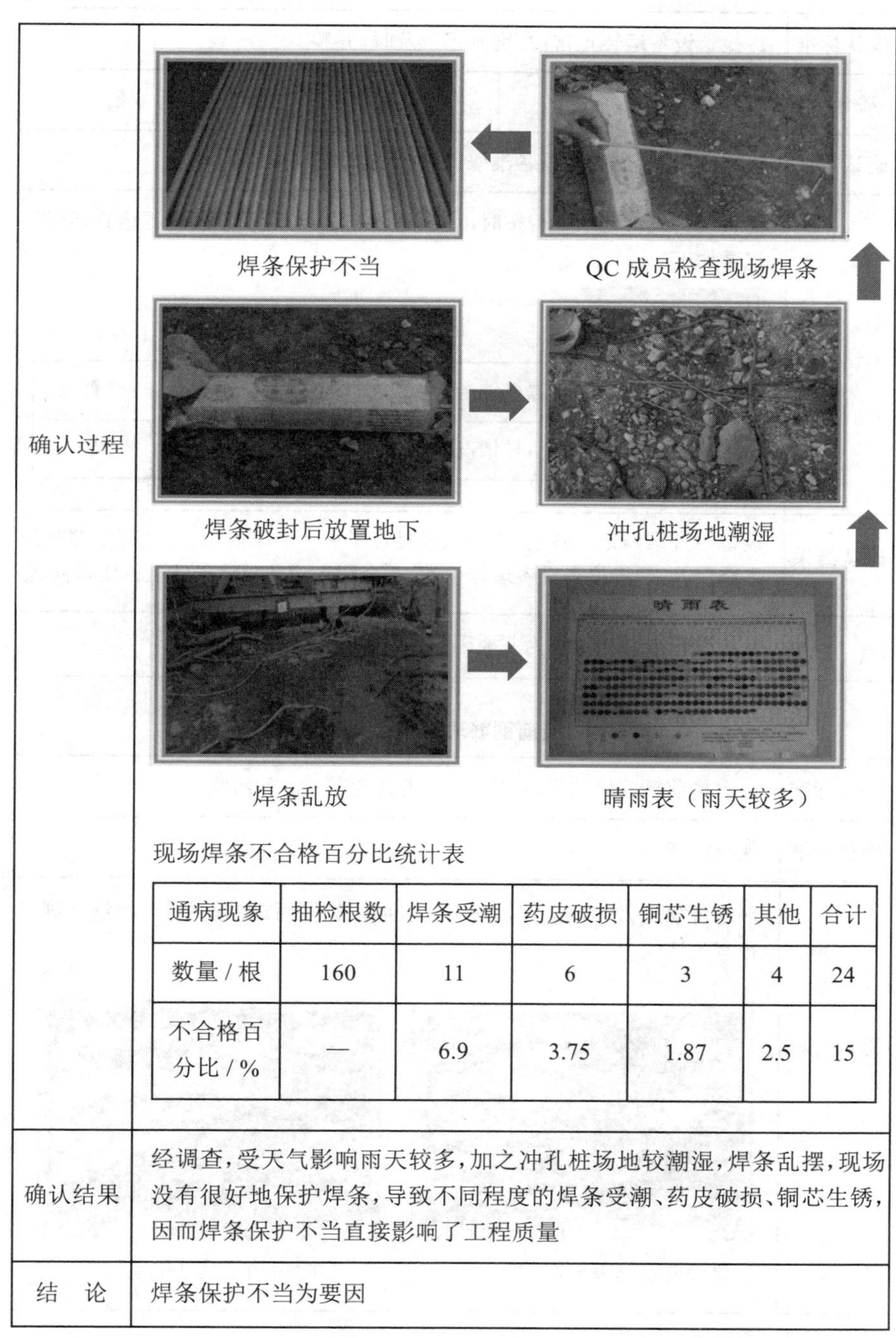

焊条保护不当

QC 成员检查现场焊条

焊条破封后放置地下

冲孔桩场地潮湿

焊条乱放

晴雨表（雨天较多）

现场焊条不合格百分比统计表

通病现象	抽检根数	焊条受潮	药皮破损	铜芯生锈	其他	合计
数量 / 根	160	11	6	3	4	24
不合格百分比 / %	—	6.9	3.75	1.87	2.5	15

确认结果	经调查，受天气影响雨天较多，加之冲孔桩场地较潮湿，焊条乱摆，现场没有很好地保护焊条，导致不同程度的焊条受潮、药皮破损、铜芯生锈，因而焊条保护不当直接影响了工程质量
结　论	焊条保护不当为要因

表8 设备运行不正常

确认标准	1. 检查设备运转正常；2. 维修记录及时，齐整		
确定人	***	确定时间	2017年7月6日
确认方法	1. 现场检查；2. 查看设备维修记录		
确认过程	检查设备维修记录是否按时，记录是否详尽，对现场设备进行检查，结果记录如下： 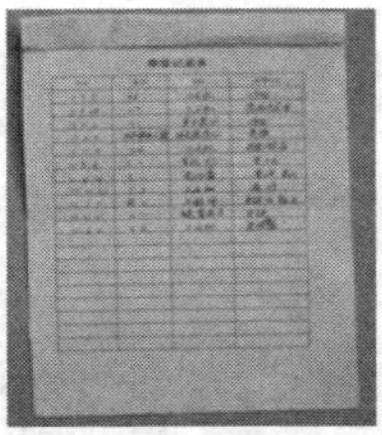 焊机运转检查表 焊机编号 / 1号焊机 / 2号焊机 / 检查人 运转情况 / 正常 / 正常 / ***		
确认结果	设备检查维修记录齐全，而且大多是在工人上下班前检查，能有足够时间维修保养。现场检查设备运行正常，不会因为设备故障导致工程质量问题		
结　论	设备检查维修不及时为非要因		

焊机运转检查表

焊机编号	1号焊机	2号焊机	检查人
运转情况	正常	正常	***

表9 焊接前钢筋表面污物清除不干净

确认标准	1. 焊接前钢筋应洁净，不破损；2. 工具能有效清除污物
确认方法	现场检查
确认过程	现场观察工人在焊接前发现钢筋表面污物采用短钢筋敲打，用钢丝刷进行有效清除。  焊接前钢筋表面污物 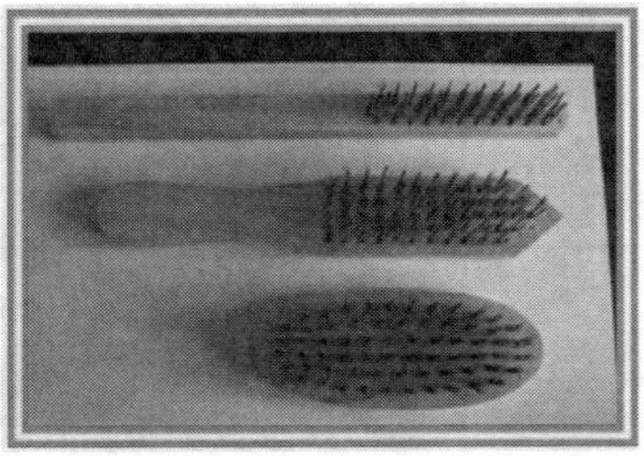　　除污物工具（钢丝刷）

续表

确认结果	工人对钢筋表面的污物运用有效的清除工具与方法清除
结　论	焊接前钢筋表面污物清除不干净为非要因

表10　成品钢筋笼无架空

确认标准	现场成品钢筋笼架空，地面硬化，保护得当
确认方法	现场查看
确认过程	现场已做好地面硬化，钢筋成品，钢筋笼架空，结果记录如下：  架空措施 　　地面硬化
确认结果	原材料进场检查记录完整，详尽，检测报告合格
结　论	钢筋材质不合格为非要因

（三）要因确认结论

根据以上分析，得出钢筋笼焊接质量差的一个要因：焊条原材保护不当。

七、制订对策

对于以上分析出来的具体要因，QC小组集体讨论，确定责任人，责任人全权负责后续相关工作的开展，对开展后的工作实时监控，及时总结，全面掌握对策实施后的具体情况。具体对策见表11。

表 11　对策表

要因	对策	目标	具体措施	实施地点
焊条原材保护不当	加强焊条的保管	焊条保护率达100%，不得受潮，单根焊条药皮破损面积不得超过 3%，铜芯无氧化	1. 焊条的保管； 2. 运输焊条时不要损伤焊条； 3. 控制一次焊条出库量； 4. 焊接前再次检查焊条	现场

八、对策实施

（一）加强焊条的保护措施

由于出现焊条保护不当的现象，为达到加强项目管理、实现过程监控、质量受控的目的，QC 小组成员决定将涉及保护焊条的重要因素全部罗列并重新实施，严格按照之前制订的质量安全检查制度，同时加大奖惩力度。

措施：焊条的保管

（1）焊条的保管，要特别注意环境湿度。进场的焊条及班组未用完的焊条应存放在干燥的仓库内，存放在环境空气中的相对湿度低于 60%，并与地面和墙壁离开约 30 cm。

（2）各类焊条必须分类、分牌号堆放，避免混乱。

（3）破封后正在使用的焊条，做好遮蔽与离地保护措施，禁止将焊条乱摆乱放，避免焊条受潮与药皮破损。

（4）运输、堆放焊条过程应注意不要损伤药皮，焊条堆放应按照要求码层，不能超高。

（5）一般焊条一次出库量不能超过两天的用量，已经出库的焊条，必须要保管好。

（6）焊接前再次检查焊条，因二次运输等原因造成焊条不合格严禁使用。

焊条的保管实施效果如图 5 所示。

图 5 分类堆放

(二)实施效果

措施实施后,对于焊条保护不当的情况逐步得到控制,10 月 1 日至 10 月 31 日焊条保护率达 100%,焊条进场合格率及现场验收合格率达 100%。

表 12 实施措施有效性百分比估算表

日期	重新编制合理的进度计划	焊接前做好防风防雨工作	按湿度要求作业
7.27—8.26	57%	70%	72%
8.27—9.29	86%	85%	91%
9.30—10.31	100%	100%	100%
结论	进度计划的合理编制,对雨天、工期的合理掌控,避免了雨季施工的可能。有效程度 100%	钢筋棚、彩钢板、挡水布对于突然来临的风雨起到了很好的防护作用,有效程度 100%	雨后对于相对湿度的准确把握,使得工期相对宽松,对于焊接质量给予了十分坚实的保障,有效程度 100%

(三)初步实施结果

根据以上有针对性的对策进行施工后,按 PDCA 循环进行验证,得到表 13 所示数据。制作的合格率折线图如图 6 所示。

表 13 对策实施后钢筋笼制作合格率表

日期	7.27—8.26	8.27—9.29	9.30—10.31	合计
桩数	176	176	176	528
点数	3 520	3 520	3 520	10 560
不合格数	98	186	95	380
不合格率	2.8%	5.3%	2.7%	3.6%
合格率	97.2%	94.7%	97.3%	96.4%

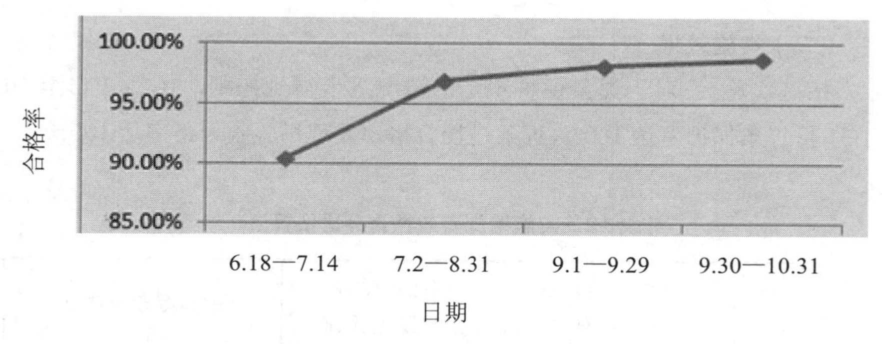

图 6 钢筋笼制作的合格率

由以上数据及折现图可知，2017 年 7 月 27 日至 10 月 31 日这段时间，项目部通过有效地控制及管理，将钢筋笼制作的合格率不断提高，基本上达到了控制目标的要求。因此初步证明所采取的施工措施是有成效的。

九、检查效果

（一）目标效果

自对策实施至 2017 年 11 月 19 日，小组成员对泵闸共计 48 条桩，48 个钢筋笼，1 200 个点进行验收统计，发现钢筋笼制作一次验收合格点数为 1 157 点，不合格点数为 23+11+9=43 点，总的一次合格率为 96.4%。QC 小组对不合格的钢筋笼进行调查分析，如表 14 所示。

表 14　影响钢筋笼制作优良率的因素统计表

<table>
<tr><td>调查项目</td><td>钢筋笼焊接质量差</td><td>钢筋笼间距偏差超标</td><td>钢筋笼表面不清洁</td><td>钢筋保护层过大</td><td>钢筋笼变形</td></tr>
<tr><td>出现总次数</td><td>36</td><td>137</td><td>127</td><td>46</td><td>34</td></tr>
<tr><td colspan="2">合格点数</td><td>1 157</td><td colspan="2">总检查点数</td><td>1 200</td></tr>
<tr><td colspan="2">合格率</td><td colspan="4">96.4%</td></tr>
</table>

由统计表可以看出，经过对策实施后，钢筋笼焊接质量差占不合格钢筋笼的比例由原来的 75% 降低到 10%，钢筋笼一次合格率也由 90.4% 提高到 96.4%，比目标值还提高了 1.4 个百分点，实现了 QC 小组的目标。活动效果如图 7，8 所示。

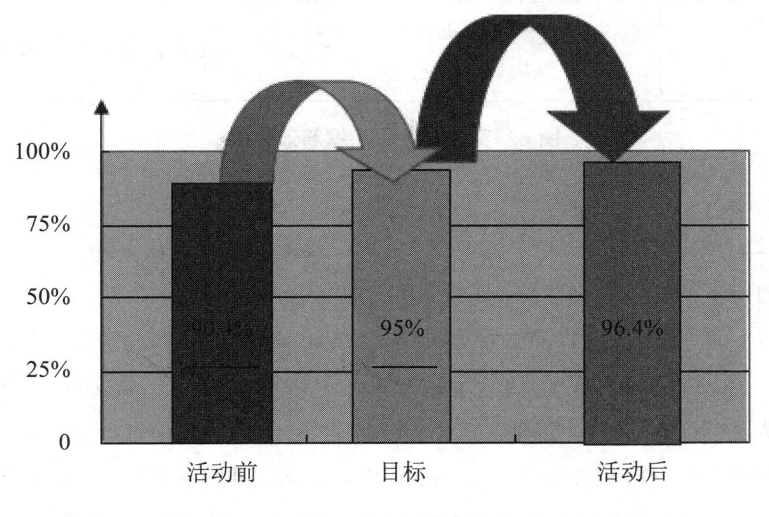

图 7　活动效果图

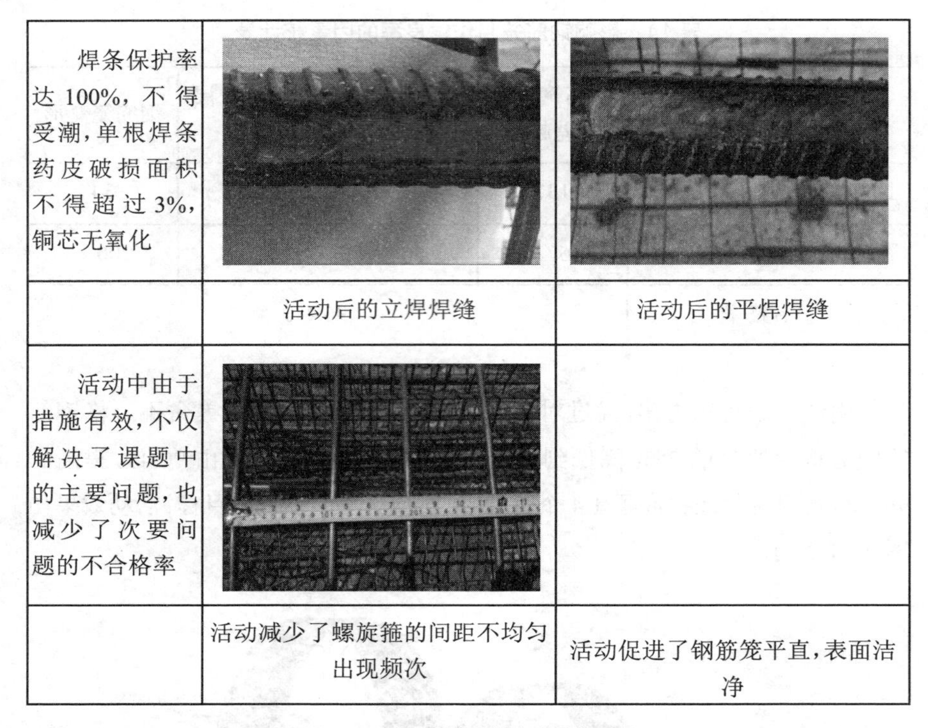

焊条保护率达 100%，不得受潮，单根焊条药皮破损面积不得超过 3%，铜芯无氧化		
	活动后的立焊焊缝	活动后的平焊焊缝
活动中由于措施有效，不仅解决了课题中的主要问题，也减少了次要问题的不合格率		
	活动减少了螺旋箍的间距不均匀出现频次	活动促进了钢筋笼平直，表面洁净

图 8　实施对策后的钢筋效果图

（二）经济效益

通过本次活动，QC 小组取得了一定的经济效益，计算如下：

（1）活动产生的收益：活动前后合格率提高了 6 个百分点（96.4%−90.4%）。活动期间完成了 28 个钢筋笼，不合格整改按人工费 100 元 / 根及材料费 25 元 / 根计算，则可以减少由于钢筋笼制作不合格造成返工的费用为 28×6%×（100+25）=210 元。按照合同约定，节约工期一天奖励 5 000 元，相比之前进度计划有效节约 5 d，折计 5×5 000=25 000 元，总收益 =210+25 000=25 210 元。

（2）活动投入的费用：钢筋笼月度累计合格率达标共奖励管理人员 5 人次，合计 5×100=500 元，奖励班组长 8 人次，合计 8×100=800 元，小计 500+800=1 300 元。除奖励费用外，为开展本活动产生的活动经费和购买其他材料耗用了人工费合计 5 280 元，总投入费用为 1 300+5 280=6 580 元。

（3）创造直接经济效益为 25 210−6 580 ＝ 18 630 元，为项目部节约了成本。

（三）社会效益

提高了钢筋笼制作的一次验收合格率，提升了工程质量，为按期完成业主工期目标奠定了基础。临近友方项目通过以此成果为模板进行钢筋笼制作的改进，使得临近工地整体桩基一次合格率小幅度上扬，提早高质安全完成工程施工。

（四）人员能力提高

通过这次针对提高钢筋笼优良率的 QC 活动，不仅保证了钢筋笼的优良率，也提高了施工管理人员的技术能力和团队协作意识。对 QC 知识、个人能力、解决问题的信心、思维能力及团队精神等各项指标进行活动前后对比自我评价，如表 15 所示，雷达图如图 9 所示。

表 15　小组成员自我评价表

项 目		QC 知识	个人能力	解决问题的信心	思维能力	团队精神
自我评价	活动前	3	2	3	2	3
	活动后	4	4	4	4	5

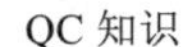

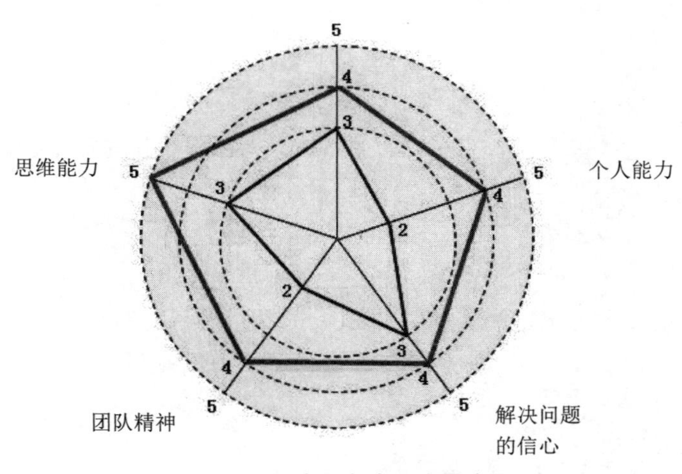

图 9　小组成员自我评价雷达图

十、总结

小组成员认为 QC 方法的科学性和有效性是分析问题、解决问题的有效途径，将充分运用 QC 方法到施工中解决各种问题。

（1）本次活动结束后，立即整理活动资料，总结经验，编制活动成果报告，发至相关部门传阅并存档。

（2）与本公司人力资源部及工程部合作，对施工管理人员进行培训和交底，使该方法在以后同类型的钢筋笼制作施工中得到贯彻实施。

（3）巩固期效果检查：2017 年 11 月 21 日—12 月 10 日为本次 QC 小组活动的巩固期，按前期活动制订的技术措施，完成了 28 根灌注桩施工，28 个钢筋笼，共计 840 点。经过检查，钢筋笼一次验收合格率为 100%，成功保持了活动的效果。

减少钻孔灌注桩下钢筋笼前沉渣厚度

——以东部新城核心区 A-23（25-1）地块项目 QC 小组为例

一、工程概况

东部新城核心区 A-23/25-1 地块项目由一幢高层和裙楼组成。其中高层建筑高度 150 m，设 3 层地下室。

高层建筑采用钻孔灌注桩基础，总桩数 120 根，其中抗压桩 110 根，桩径 1 000 mm，桩长 68 m，孔深超过 83 m；抗拔桩 10 根，桩径 800 mm，桩长 46 m。桩基长度范围内含沙较多的地层主要为粉沙层（厚约 4 m、深度 −65.5 ～ −69.5 m），粉质黏土层（层厚约 8 ～ 10 m，深度分别在 −18 ～ −25 m，−28 ～ −37 m，−48 ～ −65 m，−69 ～ −80 m），及砾沙层（厚约 10 m、深度 −80 ～ −90 m）。抗压桩穿越粉沙、粉质黏土等含沙层，以沙砾层作为持力层，采用桩底后注浆增强地基承载力。钢筋笼全部为通长设计。此桩基工程桩孔深度超过 80 m，桩径达 1 000 mm，在本地区钻孔灌注桩施工中尚不多见。

业主对工期要求紧，场地狭窄，同时施工作业单位比较多，需要克服的现实困难比较多。

二、选题理由

（1）此项目打桩过程中，前期施工的 8 根桩中有 3 根桩安装钢筋笼时不能到达设计深度，测量沉渣厚度有 3.6 ～ 4.1 m，而且返工严重影响施工进度，造成了经济损失。每发生一次钢筋笼安装不到位，需要重新起吊割除钢筋笼，重新下钻具扫孔，直接损失达 7 000 元 / 次。

（2）多次返工导致工程进度滞缓，且场地小工期紧，用电负荷已近乎满负荷，无法安排更多桩机设备，超期违约成本高且影响公司信誉，公司要求项目部负责解决下钢筋笼前沉渣过厚问题。

三、施工现状调查

QC 小组钻孔桩施工现场进行了现状调查，对调查结果及时进行分析并确定了初步结论。

现状调查一：主楼施工场地呈长方形，54 m×45 m，安排有格构柱及钢筋笼加工场、格构柱及钢筋笼堆放场、注浆后台、3 个循环泥浆池、1 个废浆池、1 个储水池、3 台 GPS-18 型桩机以及道路，场地非常拥挤，无法再安排更多大型设备施工。

现状调查二：已成桩的 8 根桩，有 3 根钢筋笼不能一次性安装到位，返工比率高达 37.5%，平均沉渣厚度达 1.83 m。终孔泥浆参数和钢筋笼安装焊接完成时（二次清孔前）沉渣厚度数据见表 1。

表 1　终孔泥浆参数和钢筋笼安装焊接完成时沉渣厚度

桩号	桩径 / mm	终孔孔口泥浆密度 /（kg/L）	终孔孔口泥浆含沙率 / %	终孔孔口泥浆黏度 / S	钢筋笼安装后孔底沉渣厚度 / m
9	1 000	1.37	21	30	3.6
11	1 000	1.4	23	32	4.1
12	1 000	1.38	20	31	3.8
1	1 000	1.33	11	29	0.7
4	1 000	1.34	12	30	0.7
6	1 000	1.34	13	31	0.8
8	1 000	1.32	12	30	0.5
120	800	1.34	13	31	0.4
平均值	—	1.35	15.63	30.5	1.83

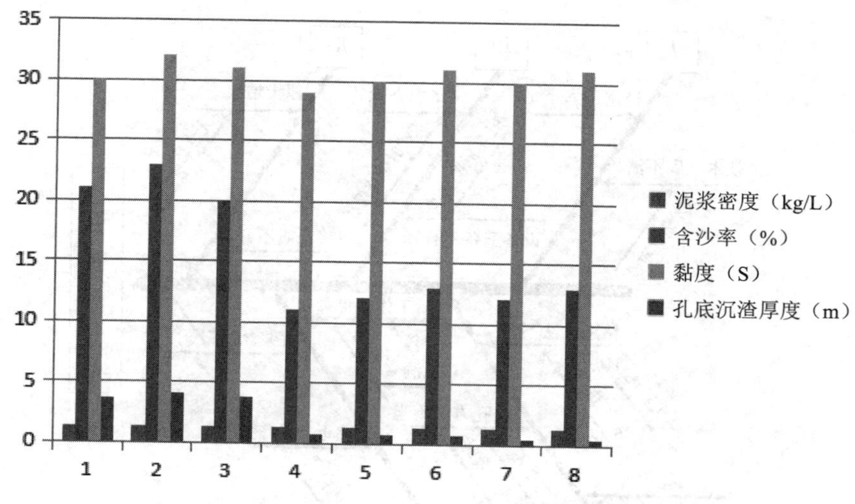

图 1　终孔泥浆参数和钢筋笼安装焊接完成时沉渣厚度柱状图

现状调查三：此工程钻孔灌注桩桩径 Φ1 000 mm，孔深达 85 m，钻孔方量大，由于场地和电力容量原因，施工方案采用正循环回转钻进工艺，该工艺对深大孔清渣难度大。

经过现状调查，QC 小组提出了活动目标：降低泥浆含沙率，确保下钢筋笼前沉渣厚度不大于 0.8 m。

四、原因分析

项目部 QC 小组根据以上现状调查情况，集众人之智慧，从人、机、料、法、环等五大因素入手进行了因果分析，经小组人员充分讨论确定影响下钢筋笼前沉渣过厚的各方面因素，根据沉渣的原因绘制了下钢筋笼前沉渣过厚的因果分析图，具体如图 2 所示。

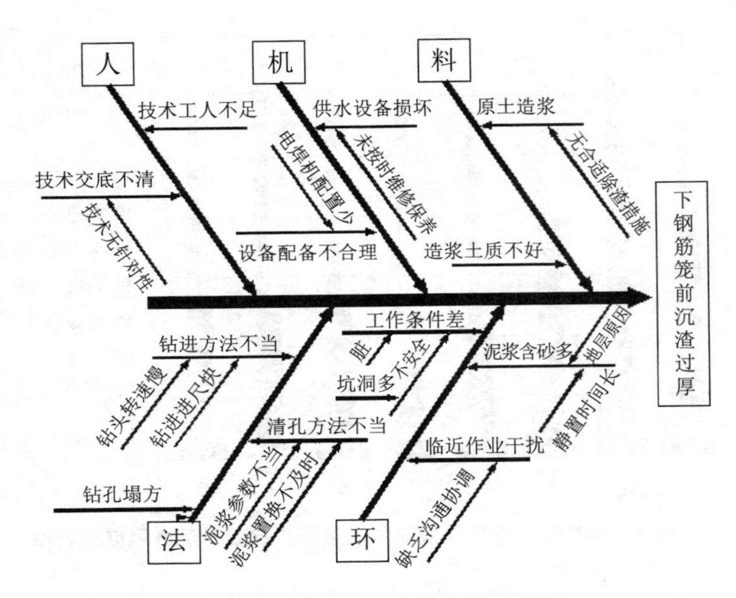

图2 下钢筋笼前沉渣厚过因果分析图

五、要因确认

为了确认要因，项目部QC小组确定课题任务后，专门就下钢筋笼前泥浆含沙率和静置时间做了对比实验，静置时间按照每小时测量一次，泥浆含沙率按已完成桩情况确定，实验结果见表2和图3。

表2 泥浆含沙率、静置时间与沉渣厚度关系

单位：m

含沙率	静置时间						
	1 h	2 h	3 h	4 h	5 h	6 h	7 h
23%	1.55	2.30	2.92	3.58	4.06	4.32	4.55
16%	0.63	0.95	1.33	1.57	1.76	1.92	2.06
8%	0.29	0.41	0.50	0.58	0.64	0.71	0.78

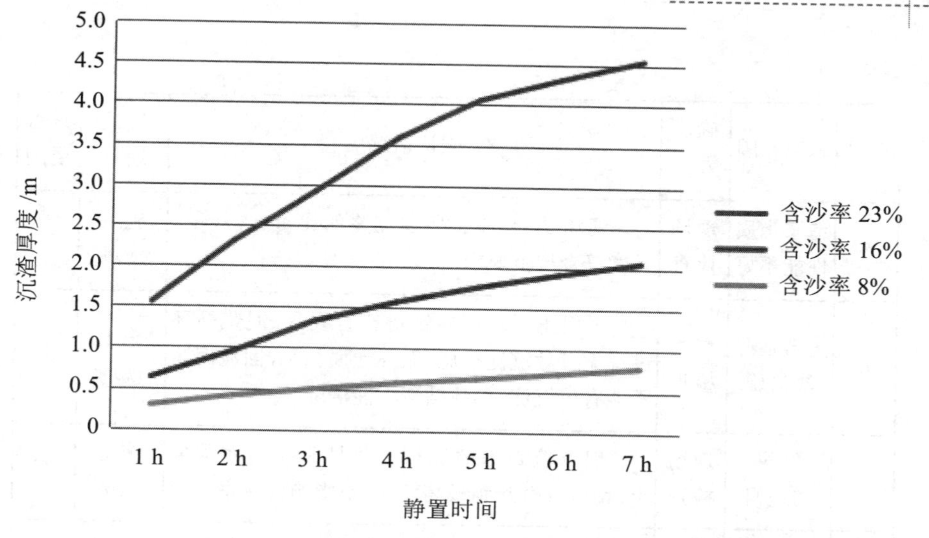

图3　泥浆含沙率、静置时间与沉渣厚度关系图

经折线图分析发现，含沙率越高，沉淀量越大；静置时间越长，沉淀量越大；含沙率大时对时间敏感，含沙率小对时间不敏感。

根据分析结果，要因确认见表3。

表3　要因确认表

序号	末端原因	确认方式	确认情况	确认地点	是否要因
1	技术工人不足	现场检查	针对此工程钢筋笼长，焊接时间长，配备1人孔口焊接，能满足进度要求	施工现场	否
2	技术无针对性	现场考核	询问施工人员对清孔泥浆参数的了解，均回答正确	现场办公室	否
3	电焊机配置少	讨论分析	针对此工程钢筋笼长，配备1台电焊机安装钢筋笼，焊接时间正常	施工现场	否
4	未按时维修保养	现场检查	查看现场电焊作业情况，每台桩机均按正常配有1台电焊机，并且仓库配备有备用机	施工现场	否

续表

序号	末端原因	确认方式	确认情况	确认地点	是否要因
5	造浆土质性能不好	现场检查	现场试验，原土所造泥浆的比重、含沙量、黏度符合规范要求	施工现场	否
6	无合适除渣措施	现场检查	采用正循环回转钻进符合要求，泥浆循环过程无有效沉淀措施，循环池面积小，回流泥浆不能有效沉淀，导致钻渣不能清除	施工现场	是
7	钻头转速慢	现场检查	现场检查考虑运行平稳性和充盈系数要求，钻机没有开到最高转速，不影响含沙率	施工现场	否
8	钻进进尺快	现场检查	查看钻进记录，发现钢筋笼安装不到位的桩，总钻进时间比其他桩孔钻进时间少 2 h，询问工人，原因是为了抢在晚上禁止夜间施工前成桩，加快了钻进速度。钻进速度加快，钻渣未能及时清除，影响含沙率	办公室	否
9	泥浆参数不当	现场检查	检查 2 根桩终孔孔口泥浆，发现泥浆密度为 1.27 kg/L 及 1.31 kg/L，符合要求	施工现场	否
10	泥浆置换不及时	现场检查	现场观察泥浆置换情况，钻过含沙层后，没有及时置换泥浆。影响钻渣清除，含沙率增高	施工现场	是
11	钻孔塌方	现场检查	用超声波井径仪检测，并未发现孔径异常	施工现场	否
12	作业环境脏	现场检查	现场场地、操作台，泥水多，地坪未硬化，场地内比较脏，但不影响生产正常进行	施工现场	否
13	不安全，坑洞多	现场检查	检查现场，场地小，存在桩孔、泥浆池、电缆沟、地连墙沟槽等不安全环境，影响施工作业效率	施工现场	否
14	缺乏沟通协调	现场检查	核查实际情况，桩作业前施工员会就桩施工与其他作业单位沟通协调，未发现沟通不顺	施工现场	否

续表

序号	末端原因	确认方式	确认情况	确认地点	是否要因
15	静置时间长	现场调查	泥浆的静置时间由工艺工序需要决定，可改进余地少	施工现场	否
16	地层原因	现场调查	地层含沙确实影响泥浆含沙率，但是地质原因不可人为改变	施工现场	否

六、对策措施

经过分析确定要因后，QC小组针对下钢筋笼前沉渣厚的主要原因进行了进一步讨论，制订了相应的对策和措施，具体见表4。

表4 下钢筋笼前沉渣厚的对策和措施

序号	影响因素	对策措施	目标
1	无合适除渣措施	因场地小不能按常规设置沉淀池，采取设备除渣措施，在泥浆循环流程中加入旋流除沙器	终孔时孔口泥浆含沙率小
2	泥浆置换不及时	熟悉勘察报告，编写每孔含沙层孔深，在开孔单中标注清楚，穿越含沙层及时置换泥浆，粉沙、粉质黏土层中每钻进10 m置换泥浆，砾沙层沙每5 m置换泥浆。保持泥浆良好性能	置换后孔口泥浆性能参数为：密度1.1～1.4 kg/L，含沙率小于8%，黏度25～35S

七、对策实施

按照制订的对策，QC小组运用TQC方法，有针对性地采取了一系列措施，并对工艺流程进行了改进，从而降低泥浆含沙率，减少下钢筋笼前沉渣厚度。具体如下：

实施一：

（1）首先将原有泥浆池分隔出一个小存渣池，在小存渣池上安装旋流除沙器，循环泥浆经除沙后流入大池作为循环泥浆使用，如图4所示。

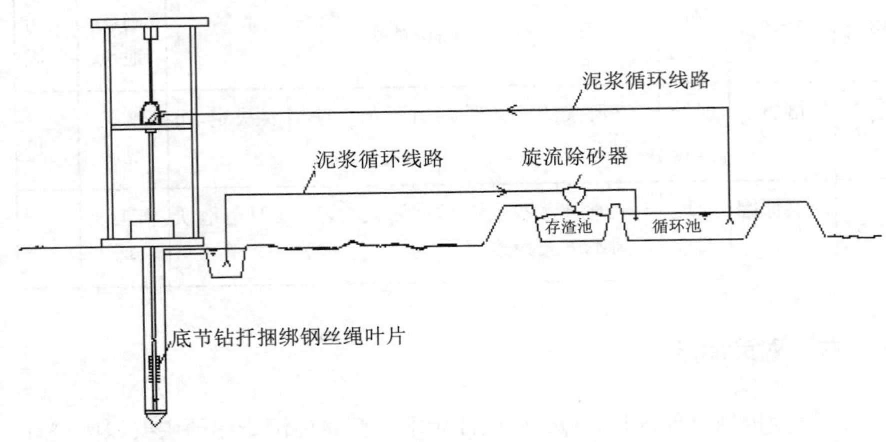

图4 除沙工艺示意图

（2）派专人及时清除沉渣池内钻渣，经跟踪检查，每根桩能清除出约5 m³泥沙混合料。

（3）检测循环池泥浆含沙率控制在8%以下。

实施二：

（1）派专人负责检查监督泥浆置换情况，掌握钻具进入含沙层时间，督促班组及时置换泥浆。

（2）定时检查供水状况，保证满足泥浆置换用水。

（3）穿越含沙层后泥浆性能参数控制目标：泥浆密度1.1～1.4 kg/L，含沙率小于8%，黏度小于25～35 S。

八、效果检查

通过开展QC小组活动，实施上述对策措施，在项目部全员的共同努力下，通过确定泥浆参数要求，根据目标要求改进施工工艺，在不增加工序时间的基础上，使泥浆含沙率得到有效降低，减少下钢筋笼前孔内沉渣厚度。实施后钢筋笼均能够一次安装到位，未产生因沉渣厚导致返工情况。实施QC活动后施工的桩，经过统计，沉渣厚度统计数值如表5所示。

表 5 实施前后沉渣厚度对比

项目	实施前			实施后		
桩数	8 根			112 根		
参数	平均值	最大值	最小值	平均值	最大值	最小值
下钢筋笼前孔底沉渣厚度 / m	1.83	4.1	0.4	0.56	0.75	0.3
含沙率 / %	15.63	23	11	9.13	10.7	4.1

九、总结

通过本次 QC 活动，小组于 2015 年 12 月重新修订了“钻孔灌注桩桩施工作业指导书”，经公司工程技术部审核，总工审批后下发。作业指导书编号为 ZYTZSP316，为今后类似工程提供了借鉴。

QC 小组通过开展活动，完整一轮 PDCA 循环之后，泥浆含沙率得到了较好的控制，下钢筋笼前孔底沉渣厚度得到有效控制，使钢筋笼能够一次安装到位，达到了预定的目标。小组成员从活动中获取了更多知识，学会了彼此相互协作，增强了解决问题的信心。自我评价如表 6 所示，雷达图如图 5 所示。

表 6 自我评价打分表

序号	评价内容	活动前 / 分	活动后 / 分
1	团队精神	70	90
2	安全意识	80	95
3	QC 知识水平	70	85
4	解决问题能力	80	95
5	工作热情干劲	80	90

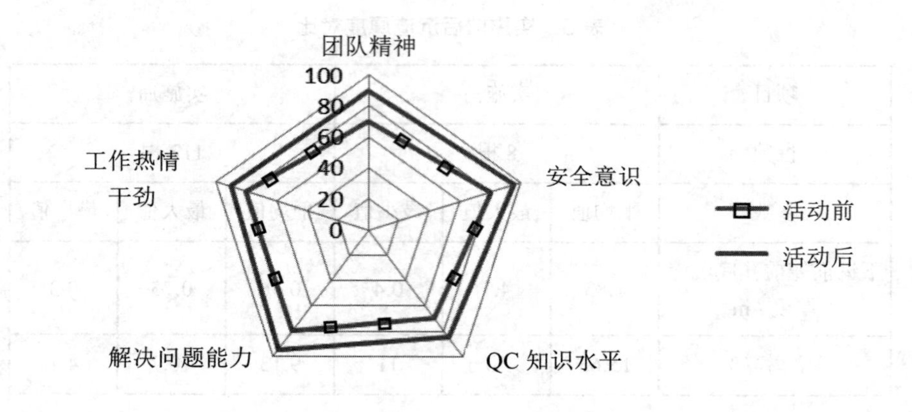

图 5 自我评价雷达图

提高基础柱插筋合格率

——以某市 BMH 商务区一期地块配套景观湖工程 QC 小组为例

一、工程概况

某市 BMH 商务区一期地块配套景观湖工程总建筑面积 8 351.06 ㎡，工程造价：4 227.967 3 万元；工程质量目标：争创“甬江杯”；安全文明施工目标：争创“某市标化”。

二、选题理由

公司对工程质量的严格要求，必须符合规范要求，提升企业品牌；工程质量目标：争创“甬江杯”；保证建筑物的正常使用和使用年限，抓好质量，减少后期维修，提高经济效益，提高基础柱插筋的合格率。

三、现状调查

为了提高基础柱插筋准确性，QC 小组成立后对公司正处于基础施工阶段的项目的基础柱插筋情况进行了随机抽查，共抽查 226 点，其中有 43 点不合格，合格率仅为 81%，为此小组对调查结果进行了分析。

基础柱插筋施工现状调查统计如表 1 所示。

表 1　基础柱插筋缺陷频数统计表

序号	质量问题	频数 / 点	频率 / %	累计频率 / %
A	柱筋整体偏移	17	39.5	39.5
B	柱筋保护层厚度不符合要求	13	30.2	69.7

续表

序号	质量问题	频数 / 点	频率 / %	累计频率 / %
C	柱钢筋整体倾斜	8	18.7	88.4
D	其他	5	11.6	100
合计		43	100	—

根据统计表绘制排列图如图 1 所示。

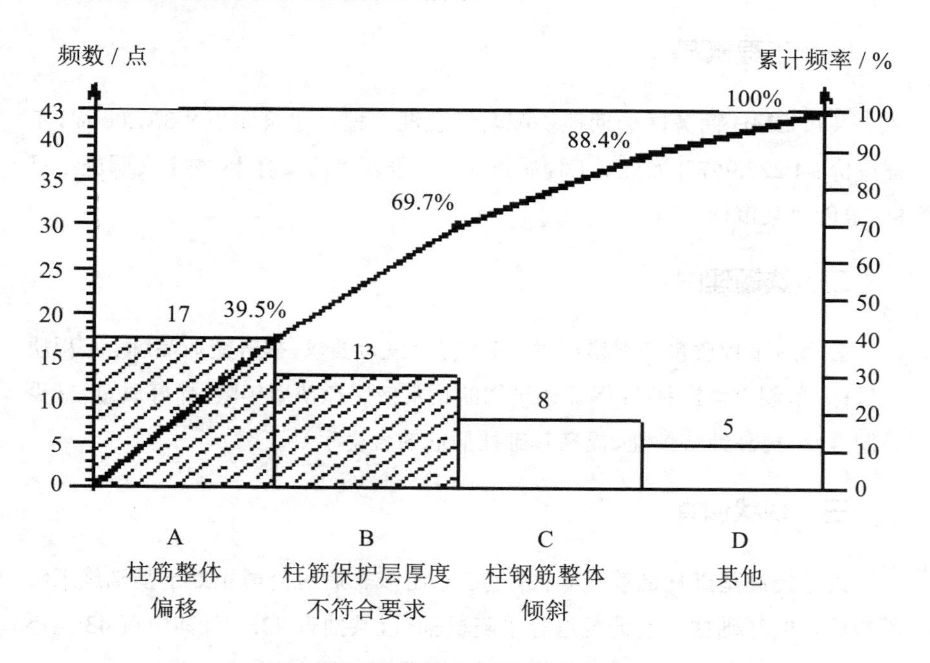

图 1　基础柱插筋主要质量问题排列图

根据上述排列图分析，柱筋整体偏移、柱筋保护层厚度不符合要求是影响基础柱插筋合格率的主要问题，解决这两项问题，将合格率提升到 90% ～ 95%，为设定目标提供依据。

四、确定目标

提高基础柱插筋合格率为 92%。活动目标图如图 2 所示。

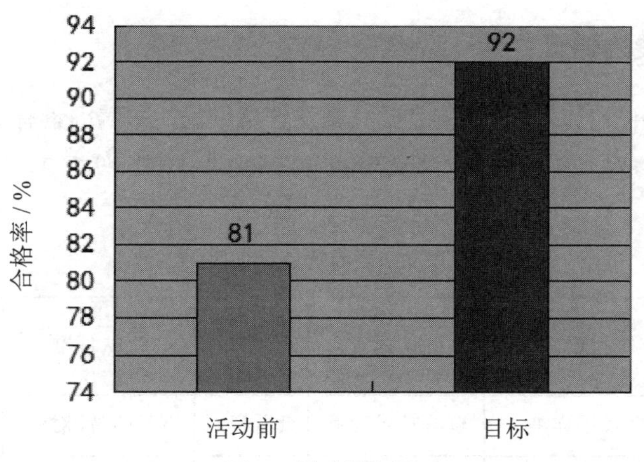

图 2　活动目标图

五、原因分析

小组成员运用头脑风暴法，从人、机、料、法、环五个方面对影响基础柱插筋合格率的原因展开讨论分析，并绘制了因果图如图 3 所示。

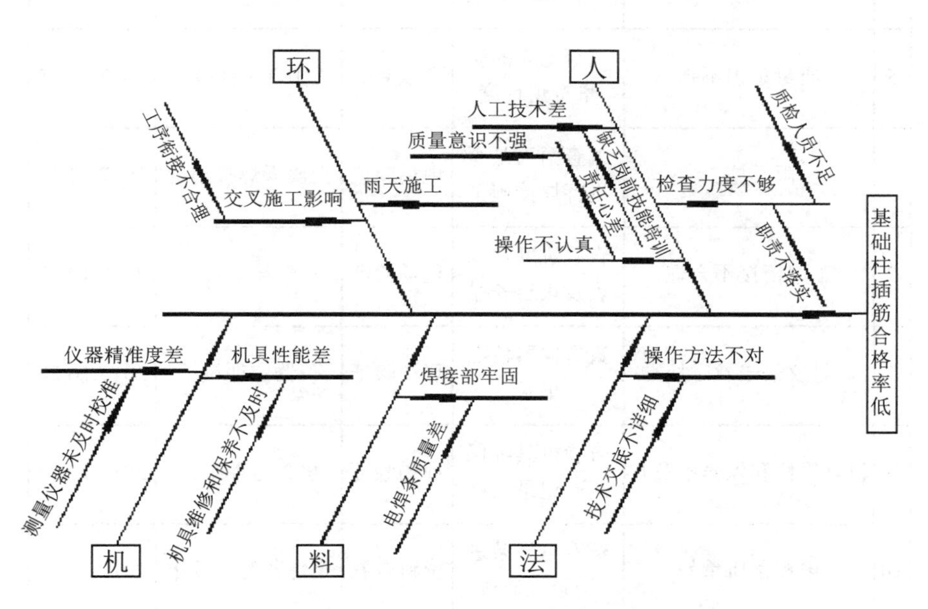

图 3　基础柱插筋合格率低因果图

六、要因确认

从因果图可以看出，影响基础柱插筋合格率低的末端因素有10个，通过要因分析会，对末端因素进行要因分析。要因确认计划表见表2。

表2 要因确认计划表

序号	末端因素	确认内容	确认方法	确认标准	计划完成时间
1	技术交底不详细	查看技术交底	查看资料	有且有针对性	2017.10.20
2	职责不落实	有无职责制度及执行情况	现场验证	有且100%执行	2017.10.22
3	质检人员不足	统计人员数量	调查分析	人员数量满足质检要求	2017.10.20
4	缺乏岗前技能培训	调查技能培训是否满足要求	调查分析	有且100%掌握	2017.10.25
5	质量意识不强	调查工人的质量意识程度	考核测试	100%合格	2017.10.25
6	雨天施工	调查雨天是否进行焊接施工	现场验证	无雨天焊接情况	2017.10.20
7	工序衔接不合理	查看进度计划表及班组安排	现场验证	安排合理	2017.10.25
8	测量仪器未及时校准	查看仪器校准记录	现场验证	仪器定期校核	2017.10.20
9	机具维修和保养不及时	查看机具维保记录	现场验证	机具定期维保	2017.10.23
10	电焊条质量差	查看电焊条进场验收资料	资料查看	电焊条符合要求	2017.10.24

末端因素要因确认如表 3 ～表 12 所示。

表 3 要因确认一

末端因素	技术交底不详细				
验证时间	2017 年 10 月	验证地点	施工办	确认人	***
验证方法	查看资料				
验证过程	经翻阅技术交底资料，交底内容确实存在不详细、针对性不强的情况				
结果	要因				

表 4 要因确认二

末端因素	职责不落实				
验证时间	2017 年 10 月	验证地点	施工现场	确认人	***
验证方法	现场验证				
验证过程	相关职责制度齐全完善，责任分工明确，且已按制度执行				
结果	非要因				

表 5 要因确认三

末端因素	质检人员不足				
验证时间	2017 年 10 月	验证地点	施工现场	确认人	***
验证方法	调查分析				
验证过程	施工现场只有一个质检员，无法满足施工过程中对各工序的质量检查的要求				
结果	要因				

表6　要因确认四

末端因素	缺乏岗前技能培训				
验证时间	2017年10月	验证地点	资料室	确认人	***
验证方法	调查分析				
验证过程	经对开工以来组织岗前培训资料的查阅，项目部按实际情况分批次对工人进行了技能培训，符合要求				
结果	非要因				

表7　要因确认五

末端因素	质量意识不强				
验证时间	2017年10月	验证地点	施工现场	确认人	***
验证方法	考核测试				
验证过程	经现场调查，施工人员确实存在质量意识淡薄，施工过程中注重速度不抓质量的情况				
结果	要因				

表8　要因确认六

末端因素	雨天施工				
验证时间	2017年10月	验证地点	施工现场	确认人	***
验证方法	现场验证				
验证过程	经现场调查，不存在雨天进行钢筋焊接等施工行为				
结果	非要因				

表9 要因确认七

末端因素	工序衔接不合理				
验证时间	2017年10月	验证地点	施工现场	确认人	***
验证方法	现场验证				
验证过程	经对进度计划及班组安排的调查，确实存在工序衔接不合理的情况，因此上一工序成品被破坏				
结果	要因				

表10 要因确认八

末端因素	测量仪器未及时校准				
验证时间	2017年10月	验证地点	施工现场	确认人	***
验证方法	现场验证				
验证过程	测量仪器均已定期进行保养校准，符合测量的要求				
结果	非要因				

表11 要因确认九

末端因素	机具维修和保养不及时				
验证时间	2017年10月	验证地点	施工现场	确认人	***
验证方法	现场验证				
验证过程	各钢筋加工机械按要求进行维修、保养，符合施工要求				
结果	非要因				

表 12 要因确认十

末端因素	电焊条质量差				
验证时间	2017 年 10 月	验证地点	施工现场	确认人	***
验证方法	资料查看				
验证过程	查阅电焊条进场验收资料，符合施工要求				
结果	非要因				

通过要因确认，主要原因有以下几点：①技术交底不详细；②质检人员不足；③质量意识不强；④工序衔接不合理。

七、制订对策

根据以上确定的要因，小组成员制订了相应的对策，如表 13 所示。

表 13 对策措施表

序号	要因	对策	目标	具体措施	地点	时间
1	技术交底不详细	制订详细、针对性强的技术交底	详细、针对性强，使工人清楚工序要求	由技术负责人制订详细、有针对性的技术交底，对工人进行班前交底，并交底双方签字确认	施工现场	2017.10.26
2	质检人员不足	公司选派经验丰富、技能过硬的质检人员到项目部	质检人员数量、质量满足施工要求	由公司筛选经验丰富且对规范熟悉的质检人员进入施工现场	2017.10.22	2017.10.22
3	质量意识不强	加强对施工人员的教育	施工人员对质量要求 100% 掌握	通过对施工人员的宣传教育，增强质量意识，必要时采取奖惩措施	会议室	2017.10.30

续表

序号	要因	对策	目标	具体措施	地点	时间
4	工序衔接不合理	对各班组施工顺序进行合理安排	工序安排合理	对各班组施工顺序进行合理的安排，保证相互间的成品保护，保证施工质量，减少资源浪费	施工现场	2017.11.5

根据对策表中的措施，由各责任人在规定的时间内完成，并由组长负责指挥和监督，把每项落到实处。

（一）技术交底不详细

由项目技术负责人编制技术交底，技术交底必须具有针对性；技术负责人负责对班组长和班组人员进行口头或书面交底（图4），并由交底双方本人签字确认（图5）。

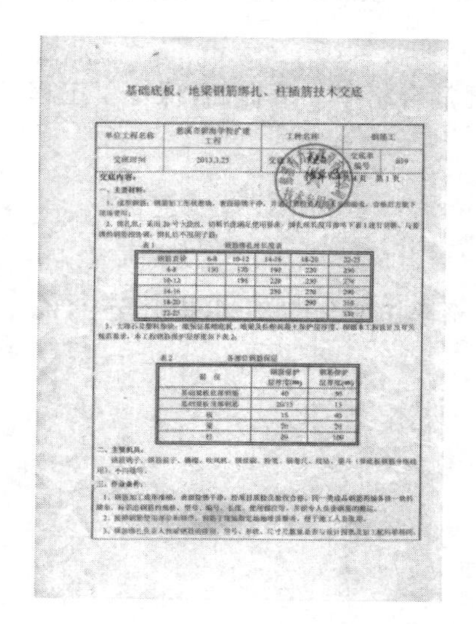
基础底板、地梁钢筋绑扎、柱插筋技术交底

图4　技术交底单

基础底板、地梁钢筋绑扎、柱插筋技术交底签到单

图5　交底双方确认签字单

效果：重新编制后的技术交底具有针对性且详细，并严格执行交底程序，使工人掌握施工要点。

（二）质检人员不足

由公司培训、考核公司内部的质检人员，派经验丰富且对规范熟悉的质检人员进入施工现场进行质量检查活动及指导，增加检查力度，保证质量符合要求。

效果：由于质检人员的增加，检查力度的加强，基础柱插筋合格率明显提高。

（三）质量意识不强

对所有施工人员定期开展质量宣传教育，加强质量意识，采取考核上岗制度，考核合格者才能上岗操作；实行奖惩制度，对表现优异者给予适当的奖励，带动全员质量意识的提高，从而保证质量符合要求。

效果:经质量宣传教育、考核及奖惩制度的实施，质量意识有了显著提高。

（四）工序衔接不合理

项目部对原先进度计划及班组安排进行分析讨论，重新制订了安排计划，使各班组之间尽可能减少相互干扰，保证相互间的成品保护，保证施工质量，减少资源浪费，并要求各班组对损坏前道工序成品的情况进行报告，修补后方可进入下道工序，从而减少返工。

效果：各班组工序间协调后，基础柱插筋合格率显著提高，保证了工程质量。

八、效果检查

通过一系列的QC活动，基础柱插筋合格率由原来的81%，提升至94%，达到了预期目标（见图6）。

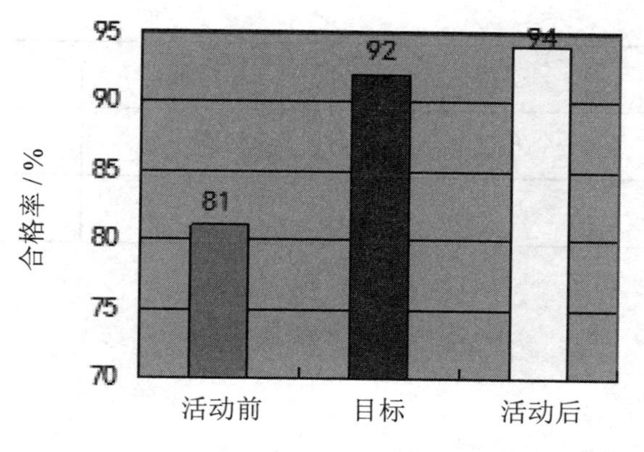

图 6　活动目标图

间接效益：通过本次 QC 小组活动，小组增强了对开展小组活动的积极性，提高了找到问题、解决问题的能力；项目部技术管理人员的质量管理水平和质量意识上升了一个台阶。

九、总结

基础是建筑物的根基，而基础柱插筋的准确性更是重中之重，将直接影响建筑物的使用寿命；公司一贯秉承为业主提供放心、满意的工程理念，此次 QC 活动成果在公司内的推广应用，必将为公司提高工程质量、提升企业形象提供强劲的依据。通过此次活动，小组成员在团队精神、质量意识、处理问题能力、QC 知识、个人能力、参与意识等方面有了显著的进步。QC 小组活动前后自我评价表如表 14 所示。

表 14　QC 小组活动前后自我评价表

序号	项目	活动前	活动后
1	团队精神	81	92
2	质量意识	75	89
3	处理问题能力	88	93
4	QC 知识	77	90

续表

序号	项目	活动前	活动后
5	个人能力	74	95
6	参与意识	82	93

第二章 型钢

劲钢混凝土结构中型钢梁柱钢筋施工质量控制

——以某市 BLXMH 区总部基地 4# 地块工程及项目部 QC 小组为例

一、工程概况

此工程为某市 BLXMH 区总部基地 4# 地块，由主楼和裙房组成。主楼为地下一层、地上二十二层框剪结构，裙楼为地下一层、地上三层框剪结构。总建筑面积为 45 425.22 ㎡，其中地上部分为 32 294.18 ㎡，地下部分为 13 131.04 ㎡。此工程型钢混凝土结构含量较大，尤其是 3 层及以下包括地下室（17.5 m 以下结构）为劲钢结构框架－钢筋混凝土结构，梁柱部位采用复合型焊接钢柱与焊接 H 型钢梁、箱型钢柱与箱型钢梁的钢骨与钢筋组合的现浇框架混凝土结构，结构形式较复杂。

二、选题理由

选题理由及评价图如图 1 所示。

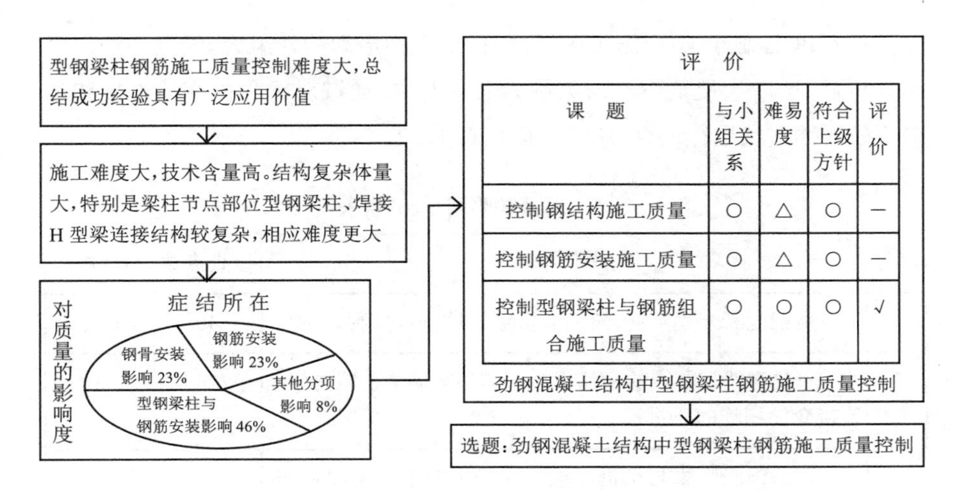

注：○表示重要；△表示一般。

图1 选题理由及评价图

三、现状调查

大楼主体结构大量采用劲钢混凝土，梁柱部位主要采用复合型钢柱与焊接H型钢梁、箱型钢柱与箱型钢梁的钢骨再与钢筋组合的现浇框架混凝土结构进行施工，其连接方式较复杂，对保证劲钢梁柱钢筋安装的质量提出了较大的难题。

该工程的技术和施工难点：

（1）一般型钢混凝土采用钢梁、柱连接组成钢构架；此工程型钢混凝土为复合型钢柱与焊接H型钢梁的钢骨再与钢筋组合的现浇框架混凝土结构，其内置钢骨截面又大，最大截面尺寸为H550 mm×1500 mm×40 mm，跨度21 600 mm，梁柱三级钢筋最大直径为28 mm，用材体量在民用建筑中少见。

（2）此工程型钢混凝土柱与型钢梁和普通钢筋混凝土梁其连接方式是在型钢柱上焊钢牛腿或在型钢混凝土柱钢骨上预焊钢连接套筒或预留开孔；型钢混凝土梁主筋、角筋均应贯穿梁柱节点；不贯穿梁柱节点的钢筋均焊接在钢牛腿翼缘上或与钢连接套筒相连，钢结构构架隐蔽在混凝土结构中。

（3）构件所处安装位置高，覆盖面广，施工难度大，质量要求严，施工场地窄小，施工工期紧。

针对以上难点，结合施工图纸，分析节点构造和构件组成。经过仔细研究和分析后，选取大楼地下一层梁柱为研究对象，通过对钢骨内钢筋连接和钢筋安装实体现状进行调查，统计分析见表 1，2。

表 1　质量缺陷调查、分析表

序号	评价内容	检查点数	不合格数
1	型钢混凝土梁主筋、角筋应贯穿梁柱节点控制	40	12
2	不贯穿梁柱节点的钢筋焊接在钢牛腿翼缘上或与钢连接套筒相连的质量控制	28	8
3	钢筋混凝土梁与型钢混凝土柱采用钢牛腿连接时，框架梁端至牛腿端部以外 1.5 倍梁高范围内箍筋按加密区要求设置控制	18	2
4	钢骨梁内钢筋的搭接位置，与钢骨的拼接位置错开	15	1
5	钢骨梁内钢筋的锚固质量控制	15	1
合　计		116	24

表 2　质量缺陷统计表

序号	项　目	频数	频率 / %	累计频率 / %
1	型钢混凝土梁主筋、角筋应贯穿梁柱节点控制	12	50	50
2	不贯穿梁柱节点的钢筋均焊接在钢牛腿翼缘上或与钢连接套筒相连的质量控制	8	33.3	83.3
3	钢筋混凝土梁与型钢混凝土柱采用钢牛腿连接时，框架梁端至牛腿端部以外 1.5 倍梁高范围内箍筋按加密区要求设置控制	2	8.3	91.6
4	钢骨梁内钢筋的搭接位置，应与钢骨的拼接位置错开	1	4.2	95.8
5	钢骨梁内钢筋的锚固质量控制	1	4.2	100
合　计		24	100	—

根据质量缺陷统计表绘制出排列图，如图 2 所示。

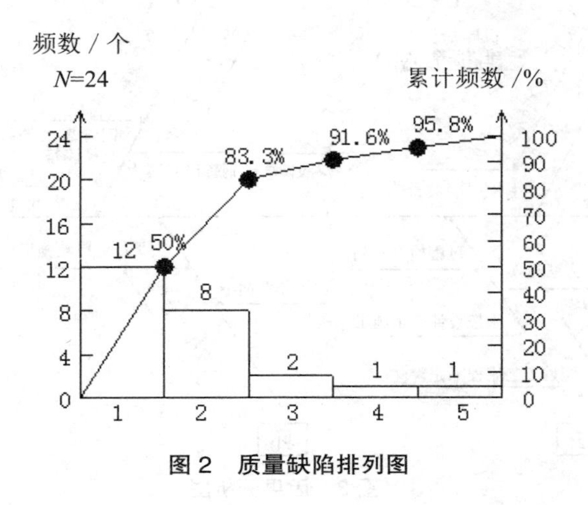

图 2 质量缺陷排列图

总结分析：由排列图可以看出，“劲钢混凝土梁主筋、角筋均应贯穿梁柱节点”和“不贯穿梁柱节点的钢筋均焊接在钢牛腿翼缘上或与钢连接套筒相连”两个问题累计频率达 83.3%，是影响劲钢混凝土结构钢梁、柱钢筋施工质量控制的主要问题，是需要解决的主要对象。

四、设定目标

依据现状调查，以“劲钢混凝土梁主筋、角筋应贯穿梁柱节点”和“不贯穿梁柱节点的钢筋均焊接在钢牛腿翼缘上或与钢连接套筒相连”为重点，以点带面控制此工程劲钢梁、柱钢筋施工质量，QC 的目标为：钢筋安装分项施工验收合格率达到 95%。

五、原因分析

针对排列图找出的两个主要问题，QC 小组在现场办公室召开了“原因分析会”，进一步分析影响钢筋施工质量的两个主要缺陷问题的根本原因，组织绘制因果图进行分析（图 3）。

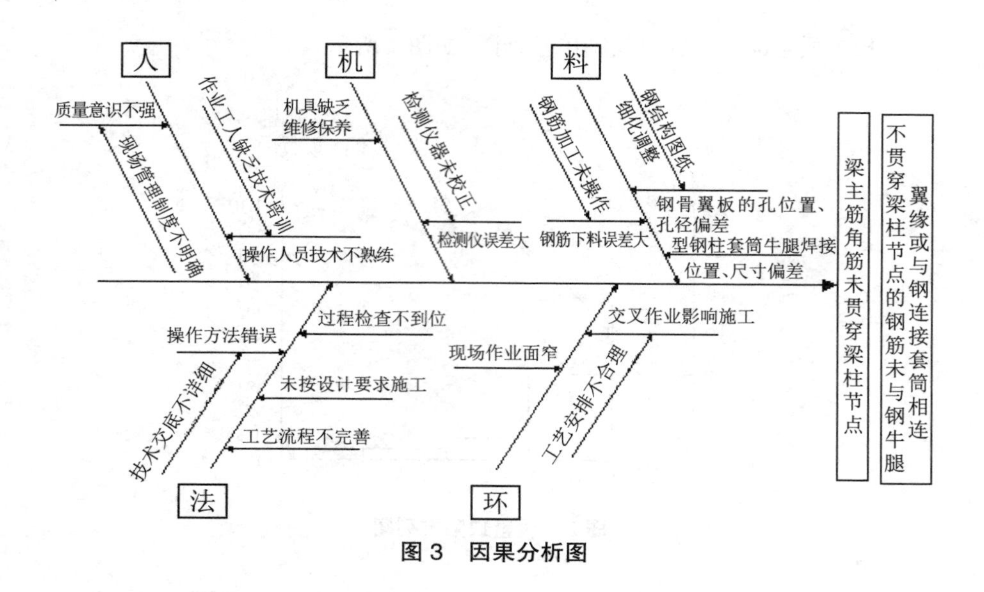

图3　因果分析图

六、要因确认

从上述因果图，QC小组共找到了11个末端因素，并制订了要因确认计划表（表3），对其进行了逐项调查及论证分析。

表3　要因确认计划表

序号	末端原因	确认内容	确认方法	确认标准
1	质量意识不强	是否经过上岗前教育	现场调查	考核合格率100%
2	操作人员技术不熟练	是否经过上岗前培训，对工艺的了解	现场调查	考核合格率100%
3	检测仪器误差大	测量仪器	现场调查	送检校正合格
4	型钢柱套筒牛腿漏焊，焊接位置、尺寸偏差	检查记录	现场调查	符合设计要求
5	钢骨翼板开孔位置、孔径偏差	开孔位置、孔径偏差记录	现场调查	符合设计、规范要求

续表

序号	末端原因	确认内容	确认方法	确认标准
6	钢筋下料误差大	检查记录	现场调查	符合图纸要求
7	操作方法错误	技术交底记录	现场调查	符合规范规定，可操作性强
8	工艺流程不完善	是否有施工方案	现场调查	编制施工方案
9	过程检查不到位	是否有质量检查制度	现场调查	记录真实、完善
10	现场作业面窄	现场作业面	检查分析	作业面符合施工要求
11	交叉作业影响施工	工艺安排是否合理	现场调查	工艺合理安排

（一）质量意识不强

通过现场检查，班组、管理人员均经过上岗前教育，考核合格率100%。

结论：非要因。

（二）操作人员技术不熟练

经现场调查，对作业班组人员的摸底，发现作业班组人员均由正规劳务公司派遣，工龄均达8年以上，是专业性很强的队伍，操作技能水平较高。

结论：非要因。

（三）检测仪器误差大

经调查，测量仪器均具有合格证，且年检合格。

结论：非要因。

（四）型钢柱套筒牛腿漏焊，焊接位置、尺寸偏差

经现场检查，现场型钢柱套筒、牛腿有漏焊现象；焊接位置偏差部分超出规范规定要求；套筒牛腿尺寸与图纸不符。

结论：是要因。

（五）钢骨翼板开孔位置、孔径偏差

经调查，钢骨翼板开孔位置、孔径偏差部分超出规范规定要求。

结论：是要因。

（六）钢筋下料误差大

经调查，钢筋下料错误，局部下料长度超出规范规定要求。

结论：是要因。

（七）操作方法错误

经现场检查，作业前对作业工人均进行了详细的技术交底，并按交底要求进行施工。

结论：非要因。

（八）工艺流程不完善

经检查，对现场钢筋连接、安装的技术交底进行了检查，结果表明钢筋连接、安装工艺采用传统的施工方法，由于此工程为型钢混凝土结构，节点部位与传统的施工方法不同，所以完整合理的施工工艺流程对工期和质量控制至关重要，必须制订完善才能得到有效保证。

结论：是要因。

（九）过程检查不到位

调查分析，严格执行工序质量检查制度，可以把一些质量问题消灭在萌芽状态和施工过程中，不致造成产品的质量问题，严格执行工序质量检查，是提高最终成品质量的关键。

结论：是要因。

（十）现场作业面窄

经检查，现场施工时型钢梁柱钢筋绑扎部位搭设钢管脚手架，能满足作业人员施工要求。

结论：非要因。

（十一）交叉作业影响施工

对照项目部制订的进度计划，此工程由钢结构安装完毕后才进入模板和钢筋安装工程作业，时间安排上较合理，不会影响施工质量。

结论：非要因。

通过以上的调查分析，QC 组发现 5 个主要原因：

（1）型钢柱套筒牛腿漏焊，焊接位置、尺寸偏差；

（2）钢骨翼板开孔位置、孔径偏差；

（3）钢筋下料误差大；

（4）工艺流程不完善；

（5）过程检查不到位。

七、制订对策

针对以上五个主要原因，小组经过反复讨论、比较，最后制订对策措施表(见表4)。

表4　对策措施表

序号	要因	对策	目标	措施	地点
1	型钢柱套筒牛腿漏焊，焊接位置、尺寸偏差	钢结构加工过程加强监控、检查	钢结构套筒牛腿焊接位置、尺寸符合设计和规范要求	钢结构细化图纸必须准确无误，半成品钢构件加工时严格检查	钢结构加工厂
2	钢骨翼板开孔位置、孔径偏差	钢结构加工过程加强监控、检查	钢骨翼板开孔位置、孔径符合设计和规范要求	钢结构公司细化图纸必须准确无误，对偏差超出设计、规范要求的经设计验算符合要求后加大孔径然后补强	钢结构加工厂
3	钢筋下料误差大	加强现场巡视检查	符合图纸和规范要求	1. 现场施工人员加强对钢筋半成品检查； 2. 钢筋安装时，质检人员全程进行跟踪监控	现场
4	工艺流程不完善	完善工艺流程	工艺流程有效率100%	组成技术攻关组对节点施工方案进行讨论，制订完整合理的工艺流程	现场
5	过程检查不到位	工序质量过程检查实行三级检查制度，经检查合格后，方能进入下道工序	工序质量合格率达到100%以上，避免返工	1. 由作业班组长负责班组工序质量验收； 2. 项目部质量员负责项目部工序质量验收； 3. 专业监理工程师负责工序质量最终检查，合格后方可进入下道工序施工	现场

八、对策实施

小组成员根据对策表，组织实施地下一层型钢梁柱钢筋安装，实施如下：

要因一：型钢梁柱套筒牛腿漏焊，焊接位置、尺寸偏差

实施措施：型钢梁柱半成品加工前对施工图纸进行详细细化，作业人员施工前针对图纸内容进行交底；半成品制作在工厂分批量生产，加工过程中安排人员跟踪检查，发现漏焊，焊接位置、尺寸偏差时及时纠正，完成后及时检测，控制牛腿、套筒焊接间距和截面尺寸，使之标准统一。

效果验证：通过以上实施，型钢梁柱半成品加工做到了工厂化，套筒牛腿漏焊，焊接位置、尺寸偏差得到了有效控制。

要因二：钢骨翼板开孔位置孔径偏差

实施措施：型钢梁柱半成品加工前对施工图纸进行详细细化，作业人员施工前针对图纸内容进行交底；钢骨翼板批量开孔前先翻样并制作样板，在确认符合要求后进行批量加工。

效果验证：通过以上实施，钢骨翼板开孔位置孔径偏差情况大大减少。

要因三：钢筋下料误差大

实施措施：由项目技术负责人牵头组织钢筋班组长和作业工人进行技术交底，项目部施工员负责进行专项管理，对下料后半成品及时进行检查验收。钢筋安装时，由项目质检员进行全面跟踪指导。

效果验证：通过加强检查和跟踪指导，有效地保证了钢筋下料误差大，保证钢筋能穿过梁柱节点或与套筒、牛腿连接。

要因四：工艺流程不完善

实施措施：为了保证型钢混凝土梁主筋、角筋贯穿梁柱节点和焊接在钢牛腿翼缘上或与钢连接套筒相连，解决前期施工中存在的问题，项目部根据现场实际，先对梁柱节点部位的钢筋连接或焊接，以保证节点部位符合图纸要求，对梁中部位的连接可将锁定螺母和连接套筒预先拧入加长的螺纹内，再反拧入另一根钢筋端头螺纹上，最后用锁定螺母锁定连接套筒，或配套应用带有正反丝扣的丝牙和套筒，以便从一个方向上，能松开或拧紧两根钢筋，以达到锁定的连接效果。

效果验证：通过对地下一层钢筋安装结构进行检查表明，操作者均能熟练掌握工艺流程，使节点部位的钢筋安装质量得到有效控制。

要因五：过程检查不到位

实施措施：项目部制订了工序质量检查，采取“三检”制度，每道工序完工后，先班组自检，然后由项目部质量员、施工员等进行复检，合格后再递交监理工程师检查，监理工程师检查合格后才能进入下道工序的施工，另外项目部制订了“带班制度”“管理人员交接班制度”，保证了工序的施工质量。

效果验证：每道工序完成后均有工序质量检查记录，“三检”制度已落实到位，也实施了管理人员交接班制度，在检查中，钢筋工程施工的各个工序施工质量均达到目标要求。

九、效果检查

地下一层钢筋分项工程依据《钢筋分项工程施工质量验收标准》验收合格率为96%，达到预期制订的目标值（见表5、图4）。

表5 目标对比表

项　目	目标值	实际值
钢筋分项工程施工验收合格率 / %	95	96

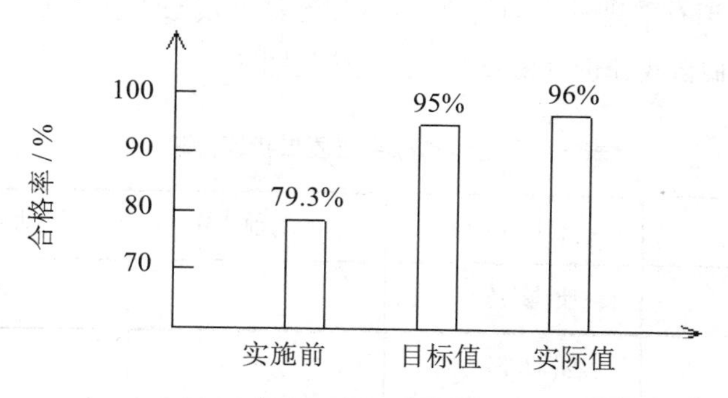

图4 对策实施前后实测合格率对比柱状图

经过QC小组成员的共同努力，成功地保证了型钢混凝土钢筋分项施工质量，经建设单位、设计单位、监理单位等共同验收，均超过了预定目标值，得到了他们的一致好评。

十、成果巩固与总结展望

（一）成果巩固

通过对地下一层钢梁柱钢筋的加工、连接、安装过程的控制，对工艺流程进行了整理汇总，用于指导一至三层型钢梁柱钢筋分项工程的施工。表 6 是对一至三层型钢梁柱钢筋分项工程进行验收的实测结果，从表中可以看出实施措施已得到巩固。

表 6　目标对比表

层数	钢筋分项工程施工验收合格率	
	目标值	实际值
一层	95%	96%
二层	95%	97.5%
三层	95%	96.5%

（二）总结展望

本项目的 QC 小组通过本次活动，小组成员的质量意识、团队精神、管理能力、创新意识有了进一步的提高，为今后继续开展 QC 小组活动打下了坚实的基础，他们自我评价表见表 7 及雷达图见图 5。

表 7　小组活动综合素质自我评价表

序 号	评 价 内 容	活动前 / 分	活动后 / 分
1	质 量 意 识	2	4
2	团 队 精 神	1	4
3	管 理 能 力	3	5
4	QC 工具运用	1	4
5	创 新 意 识	1	5

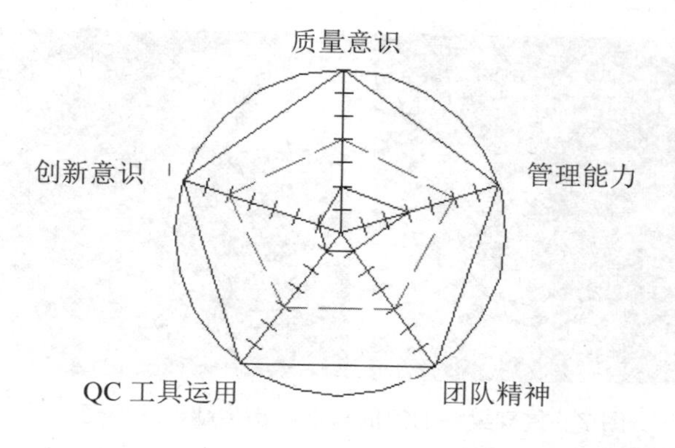

图 5 自我评价雷达图

此次 QC 活动对“劲钢混凝土结构中型钢梁柱钢筋施工质量控制”进行了攻关，对保证工程主体结构的工程质量取得了预期的效果，为工程的创优夺杯创造了良好的基础。

施工照片：

（1）大跨度劲性钢筋砼桁架（见图 6），克服一系列施工难点，保证了结构工程施工质量优良。

图 6 大跨度劲性骨架图

（2）贯穿梁柱的钢筋与钢结构牛腿翼缘焊接细部节点照片（见图 7）。

图7　贯穿梁柱的钢筋与钢结构牛腿接细部图

提高型钢混凝土型钢柱安装精度

——以DHYXS影视学院一期项目部QC小组为例

一、工程概况

某市DHYXS影视学院工程一期总用地面积232 923 ㎡，总建筑面积175 827 ㎡，按全日制本科在校生4 000人规模设计。此标段建筑面积为34 665 ㎡，包括1#、2#教学楼。结构类型为框架结构，地上五层，建筑高度21.75 m。

1#教学楼共有13根型钢混凝土柱，均为焊接H型独立柱，高度为16.98～21.05 m。型钢构件截面为：H500 mm×400 mm×20 mm×25 mm，H800 mm×400 mm×25 mm×25 mm，材质为：Q345B。其吊装、焊接及浇筑混凝土的过程中，其受力情况较为复杂，易发生变形、偏位等。型钢混凝土结构示意图如图1所示。

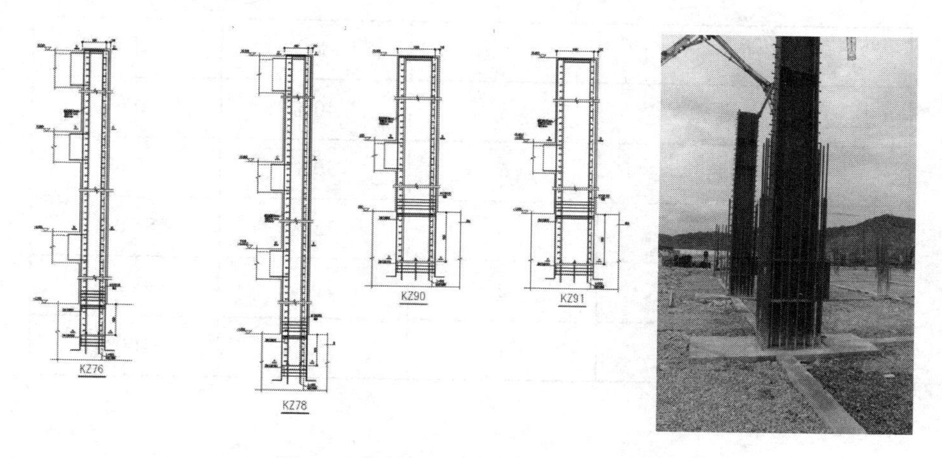

图1 型钢混凝土结构示意图（局部）

二、选题理由

（1）质量要求高：业主要求确保某省“钱江杯”。而工程初期，已完成吊装的1# 楼 A 区 7 根型钢柱安装精度经现场测量，定位误差处于 10 cm 以上的型钢柱为 4 根，安装精度存在较大的问题，影响结构受力，直接影响到此工程质量目标的实现。

（2）工程要求在 390 d 内全部完成并交付使用。而型钢混凝土结构安装精度偏差会导致返工严重，占去施工关键线路，主体结构工期无法保证，解决此问题是保证工期实现的重要前提。

鉴于上述理由，QC 小组成员确定本次 QC 课题为：提高型钢混凝土型钢柱安装精度。

三、现状调查

小组成员对已完成吊装的 1# 楼 A 区 7 根型钢柱，用全站仪进行了现场测量，共检测 80 个坐标节点，发现不合格节点（误差在 10 cm 以外）20 个，合格节点（误差 10 cm 以内）60 个，合格率仅为 75%，安装精度存在较大的问题。小组对调查结果做出如表 1 所示的调查分析。

表 1　型钢构件安装精度质量缺陷调查统计表

缺陷项目	频数	频率	累计频率
垂直度偏差	8	40%	40.0%
定位轴线偏差	6	30%	70.0%
构件尺寸偏差	3	15%	85.0%
连接质量不合格	2	10%	95.0%
其他缺陷	1	5%	100%

根据以上质量缺陷调查统计表进行分析，垂直度偏差和定位轴线偏差的累计频率达到了总数的 70%，是关键的少数项，属 A 类因素。

如果将这两个主要缺陷解决掉，那么质量合格率能达到：70%+（1−70%）×70%=91%。

四、设定目标

考虑到工程具体实施的难度和创优质量标准要求（合格率不宜小于 90%），经讨论分析后设定了初步的目标，节点安装一次性合格率为 90%，安装精度控制在 8 mm 以内。

五、原因分析

QC 小组根据质量缺陷排列图中找到的主要问题，小组成员通过现场调查和组织专题会议分析造成型钢柱安装精度不足的原因。整理绘制出图 2 所示的因果分析图。

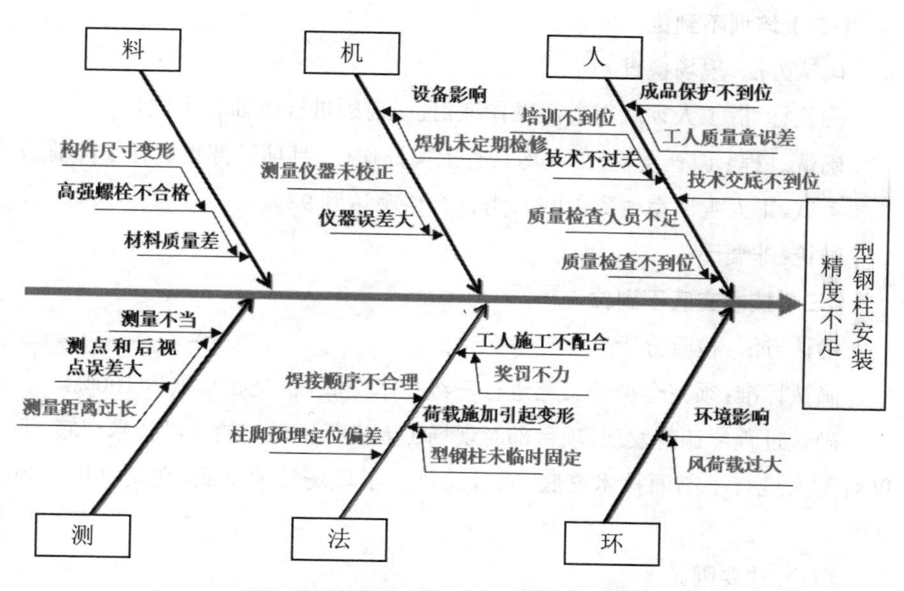

图 2　型钢柱安装精度不足因果分析图

从因果分析图的人、机、料、法、环、测这六大项分析，得出13个末端因素：

①工人质量意识差；②培训不到位；③技术交底不到位；④质量检查人员不足；⑤焊机未定期检修；⑥测量仪器未校正；⑦构件尺寸变形；⑧风荷载过大；⑨奖罚不力；⑩焊接顺序不合理；⑪型钢柱未临时固定；⑫柱脚预埋定位偏差；⑬测量距离过长。

六、要因确认

2018年8月25日至8月30日，QC小组成员对所查找到的13个末端因素进行了逐一确认，确认情况如下：

（一）工人质量意识差

确认方法：检查分析。

确认标准：工人按照现场测量员要求，做到100%按要求操作。

确认过程：调查发现，由于现场工人存在一定的侥幸心理，对待工作质量意识不强，无法完全按照测量员要求确保钢柱误差范围。就此原因QC小组开展紧急会议对工人进行教育培训。

结论：非要因。

（二）培训不到位

确认方法：现场检查。

确认标准：工人须取得上岗操作证，且岗前须进行培训和考试。

确认过程：调查发现，工人均具有上岗操作证，且项目部也进行了岗前培训和考试，工人听课率达到100%，考试合格率达到98%。

结论：非要因。

（三）技术交底不到位

确认方法：检查分析。

确认标准：须完全按照工艺进行三级技术交底，且交底率须达100%。

确认过程：调查发现，项目部对现场工人进行了详细的三级技术交底，不仅对工人进行了书面技术交底，而且还进行了现场技术交底，交底率均达到100%。

结论：非要因。

（四）质量检查人员不足

确认方法：现场检查。

确认标准：工程建筑面积 3.4 万㎡，场地较大，按照要求配备专职质检员 2 名。

确认过程：此工程质检员均具有丰富的施工经验，经过组员一天 4 次的现场观察，发现质检员工作认真负责，各工序严格检查，无漏项。

结论：非要因。

（五）焊机未定期检修

确认方法：现场检查。

确认标准：是否每日检查焊机性能，是否定期对焊机进行维护。

确认过程：对焊机保养记录进行检查，检查发现，项目配有专职焊机管理人员，每日对焊机进行保养并做详细记录，经过检查，小组确认每台焊机性能都 100% 合格。

结论：非要因。

（六）测量仪器未校正

确认方法：现场检查。

确认标准：仪器定期送检校正合格，且测量精度符合要求。

确认过程：经核查此工程使用测量仪器（水准仪、经纬仪、全站仪）合格证齐全，检测校正合格且在检测周期内，满足测量要求。测量器具校准证书均在有效期内（见图 3）。

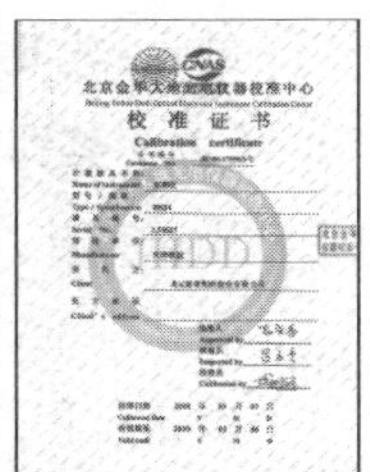

图 3 测量器具校准证书

结论：非要因。

（七）构件尺寸变形

确认方法：现场调查。

确认标准：构件无变形，堆放规范。

确认过程：通过调查，项目部对构件卸车、堆放均严格按照规范操作。钢构件均在受控范围内，运输、堆放中未出现变形，通过专项措施，此种情况基本不会出现。堆放示意图如图 4 所示。

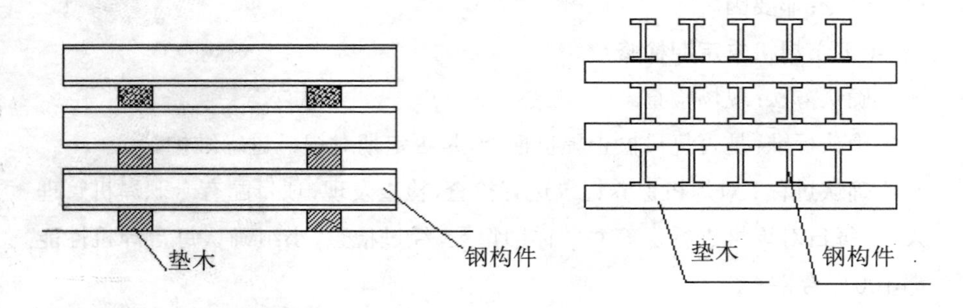

图 4 堆放示意图

结论：非要因。

（八）风荷载过大

确认方法：现场检查。

确认标准：按规范规定，风力超过六级停止施工。

确认过程：小组成员查看了施工期间施工日志、天气预报。调查发现，项目部对天气都有公示，在大风大雨天气责令停止吊装作业。

结论：非要因。

（九）奖罚不力

确认方法：检查分析。

确认标准：奖惩制度制订并贯彻到位。

确认过程：项目管理奖惩制度的奖罚条款。

确认过程：小组成员调查，施工队伍进场的时候，要求其签定责任书，明确施工队伍的责任，并制订奖惩制度，与班组进行宣贯，并签字确认。查看了质量管理奖罚通知单，完全按照项目管理奖惩制度的相应奖罚条款进行处理。

结论：非要因。

（十）焊接顺序不合理

确认方法：检查分析。

确认标准：钢板焊接收缩值不大于 3.4 mm。

确认过程：QC 小组成员在现场监督检查工人是否按焊接方案中规定的焊接顺序进行钢柱的焊接，结果发现焊工均按相关规定进行，符合要求。

结论：非要因。

（十一）型钢柱未临时固定

确认方法：现场调查。

确认标准：钢柱垂直度变形值不大于 10 mm。

确认过程：钢柱在安装校正完后均未进行临时固定（见图 5）。检查 7 根钢柱在安装前后垂直度偏差测量记录，并对两次数据进行分析。

对钢柱垂直度偏差前后变化值进一步进行了分析、统计，如表 2 所示。

通过统计表，4 根钢柱垂直度偏差值超过 10 mm。

图 5　钢柱未临时固定现场图

表 2　垂直度偏差值检查统计表

柱号	1#-KZ76-1	1#-KZ76-2	1#-KZ76-3	1#-KZ76-4
垂直度偏差 / mm	11	8	6	12
柱号	1#-KZ78-1	1#-KZ78-2	1#-KZ90-1	1#-KZ91-2
垂直度偏差 / mm	5	12	13	4

结论：要因。

（十二）柱脚预埋定位偏差

确认方法：现场调查。

确认标准：预埋定位中心与定位轴线偏差不大于 2 mm。

确认过程：钢柱基础预埋段是由 6 根 M27 预埋螺栓固定到基础底板中，螺栓位置准确与否是重要原因。由于混凝土有流动性，浇筑过程中由于压力，对螺栓产生推力造成螺栓位移，使型钢柱的地脚预埋产生偏差，造成钢柱与埋件间隙过大直接造成后续偏差，调整难度大。

结论：要因。

（十三）测量距离过长

确认方法：现场检查。

确认标准：测距尽量控制在 100 m 以内，观测者能清晰地观测到棱镜。

确认过程：调查发现，当测距过长的时候观测者在全站仪中观测到的棱镜很细微，对测量造成了极大的误差。

结论：要因。

通过对上述 13 条末端因素逐一进行确认，确定了以下 3 条主要原因：

（1）测量距离过长；

（2）柱脚预埋定位偏差；

（3）型钢柱未临时固定。

七、制订对策

根据确认的 3 条主要原因，QC 小组全体成员集思广益，制订对策表如表 3 所示。

表 3 对策措施表

序号	要因	对策	目标	措施	地点	完成时间
1	测量距离过长	增加控制点	误差达到 8 mm 以内	1. 通过引点增加控制点，减少测距； 2. 用全站仪进行测量校正	现场	2018 年 9 月 2 日—10 日

续表

序号	要因	对策	目标	措施	地点	完成时间
2	柱脚预埋定位偏差	调整柱脚预埋方案	保证柱脚预埋精度，柱中心与定位 轴线偏差 不大于 2 mm	型钢柱脚螺栓和基础预埋段钢柱处的混凝土实行分层分次浇筑，避免混凝土冲击造成钢筋震动而带来的柱脚移位。	现场	2018 年 9 月 2 日—30 日
3	型钢柱未临时固定	使用角钢和钢丝绳将钢柱固定，形成稳定结构	垂直度焊接变形值不大于 10 mm	1. 确定加固施工方案； 2. 每根钢柱焊接前，使用角钢及钢丝绳将钢柱固定，再施焊	现场	2018 年 10 月—11 月

八、组织实施

（一）针对测距过长

（1）由小组成员确定现场引点（见图 6），增加控制点，缩短其测量距离，保证其观测准度，从而达到安装精度。

（2）经过现场调查比较，用全站仪进行测量校正，并安排小组成员在每根型钢柱头上安放全站仪测距反射贴片（见图 7），利用全站仪加反射贴片进行钢柱垂直度校正测量。

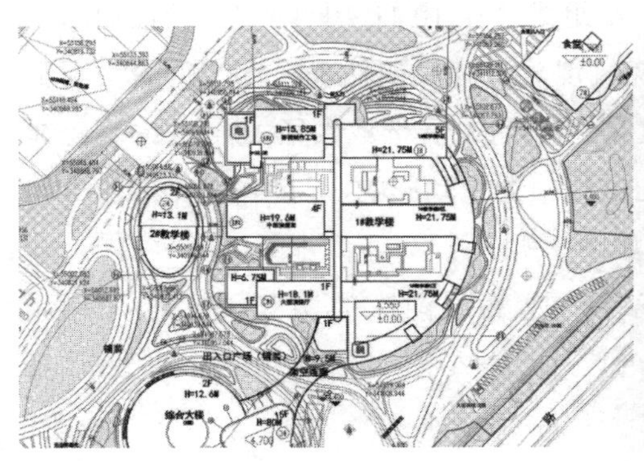

图 6　现场引点布置图

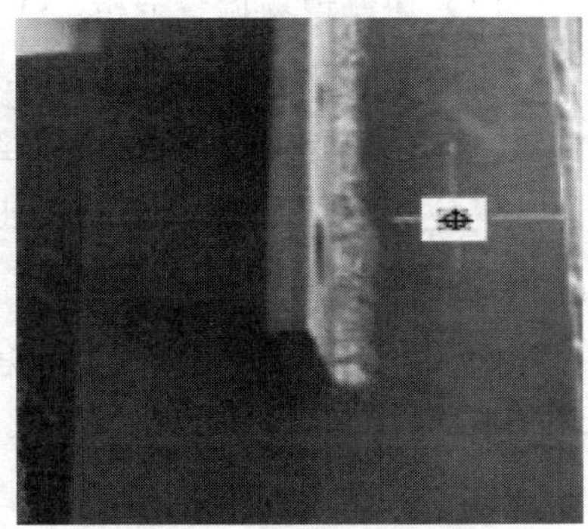

图 7　钢柱上全站仪测距反射贴片

效果检查：经检查，通过增加控制点数量，测距明显缩短了，测量校正速度得到提升，观测精度明显提高了。

（二）调整柱脚预埋方案

（1）对地脚螺栓的上、下端采用工具式钢板固定（见图 8），以保证螺栓的标高和平面位置。

（2）待锚栓就位固定好，在浇混凝土前对锚栓进行测量校核，复核无误后浇筑混凝土。混凝土浇筑完毕后，工具式钢板必须等混凝土初凝后才能拆去，以免在拆除工具式钢板时人为使螺栓位移。

（3）最后进行锚栓的埋设成果测量，并在砼面弹出定位墨线。

图 8　工具式钢板和螺栓预埋固定现场图

（三）针对型钢柱未临时固定

（1）通过现场调查分析，QC 小组成员在 10 月 7 日编制了钢柱加固专项施工方案。方案充分考虑现场浇筑混凝土时对钢柱垂直度产生的不利影响，计算每根钢柱抗压应力和钢丝绳的抗拉应力，选取直径 10 mm 的钢丝绳连接钢柱，使得钢柱受浇筑混凝土过程中的扰动影响、焊接收缩变形的影响降到最低。加固节点及固定示意图如图 9 所示。

QC 小组成员安排现场制作角钢、购置拉结钢丝绳，并按照方案，利用现场废料制作钢丝绳吊耳及连接板。

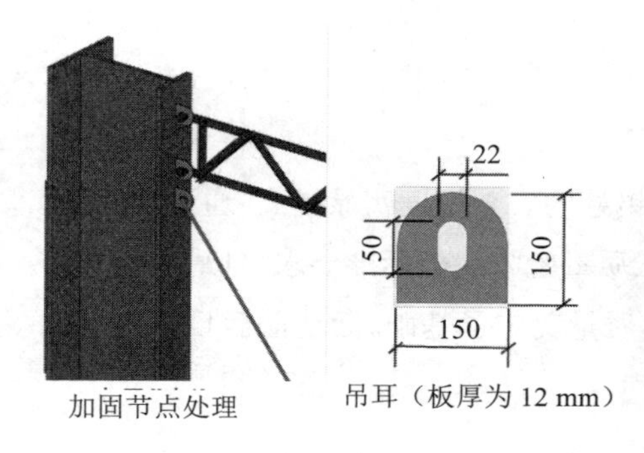

图 9 加固节点及固定示意图

（2）QC 小组成员 10 月 24 日根据方案给钢结构工人技术交底，钢柱于 10 月 26 日开始安装，11 月 8 日安装完毕。使用钢丝绳将每根钢柱柱头三个方向进行加固，然后进行焊接、柱钢筋绑扎、柱侧模支设等工序，是全部完毕后再拆除钢丝绳，从而避免了型钢柱受外界因素的影响而发生位移变形。

效果验证：措施实施后，通过对第 13 根型钢柱焊前和焊后的垂直度偏差数据的对比，对钢柱垂直度偏差焊接变化值进一步进行了分析、统计，列表如表 4 所示。

表 4 型钢柱焊前和焊后的垂直度偏差数据统计表

柱号	1#-KZ76-1	1#-KZ76-2	1#-KZ76-3	1#-KZ76-4
垂直度偏差值 /mm	8	3	4	2
柱号	1#-KZ78-1	1#-KZ78-2	1#-KZ78-3	1#-KZ78-4
垂直度偏差值 /mm	4	6	5	4
柱号	1#-KZ90-1	1#-KZ90-2	1#-KZ90-3	1#-KZ91-1
垂直度偏差值 /mm	2	3	5	7
柱号	1#-KZ90-2	1#-KZ91-3	1#-KZ91-4	
垂直度偏差值 /mm	3	5	4	

通过统计表，第 13 根钢柱焊后垂直度变化值均未超过 10 mm。

九、总结

（一）效果对比

通过一系列对策措施的实施，型钢柱的安装精度明显提高，通过检测，所测节点坐标全部满足钢结构工程施工质量验收规范标准要求，且最大误差仅为 7 mm，满足目标要求，为保证后续质量奠定了基础。活动前后目标值对比如表 5 所示。

表 5　活动前后目标值对比表

合格率	活动前	目标值	实际值	结论
	75%	90%	92%	目标实现
型钢构件安装精度	活动前最大误差	目标误差	实际误差	结论
	23 mm	8 mm	7 mm	目标实现

综上所述，各项指标达优。

（二）经济效益

由于开展此次 QC 小组活动，整个型钢构件安装精度一次到位，未采取任何补救措施，不仅缩短了安装工期，还节约了因处理发生的人工、材料、机械费用，节省成本 9.49 万元。

按照统计由 4 根 /d 的校正速度提高到 8 根 /d，型钢柱共 13 根 ×4 节 =52 根柱计算：

（1）节约工期：52÷4−52÷8=6.5 d。按合同约定提前 1 d 奖励 10 000 元计算，节约造价 6.5×10 000=65 000 元。

（2）通过型钢柱施工质量的提高，大大节省了机械费用、人工费用：

机械费：6.5 台班 ×3 000=19 500 元。人工费：6.5 d×8 人 /d×200 元 =10 400 元。

（三）社会效益

通过对策实施，型钢构件安装精度合格率达到了 92%，最大误差仅为 7 mm，受到了业主、监理及质监部门的一致好评，为下一步结构创优打下了坚实的基础。

钢筋混凝土独立柱支模创新

——以某市 XCL（国际）创新中心 B 区项目部 QC 小组为例

一、工程概况

某市 XCL（国际）创新中心 B 区项目部由 5 幢高层，7 幢多层组成，总建筑面积为 218 949.19 m²（地下室二层建筑面积为 59 468 m²，地上建筑面积为 160 377.22 m²）；建筑高度为 60 m；底层层高为 5.2 m，二层以上层高为 4.5，3.85，3.3m，框架剪力墙结构，除有部分核心筒为剪力墙外，均为框架独立柱，断面尺寸有 600 mm×600 mm，700 mm×700 mm，800 mm×800 mm，900 mm×900 mm，1000 mm×1000 mm，1250 mm×1250 mm。

二、选题理由

（1）混凝土成型尺寸标准、表面观感好，在结构工程中起到相当重要的作用；此工程要确保“某省文明标化工程”，材料的选用必须达到标准化、定型化制作、安装、可周转使用的标准。

（2）根据高大钢筋混凝土柱施工难点，QC 小组收集了可供选择的三个课题，通过小组全体成员评价，最后选定“高大钢筋混凝土柱支模型钢加固创新”作为小组活动的课题，见表 1。

表 1　选题分析表

评价题目 可选课题	迫切性	重要性	预期效果	可实施性	推广性	综合评价	选择
高大钢筋混凝土柱支模型钢加固创新	10	10	10	10	10	50	选定

续表

评价题目 可选课题	迫切性	重要性	预期效果	可实施性	推广性	综合评价	选择
确保高大钢筋砼柱施工质量	6	10	7	8	6	37	不选
提高高大钢筋砼柱施工速度	6	6	5	6	7	30	不选
注:每项满分为 10 分							

从表 1 来看,选择"高大钢筋混凝土柱支模型钢加固创新"作为小组活动课题的主要理由如下:

(1)此工程列入公司 2017 年度创优计划,争创"甬江杯"。

(2)此工程框架独立柱较多,公司要求主体结构施工进度紧,要求工程质量一次成优。

(3)要求提高材料周转率,降低成本,提高经济效益和社会效益。

鉴于以上理由,QC 活动课题确定为"高大钢筋混凝土柱支模型钢加固创新"。

三、设定目标及可行性分析

通过本次活动,找到一种经济、安全可靠、方便拆装、可多次周转使用的支模加固体系。

四、应用创新型独立柱加固件支模与传统独立柱加固件支模对比

(一)提出各种方案

方案一:用 50 mm×70 mm 方木(竖楞间距 100 mm)和 M14 螺杆加固方法和模板拼接完成,并且在每边各设四道对拉螺杆(M14),间距为 333 mm,最后用规格 Φ48 mm×3.0 mm 钢管和 M14 螺杆作为柱箍进行加固。(钢管螺杆结合加固 300 mm 高设一道)如图 1 所示。

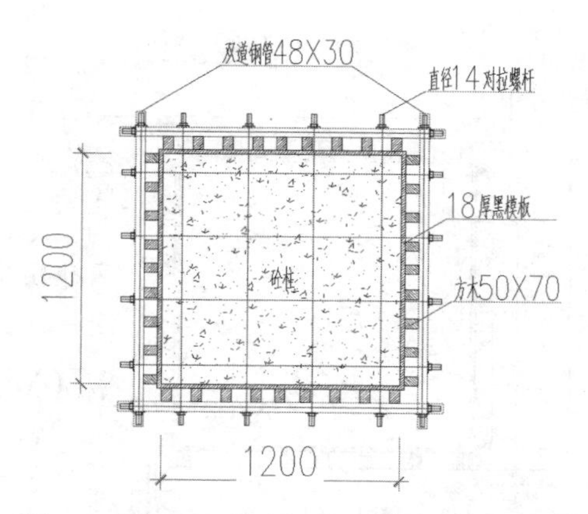

图 1 砼柱采用普通钢管和螺杆加固示意图

方案二：用 70 mm×70 mm 方钢（竖楞间距 210 mm）和 M14 螺杆加固方法和模板拼接完成，并且在每边各设四道对拉螺杆（M14），间距为 210 mm，最后用 100 mm×100 mm 方钢和 M14 螺杆作为柱箍进行加固。（方管螺杆结合加固 300 mm 高设一道）如图 2 所示。

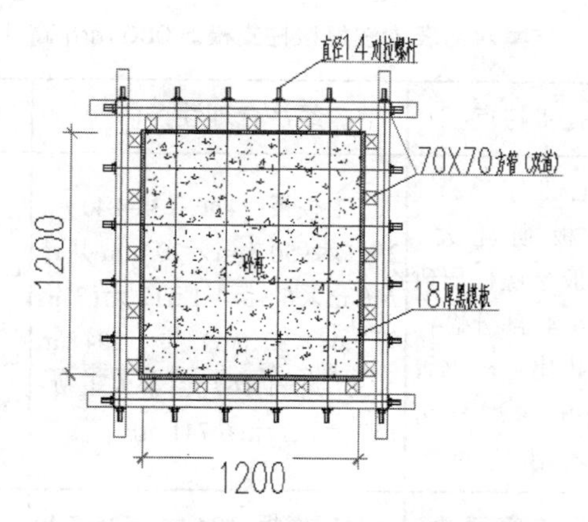

图 2 砼柱采用方管和螺杆加固示意图

方案三：用 50 mm×70 mm 方木和模板拼接完成，竖楞方木间距 150 mm，最后用新型加固件 10# 槽钢作为柱箍进行加固。（型钢加固件 650 mm 高设一道）如图 3 所示。

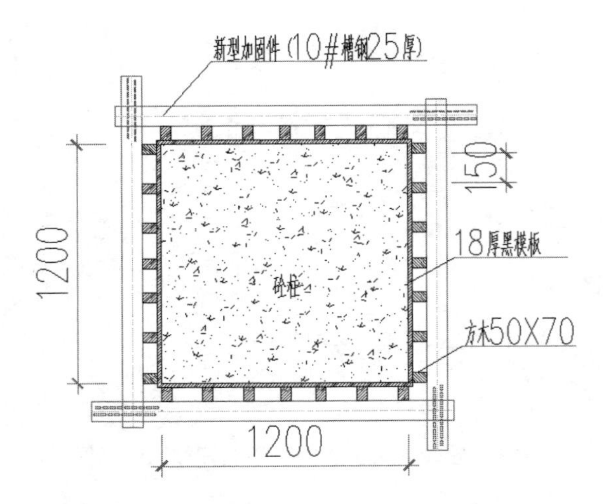

图 3　砼柱采用新型加固件加固示意图

（二）确定最佳方案

方案对比如表 2 所示。

表 2　方案对比表（按每根柱支模 5 000 mm 高计算）

序号	方案	技术特点	经济合理性评估	观感质量	结论
1	用钢管结合对穿螺杆加固方法	1. 工序复杂；2. 模板损耗大；3. 模板穿螺杆导致漏浆；4. 部分螺杆不易拔出；5. 钢管和拔出的螺杆可重复利用	1. 模板：24 ㎡ ×35=840 元；2. 方木：50 mm×70 mm 共计 240 m×6.3 元=1 512 元；3. 钢管（48×30 mm）共计 204.8 m ×5.7 元=1 167 元；4. 人工费：150 元，合计：6 741 元	1. 混凝土表面有螺杆洞；2. 混凝土漏浆易导致蜂窝、麻面、空洞等现象	不选用
2	用方管结合对穿螺杆加固方法	1. 工序复杂；2. 模板损耗大；3. 模板穿螺杆导致漏浆；4. 部分螺杆不易拔出；5. 钢管和拔出的螺杆可重复利用	1. 模板：24 ㎡ ×35=840 元；2. 方木：70 mm×70 mm 共计 120 m×8.8 元=1 056 元；3. 方钢：100 mm×100 mm 共计 102.4m×33.75 元 =3 456 元；4. 人工费：150 元，合计：6 961 元	1. 混凝土表面有螺杆洞；2. 混凝土漏浆易导致蜂窝、麻面、空洞等现象	不选用

续表

序号	方案	技术特点	经济合理性评估	观感质量	结论
3	高大钢筋混凝土柱支模型钢加固创新	1. 安装程序简单，方便；2. 模板无须打孔，周转次数提高；3. 混凝土柱无穿墙孔	1. 模板：24 m²×35=840 m²；2. 方木：50 mm×70 mm 共计 160 m×6.3 元 =1 008 元；3. 加固件：共计 8 套 ×580=4 640 元；4. 人工费：25 元，合计：6 563 元	柱体表面光洁	选用

从技术特点、经济合理性和观感质量等三方面对各方案进行了对比分析，认为方案三在技术可行性、操作难易性、经济合理性和观感质量等方面有绝对的优势，因此，把方案三新型加固件加固方法确定为最佳方案。

（三）方案实施中必须研究解决的问题

QC 小组成员通过认真讨论，将方案三在实施过程中可能出现的问题归纳如下：

（1）砼柱测量定位、钢筋绑扎；

（2）砼柱模板拼装及竖楞方木安装；

（3）新型加固件加固模板；

（4）柱混凝土浇筑过程中的质量保证。

五、制订对策

最佳方案确定后，QC 小组成员按照 5W1H 原则，并结合实际情况制订相应对策措施表，如表 3 所示。

表 3　对策措施表

序号	要因	对策	目标	措施	完成时间	地点
1	施工方案确定	提出新工艺和编制施工方案	工艺合理，方案具有可指导性、操作性	完善施工工艺，编制详细的施工方案，经公司批准后实施	2017 年 5 月 1 日	办公室

续表

序号	要因	对策	目标	措施	地点	完成时间
2	材料选购	落实材料员指定生产厂家和购买	所选加固件周转满足至结构结顶	从厂家定制加固件	2017年6月3日	现场
3	砼柱测量定位	对测量员进行技术交底，提高认识，安装方案要求严格执行	放样偏差值不大于2 mm	1. 利用全站仪放出柱中心的十字线；2. 用墨斗弹出柱的边线及外偏200 mm的控制线	2017年9月6日	现场
4	柱模板拼装及竖楞方木安装	对木工进行技术交底，提高认识，安装方案要求严格执行	1. 柱垂直度偏差不大于2 mm；2. 模板拼缝不大于2 mm；3. 竖楞方木间距偏差不大于5 mm	用线锤检查柱4面的上中下垂直度偏差	2017年9月7日	现场
5	用新型加固件加固模板	将四片卡箍（加固件）依次穿过相邻卡箍折弯空间，同时保证每一片卡箍头端折弯空间卡住另一片卡箍尾端。卡箍内缘紧贴方柱模板的边缘	柱平面尺寸偏差不大于2 mm	依次放置加固斜铁，然后用锤子依次敲击加固斜铁，确保加固各单片加固受力均匀，检查出卡箍间距	2017年9月9日	现场
6	柱混凝土浇筑过程中的质量保证	对砼工进行技术交底，提高认识，安装方案要求严格执行	混凝土密实，柱表面无蜂窝、麻面、孔洞等质量缺陷	1. 安排经验丰富的振捣工振捣混凝土；2. 分段浇筑，每次浇捣高度不大于2 000 mm	2017年9月10日	

六、对策实施

根据以上对策实施表，QC 小组全体成员及时召开会议，认真研究制订出一套详细的实施措施，并于施工前及过程中分头负责实施。

（一）高大钢筋砼柱支模设计

（1）2017 年 9 月 15 日，在项目部会议室召开 QC 小组会议，“高大钢筋砼柱支模安全技术”由公司技术部门完成，由项目部技术负责人编制“高大钢筋砼柱专项施工方案”，并确保单个柱有 4 套定型化的加固件，材料员负责从厂家定制新型加固件。

（2）项目部技术负责人组织召开木工和砼工班组长技术交底会议。技术交底内容详细全面，有很强的针对性。使各班组长掌握各环节施工工序、技术工艺、公司质量标准以及公司质量奖罚条例，了解柱质量缺陷产生的原因以及相应的对策措施，现场进行了交底签字手续。并要求各班组长必须传达技术交底到每个工人，使他们掌握施工程序及施工方法，了解公司的质量标准。

（3）监督检查技术交底落实

安排各管理人员参加班组技术交底会议，监督班组长技术交底落实情况。

（二）柱测量定位

测量员根据图纸和图 4，利用全站仪放出柱中心的十字轴线，并用墨斗弹出柱的边线及外偏 200 mm 的控制线。柱测量定位现场图如图 5 所示。

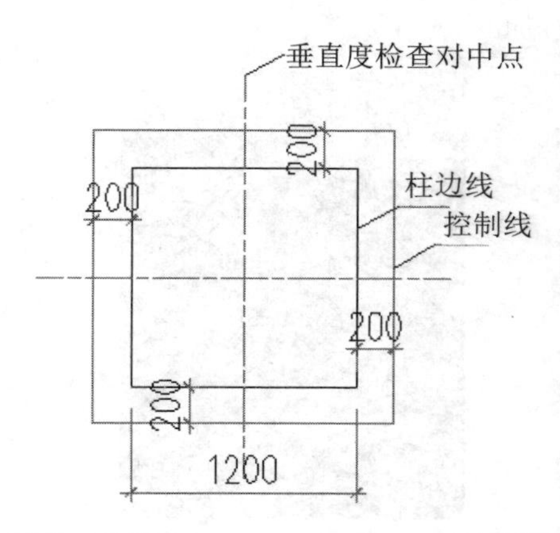

图 4　砼柱 1 200 mm×1 200 mm 放样平面图

图 5　柱测量定位现场图

（三）模板拼装、方木竖楞安装

柱模板拼装前垫好钢筋保护层垫块，并经隐蔽验收合格后，木工师傅根据图6在四角用水泥钉固定定位模板后，根据图7拼装模板固定完成后，在底部和顶部上标注竖楞方木安装位置，间距150 mm，共28根，质检员检查合格后安装方木竖楞，并用14#铁丝固定。

图6　模板拼装

图7　方木竖楞安装

（四）型钢加固件加固模板

质检员检查柱模板整体垂直度，符合要求后安装型钢加固件（图8），将4片卡箍尾端折弯空间，同时保证每一片卡箍头端折弯空间卡住另一片卡箍尾端；卡箍内缘紧贴方柱模板的外缘；依次放置加固斜铁，然后用锤子依次敲击加固斜铁，确保加固各单片加固件受力均匀；量出卡箍间距（500 mm一道），按照以上次序对下一道卡箍件进行加固。

图8　型钢加固件加固模板

图9　柱混凝土浇筑现场

（五）柱混凝土浇筑过程中的质量控制

浇筑混凝土前，施工员对振捣工进行现场技术交底，对方柱混凝土进行分段浇筑，分段高度不超过 2.0 m。混凝土倒入方柱前，2 根振动棒同时放入柱底部，采用混凝土泵管接至方柱上方合适位置直接把砼放出，同时启动 2 根振动棒，待浇筑混凝土达到 2.0 m 高后停止，然后浇筑其余的方柱（浇筑高度不超过 2.0 m)。在混凝土达到初凝前进行二次浇捣，振动棒插入下层已经浇好的混凝土深度 50 ～ 100 mm，第三次浇捣混凝土至楼板面。

振动棒插入时要快，拔出时要慢，每次插入振捣的时间为 20 ～ 30 s 左右，并以混凝土不再显著下沉，开始泛浆时为准。振捣插入前后间距一般为 300 ～ 500 mm。

七、效果检验

（一）目标效果

（1）实测实量：拆模后并裹塑料薄膜养护 7 d 后，经现场实测实量合格率达到 100%（见表 4）。

表 4　数据统计

序号	项目	允许偏差 / mm	实测点数	合格点数	合格率 / %
1	垂直度	＜ 10	20	20	100
2	接缝宽度	≤ 2	10	10	100
3	水平接缝上下 1.0 m 内垂直度	＜ 5	15	15	100
4	柱脚位置偏差	＜ 3	16	16	100

（2）观感质量：砼方柱表面无蜂窝、麻面、孔洞、露筋等质量缺陷，如图 10 所示。

图 10

（二）经济效益

以每根方柱支模 5 000 mm 高为例，对高大钢筋砼方柱支模采用钢管加螺杆加固、方管加螺杆加固与型钢加固件加固进行经济效益核算（见表 5）。

表 5　经济效益对比分析表

单位：元

序号	模板加固方法	加固材料	辅助材料	人工	合计	与 3 差额
1	钢管加螺杆	钢管 +12 螺杆	5	65	70.115	18.915
2	方管加螺杆	50 mm×100 mm 方管 +12 螺杆	5	65	70.192	18.992
3	型钢加固件	型钢加固件	0	45	51.2	

注：表中不含模板费用。

表 5 数据显示高大钢筋砼柱支模采用“型钢加固件加固方法”极大地节约了施工成本。

（三）社会效益

（1）高大钢筋砼柱支模采用型钢加固件加固的方法安全可靠，节约了大量的人力、物力和财力，缩短了工期，极大地节约了施工成本。模板几乎无损坏、型钢加固件可回收或多次周转使用，符合国家倡导的绿色施工、节能减排的要求。

（2）通过本次 QC 小组活动，解决了高大钢筋砼柱支模的难题，为以后同类工程施工提供了宝贵经验，社会效益显著。

八、总结

通过本次 QC 小组活动，有效解决了“高大钢筋砼柱支模”问题，并且缩短了工期，提高了模板周转率，节省了施工成本，达到了预期效果。增加了小组成员运用 QC 方法创新的能力和信心，增加了团队的合作精神、提高了技术水平，为今后开展 QC 活动打下了坚实的基础。小组成员的活动前后自我评价打分如表 6 所示，雷达图如图 11 所示。

表 6 小组活动自我评价打分表

评价项目	自我评价（总分 100 分）	
	活动前	活动后
团队精神	60	85
质量意识	65	95
QC 知识	60	90
进取精神	62	90
创新意识	60	95
工作热情干劲	80	94

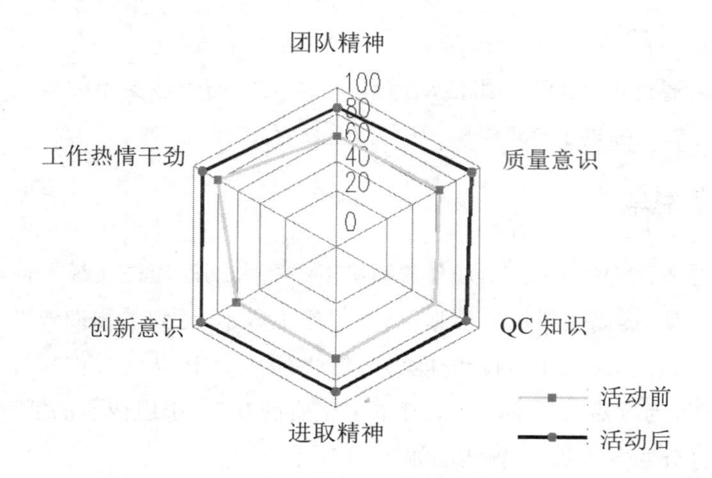

图 11　小组活动自我评价雷达图

第二篇

混凝土

第一章　混凝土构件施工

确保圆钢柱外包钢筋混凝土环梁施工质量一次合格率达 100%

——以 QLW 校项目（二期）工程 QC 小组为例

一、工程概况

QLW 学校项目（二期）工程总建筑面积 13 481.9 ㎡，包括学校试验楼、行政图书楼、景观装饰柱等部分，框架结构，其中景观装饰柱群为钢管柱外包钢筋混凝土、柱与柱之间用钢筋混凝土环梁连接。

环梁为钢筋混凝土结构，直接包裹在直径 1 600 mm 的钢管混凝土的外围，内径 1 600 mm、外径 3 200 mm，内侧布设 9Φ 14 mm、外侧布设 9Φ 20 mm、上侧布设 10Φ 32 mm、下侧布设 4Φ 25 mm 的主筋，箍筋 Φ 10 mm@150 沿环向均匀布设，如此超大、复杂的环梁结构为公司首次遇到。

二、选题理由

选题理由如图 1 所示。

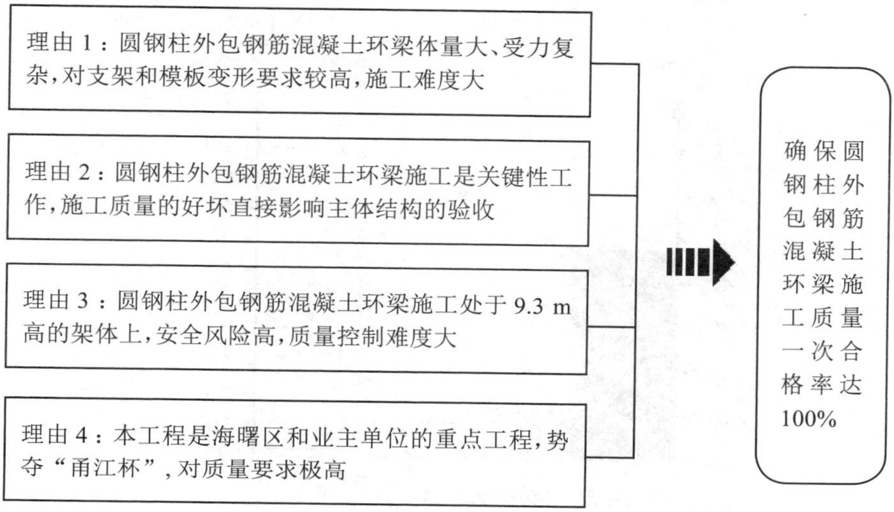

理由 1：圆钢柱外包钢筋混凝土环梁体量大、受力复杂，对支架和模板变形要求较高，施工难度大

理由 2：圆钢柱外包钢筋混凝土环梁施工是关键性工作，施工质量的好坏直接影响主体结构的验收

理由 3：圆钢柱外包钢筋混凝土环梁施工处于 9.3 m 高的架体上，安全风险高，质量控制难度大

理由 4：本工程是海曙区和业主单位的重点工程，势夺“甬江杯”，对质量要求极高

确保圆钢柱外包钢筋混凝土环梁施工质量一次合格率达 100%

图 1 选题理由

三、现状调查

QC 小组组织对公司承建的类似工程的圆钢柱外包钢筋混凝土工程施工质量进行调查，存在的质量缺陷如表 1 所示。绘制的排列图如图 2 所示。

表 1 质量缺陷频数统计表

序号	项 目	频数 / 个	频率 / %	累积频率 / %
1	环梁内的钢筋连接不准确和变形	48	68.57	68.57
2	环梁混凝土侧壁面不平顺（有转折面）	12	17.14	85.71
3	环梁混凝土表面有蜂窝麻面	8	11.43	97.14
4	环梁上下底面标高偏差超限	2	2.86	100.00
	合 计	70	100.00	—

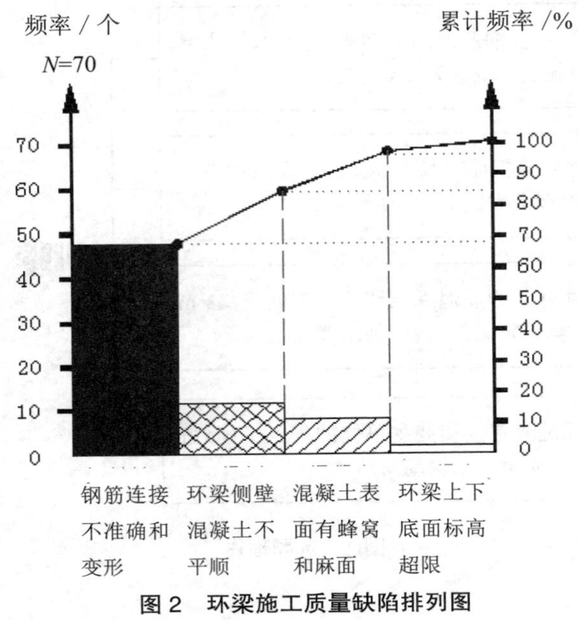

图 2　环梁施工质量缺陷排列图

从图 2 中可以看出，“环梁内的钢筋连接不准确和变形”和“环梁混凝土侧壁面不平顺（有转折面）”累积频率达 85.71%，属 A 类因素，是影响环梁施工质量的主要症结，需集中精力进行攻关解决。

四、目标确定

此工程具有较大的施工难度，但是通过优化施工方案、科学管理、重点攻关，还是可以解决“钢筋连接不准确及变形”和“混凝土侧壁面不平顺”等难题的，确保环形梁施工质量一次合格率达 100%。

五、原因分析

QC 小组成员就“钢筋连接不准确及变形”和“混凝土侧壁面不平顺”这两个主要症结，召开原因分析会议，运用头脑风暴法，集思广益，群策群力，从“人、机、料、环、法、测”即 5M1E 六个方面进行原因分析，绘制关联图如图 3 所示。

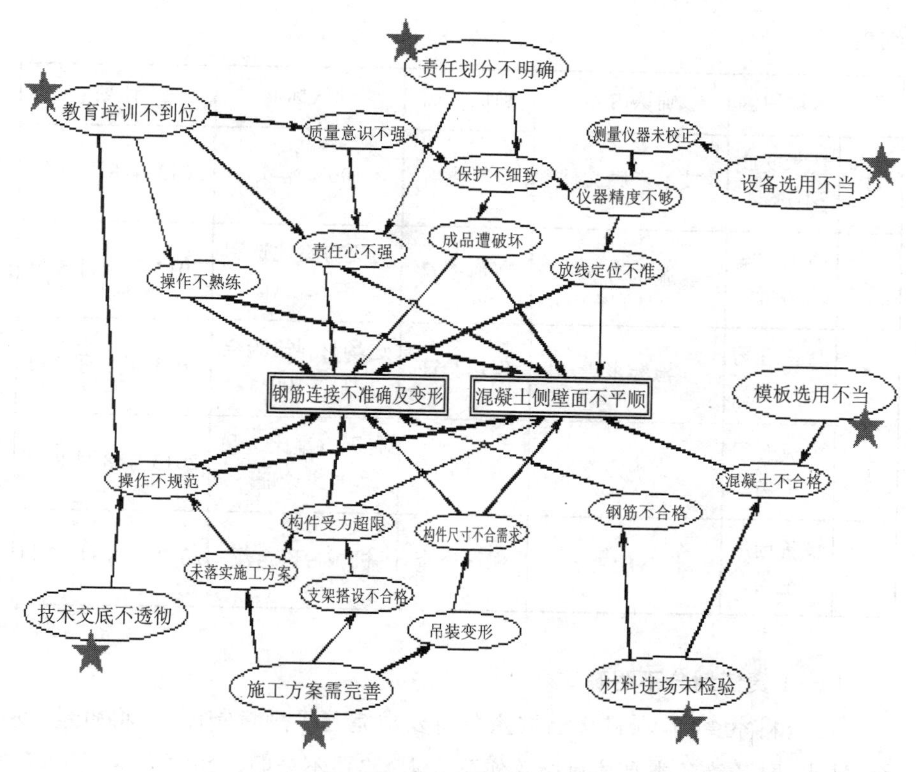

图 3　环形梁质量问题原因关联图

从图中，QC 小组找出了 7 个影响环形梁施工质量的末端原因，并制订了要因确认计划表 (表 2),对其进行了逐项调查及论证分析。

表 2　要因确认计划表

序号	末端原因	确认内容	确认方法	确认标准	计划
1	责任划分不明确	责任制度体系和自检复检记录	资料查看和问卷调查	有且 100% 实施	2013 年 8 月 3 日—2013 年 8 月 11 日
2	教育培训不到位	教育培训计划和培训签到表,检查工人操作情况	资料查看和工人实际操作考核	实施培训,操作考核合格率 100%	2013 年 8 月 6 日

续表

序号	末端原因	确认内容	确认方法	确认标准	计划
3	技术交底不透彻	技术交底文件	资料查看	100% 落实	2013 年 8 月 4 日
4	施工方案需完善	施工方案	资料查看	有无方案比选和专家论证	2013 年 8 月 5 日
5	材料进场未检验	检验报告	现场验证	进场材料检验合格率 100%	2013 年 8 月 7 日
6	模板选用不当	支模方案	资料查看	有无方案比选和专家论证	2013 年 8 月 8 日
7	设备选用不当	设备配置表	现场调查	机械台班定额	2013 年 8 月 10 日

（一）责任划分不明确

经资料室查阅，项目部已按照公司要求完善了规章制度，并将质量、安全、技术、财务等各类具体目标落实到专人，奖罚不分明。2013 年 8 月 8 日，总公司对项目部进行相关管理制度抽查，抽查制度项数 17 项，全部合格；2013 年 8 月 11 日，QC 小组对参与环梁施工的 2 名技术人员、6 名工人进行职责范围问卷调查，发现：2 名技术人员完全清楚，4 名工人完全清楚，1 名工人比较清楚，1 名工人不清楚。

结论：非要因。

（二）缺乏教育和培训

参与环梁施工的工人，均来自劳务公司，对传统的钢筋混凝土结构施工都有一定的技术基础，但是缺乏一定的有关此工程环梁施工技术的教育和培训。2013 年 8 月 6 日，从操作人员中随机抽出 15 人进行现场考核（环梁钢筋和模板施工技术），10 人合格，合格率只有 67%。

★结论：“缺乏教育和培训”是要因。

（三）技术交底不透彻

2013 年 8 月 4 日，经资料室查阅该工程三级技术交底资料，QC 小组发现交底资料完善。经过对现场工人的技术询问，发现班组长向工人们的技术交底彻底、有效。

结论：非要因。

（四）施工方案需完善

自中标本项目后，项目领导高度重视环形梁的施工，已组织技术力量编制了《环形梁专项施工方案》，项目部内部组织了多次讨论，基本确定了“先绑扎、后吊装”的施工方案，但是尚未组织专家论证。

★结论：“施工方案需完善”是要因。

（五）材料进场未检验

2013 年 8 月 7 日，经 QC 小组现场验证发现，与环形梁施工有关的已进场脚手架管、钢筋、混凝土材料均有产品合格证和法定检测单位的检测报告，并已办理了进场验收。

结论：非要因。

（六）模板选用不当

2013 年 8 月 8 日，QC 小组现场验证发现，环梁采用的是木模板。拆模后的环梁侧壁混凝土面出现少量的麻面现象，最主要的是环梁侧壁面不平顺、不圆润，有明显的转折面。

★结论：“模板选用不当”是要因。

（七）设备选用不当

2013 年 8 月 10 日，QC 小组系统分析了施工机械设备的配备情况，结合既定的施工方案，认为选用的设备型号、台套数完全能满足施工需要。

结论：非要因。

六、制订对策

对策计划表如表 3 所示。

表3 对策计划表

序号	关键要素	对策	目标	具体措施	地点	时间
1	教育培训不到位	外训和内训结合的方式共同培养	每个工人具备熟练的操作技能，态度认真	1. 外聘2名技术能手为师傅，对操作者进行现场操作技能培训； 2. 对操作技能进行考核； 3. 项目经理对工人的质量意识进行教育； 4. 制订业绩奖惩制度	会议室和施工现场	2013年8月15日—2013年8月21日
2	施工方案需完善	完善施工方案，组织专家论证	每个工人具备熟练的操作技能，态度认真	1. 编制施工方案； 2. 对控制加工误差和吊装变形措施进行方案比选； 3. 组织专家论证	会议室	2013年8月22日—2013年9月1日
3	模板选用不当	完善模板选用方案	每个工人具备熟练的操作技能，态度认真	1. 进行模板现场调查和方案比选； 2. 对选用的新模板进行环梁试浇筑施工，评判混凝土质量情况	施工现场	2013年8月25日—2013年9月5日

七、实施对策

（一）教育培训需到位

2013年8月15日，QC小组组织参与环梁施工的所有人员进行施工工艺流程、质量控制要点、安全保证措施等方面的培训，增强职工的质量意识。

2013年8月16日，从外公司聘请了2名技术能手担任师傅，组织参与环梁施工的钢筋工、吊装工、模板工进行专项技能现场培训，为期三天。

2013年8月20日，组织了项目负责人对工人的责任心教育，同时颁布了施工过程中表现优秀工人每人奖励1 000元现金的制度。

结果：2013年8月21日上午，组织对20名工人现场综合技能考核，通过率100%（见图4）；单项工艺操作一次优秀率从原来的20%上升到95%（见

图5)，效果显著。

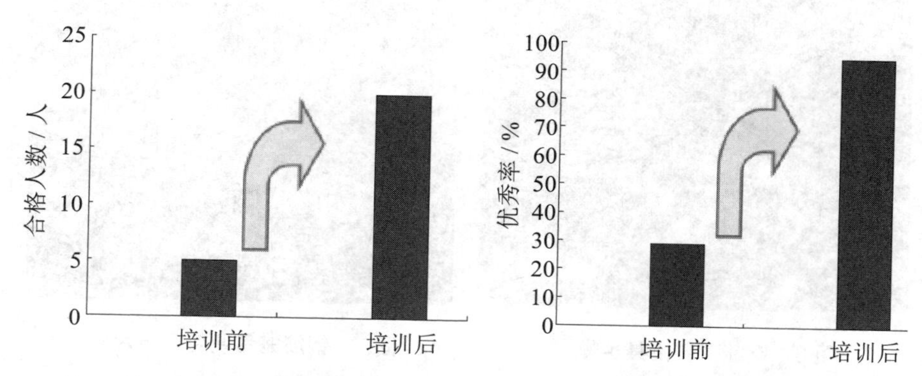

图4　综合技能考核合格率变化情况　　图5　单项工艺操作优秀率变化情况

（二）施工方案需完善

2013年8月22日，QC小组组织了公司5名专家对原施工方案进行了初步论证，初步认为需在“钢筋下料加工”“防止钢筋笼吊装变形”两个方面进一步完善。

2013年8月23日—26日，QC小组现场查看发现：圆形的环梁钢筋在下料过程的确出现了较大误差。经过小组讨论，一致认为：制作专门的钢筋下料模具来控制钢筋笼加工误差，使制作误差降至最低，如图6所示。

2013年8月29日—31日，QC小组对环梁钢筋笼吊装录像进行分析，发现：钢筋笼在吊装过程出现了较大的变形偏位现象（见图7)，严重影响了环梁施工质量。小组成员集思广益，一致认为：环梁钢筋绑扎完成后，从内部加设斜向支撑（见图8)，可有效防止环梁钢筋笼变形。

图 6　钢筋下料模具实物

图 7　钢筋笼吊装变形照片

图 8　加设防变形斜支撑的钢筋笼照片

结果：2013 年 9 月 1 日，QC 小组再次组织甲方、监理和行业专家对完善后的施工方案进行论证，获得专家的充分肯定和一致通过。在正式施工的过程中，QC 小组对 6 个环梁的钢筋笼制作质量、吊装质量进行仔细检查和评估，一次合格率达到 100%。

（三）模板选用合理

鉴于选用木模板造成了环梁侧壁混凝土质量不理想的现状，QC 小组于 2013 年 8 月 25 日—26 日拟定了“钢模板”“铝模板”“钢 - 木组合模板”等三种模板形式，根据现场施工条件，从实用性、经济性、混凝土成型效果三个指标进行综合评判和比选，认为“钢模板”（见图 9）是最佳选择方案。

图 9 钢模板现场实物照片

结果：2013 年 9 月 5 日，QC 小组对钢模板和浇筑的混凝土进行质量检查和评估，发现：钢模板安装和拆除十分方便，脱模面无任何蜂窝麻面，环形梁侧壁面光滑圆润、无一处明显转折面，一次成优率 100%。

八、确认效果

2013 年 10 月 10 日，工程环形梁接受建设单位、监理单位的验收，一次合格率达到 100%，实现了既定目标，如表 4 所示。

此外，环形梁的成功施工，获得了业主单位、监理单位和兄弟单位的高度认可，展示了公司雄厚的技术实力和优秀的管理水平，为公司赢得了良好的社会声誉。

表 4 质量检查合格频数统计表

序号	项 目	检查点 / 个	合格频数 / 个	频率 / %	累积频率 / %
1	环梁内的钢筋连接不准确和变形	120	120	25.00	25.00
2	环梁混凝土侧壁面不平顺（有转折面）	120	120	25.00	50.00
3	环梁混凝土表面有蜂窝麻面	120	120	25.00	75.00

续表

序号	项 目	检查点/个	合格频数/个	频率/%	累积频率/%
4	环梁上下底面标高偏差超限	120	120	25.00	100.00
	合 计	480	480	100.00	—

九、标准化、总结

（一）巩固措施

为了进一步巩固取得的成果，QC 小组采取了如下措施：

（1）整理本次课题的原始数据和资料，加以归纳和总结，形成汇报材料，在集团公司所辖各分公司间进行汇报交流；

（2）将《环形梁作业指导书》报公司审批，结合“三合一”贯标体系文件，已纳入公司《景观工程大型环梁作业指导书》进行推广应用。

（二）总结

通过本次 QC 小组活动，小组成员在创新意识、质量意识、QC 知识运用能力、团队精神、总结能力等方面有了明显的改进和提升，详见图 10，为今后继续开展 QC 小组活动打下了坚实的基础。

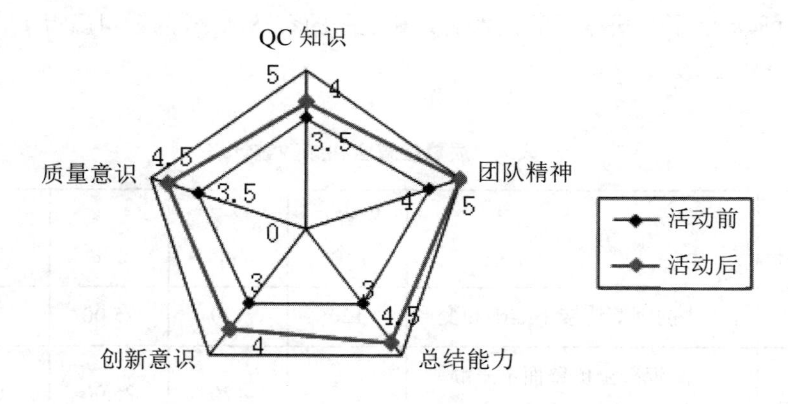

图 10 自我评价雷达图

防止钢筋混凝土柱烂根施工方法创新

——以SD大厦工程QC活动小组为例

一、工程概况

此工程地面建筑层数:地上19层、地下2层。

建筑高度74.95 m,钢筋砼框架-核心筒结构。

总建筑面积28 131.21 ㎡,其中地上建筑面积20 358.75 ㎡;地下建筑面积:7 772.46 ㎡。该工程1至19层砼框架柱子共388根,其中最大截面尺寸为900 mm×1 200 mm,最小截面尺寸为350 mm×350 mm。

二、选题理由

(1)公司承接的工程项目使用传统施工工艺防止钢筋砼柱子烂根,均存在或多或少的钢筋砼柱子烂根,并且这种质量通病多年来没有彻底解决,钢筋砼柱子成型后一般都需要进行人工修补。

(2)社会发展日趋激烈,工程质量须精益求精,公司才能在当今的社会占有一席之地。

(3)公司领导对此工程高度重视,自定的质量目标是确保"甬江杯"、争创"钱江杯",质量要求高,需杜绝砼柱子成型后的修补。

综上分析,研究一套新的方法进行此工程中钢筋砼柱子成型的施工势在必行。为此,QC小组选定"防止钢筋混凝土柱烂根施工方法创新"作为本小组活动课题。

三、设定目标

钢筋砼柱子外观质量好,杜绝漏筋现象的发生且一根柱子成型后蜂窝面积控制在 10 cm² 以内。同时，无须人工修补即可满足外观质量要求，砼柱子烂根率降低至 1%。

四、方案优先

在此工程开工之前，该工程项目部全体管理人员、各个施工队班组长、监理、业主组织召开了关于“如何防止质量通病在该工程的发生”研讨会，尤其是“砼柱子烂根的质量问题”作为重点讨论、研究。对此提出了以下三个解决方案。

方案一：采用水泥沙浆填充柱子模板根部空隙。其示意图如图 1 所示。

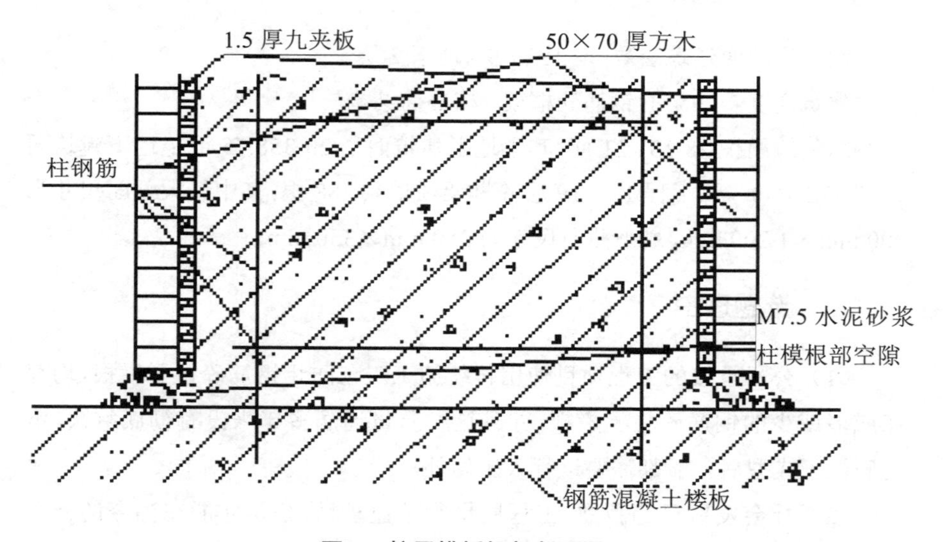

图 1　柱子模板根部断面图

施工方法：柱子模板根部在浇筑砼之前采用 M7.5 水泥沙浆堵塞，其砂浆与模板、楼面板形成直角三角形，待砂浆达到一定强度后再浇筑柱子砼。

优点：操作简单便于实施。

缺点：水泥沙浆达到一定的强度，需要 2～3 d 时间。实际施工中，工期要求紧，很容易发生因抢工期而盲目浇筑砼，以致忽视了砂浆的强度，这就导致了浇筑砼时其压力将强度还没有达到的砂浆冲刷，达不到用砂浆堵塞空隙的效果。

分析结论:受条件限制过大,放弃。

方案二:采用废旧编织袋填充柱子模板根部空隙。其示意图如图 2 所示。

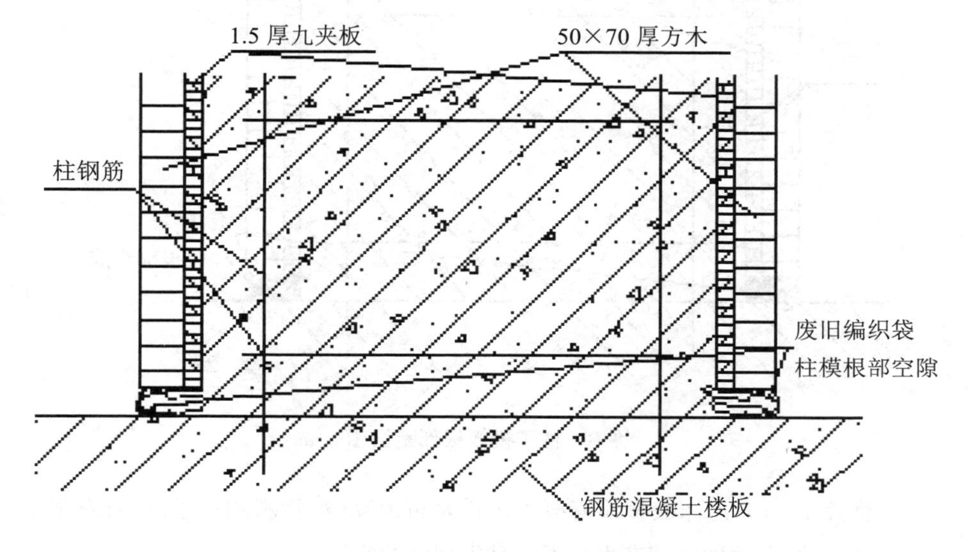

图 2　柱子模板根部断面图

施工方法:废旧编织袋清理干净后,人工卷成圆柱体塞进柱模根部空隙,以达到堵塞空隙的效果 。

优点:操作简单,材料二次利用且经济适用。

缺点 :废旧麻袋堵塞时,其材料的不规则性,易出现堵塞不到位,即漏浆现象很容易发生。

分析结论:防止砼柱子烂根效果不明显,放弃。

方案三:采用胶枪喷出的泡沫胶填充柱子模板根部空隙。其示意图如图 3 所示。

施工方法 :通过胶枪将其泡沫胶喷出,填充于柱子根部空隙以防止砼漏浆现象的发生。

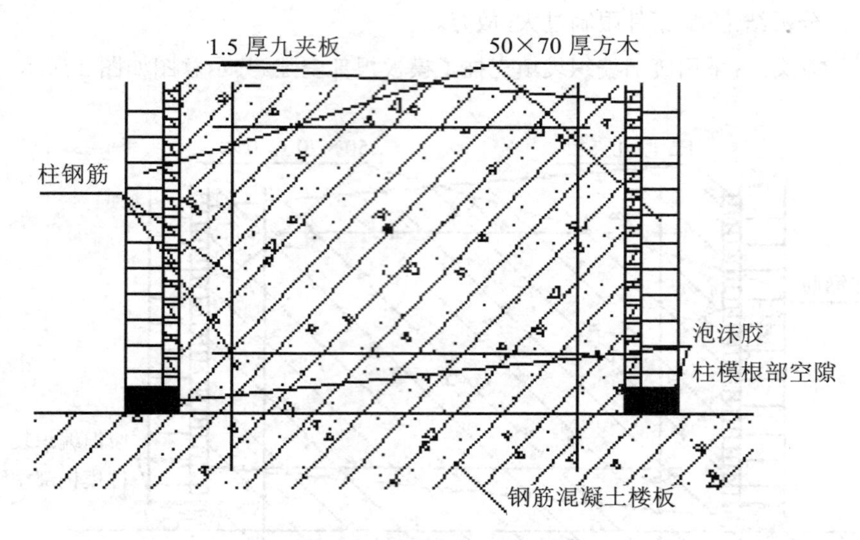

图 3　柱子模板根部断面图

优点：（1）泡沫胶在没有凝固之前是可流动、可膨胀的化学品，且有很强的伸缩性能。故能够填充大小不一且不规则的空隙。

（2）泡沫胶凝固只需 20 ～ 50 min，适用于现场的施工速度快、工期紧的环境，且不容易脱落主体。

分析结论：全体 QC 小组成员经过讨论、研究，均认为采用“泡沫胶填充柱子模板根部空隙”的方案在经济合理性、操作性等更具有优势。对此，QC 小组决定把该方案作为可行性方案。

五、制订措施

通过上述论证，“泡沫胶填充柱子模板根部空隙”以防止出现砼柱子的烂根现象，须重点控制以下三项内容：

（1）泡沫胶填充柱子模板根部空隙的工艺流程；

（2）保证泡沫胶粘贴性能；

（3）工人的操作技能。

经全体 QC 成员的分析讨论，提出对策措施表如表 1 所示。

表 1　对策表

序号	项目内容	对策	目标	措施	时间
1	工艺流程	深入研究工艺流程	掌握工艺流程	1. 结合现场实际以书面的形式总结出该工艺流程； 2. 让相关从业人员熟悉工艺流程内容	2013.9 — 2013.10
2	工人的操作技能	培训	工人能准确无误地用胶枪填充泡沫胶	1. 邀请专家讲解泡沫胶操作技能； 2. 对作业人员现场演示并示范	2013.9 — 2013.10
3	泡沫胶的粘贴性能	基层清扫干净	有效地保证泡沫胶的粘贴性能	1. 与泡沫胶接触的模板、砼面层清扫干净且无积水； 2. 在泡沫胶缺乏强度之前严禁浇筑砼	2013.9 — 2013.12

六、对策实施

根据上面的对策表，全体 QC 成员对各个目标逐一实施。

（一）工艺流程

工艺流程如图 4 所示。

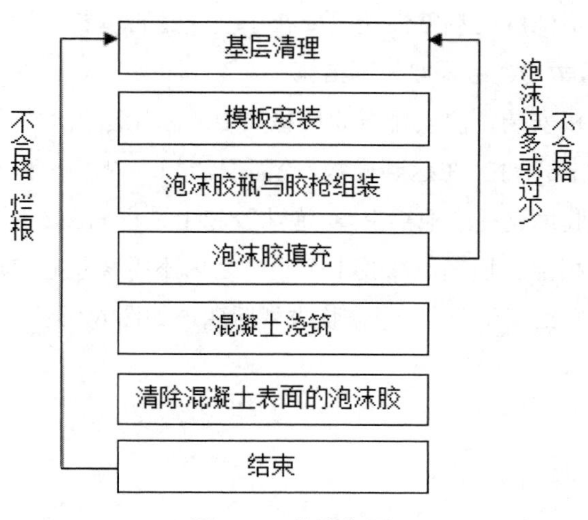

图 4　工艺流程图

以上工艺流程图是 QC 活动全体成员结合现场实际情况研究、讨论得出，并将其以技术交底的内容下发给木工班组、砼班组。同时，将此工艺流程图打印成 600 mm×800 mm 的喷绘张贴于项目部会议室、办公室等。从而真正做到上至领导下至工人对"泡沫胶填充柱子模板根部空隙"的工艺流程的基本内容熟悉、掌握，为现场施工作业打下扎实的基础。

（二）工人的操作技能

在使用泡沫胶时，若泡沫胶过多，其留在模板内将占用砼的体积从而影响结构安全；若泡沫胶过少，将难以全部填充柱子根部空隙达不到防止砼柱子烂根的作用。因此，工人打泡沫胶的技术水平直接影响到柱子根部成型效果。为此采取如下措施：

⑴由项目部领头，邀请使用泡沫胶的熟练技工及厂家的专业技术人员到施工现场给此工程的作业人员进行现场讲解并演示。其重点内容为：①胶枪的使用技能；②泡沫胶成型的直径大小（≥ 15 mm）；③泡沫胶的喷出速度（以 100 mm/s 为宜）。

⑵为减少材料的浪费及提高工作效率，将"除了经过培训后且熟练的工人使用泡沫胶外，其他工人严禁操作胶枪进行泡沫胶的填充"的内容作为技术交底下发给各个相关班组。

（三）泡沫胶的粘贴性能

有效保证泡沫胶的粘贴性能主要在于基层是否清扫干净、是否达到泡沫胶的工作强度，故 QC 组采取如下措施：

（1）在模板安装之前安排专职质检员要求木工班组对模板、砼面层先用水冲洗，再用扫帚清扫。在达到模板、砼面层清扫干净且无积水后，在进行模板安装及泡沫胶填充柱子根部空隙。泡沫胶施工过程如图 5 所示。

（2）柱子根部在填充泡沫胶半个小时之内不得浇筑砼，项目部作为书面的技术交底下发给泥工班组。泡沫胶成型后现场如图 6 所示。

图 5 泡沫胶施工过程

图 6 泡沫胶成型后现场

七、效果检查

QC 活动成员对公司承建的 SD 大厦工程进行了现场外观检查（见图 7）。

从图 7 可以清晰地看出钢筋砼柱子根部不存在蜂窝、漏筋等现象，观感质量符合国家标准及此工程争创“钱江杯”的要求。表 2 所示是钢筋砼柱子烂根率调查的统计表。

图 7　拆模后的柱子根部

表 2　钢筋砼柱子烂根率调查统计表

序号	层数	调查柱子数量 / 根	柱子烂根数量 / 根	烂根率
1	一～三层	45	1	1.5%
2	四～九层	65	0	0
3	九～十四层	65	0	0
4	十五～十九层	30	0	0
总计		225	1	0.38%

从表 2 得知，柱子根部的烂根率仅为 0.38%，达到预期目的。

质量效益：

经检验砼柱子的烂根现象得到了有效控制，满足了结构使用安全、观感质量等要求。

经济效益：

①传统工艺防止柱子烂根：3 880+1 940=5 820 元 。

人工工资：10×388（根）=3 880 元；

耗用材料（水泥沙浆）：388（根）×5（元 / 根）=1 940 元。

②泡沫胶防止柱子烂根：194+310.4=504.4 元。

人工工资：0.5（元 / 根）×388（根）=194 元；

耗用材料（泡沫胶）：388（根）×0.8（元 / 根）=310.4 元。

节约成本：①－② =5 820－504.4=5 315.6 元。

社会效益：

该工程得到了业主、监理及同行业人士的高度认可，树立了公司学习性、创新性企业的良好形象。

八、总结

"泡沫胶填充柱子模板根部空隙"以防止砼柱子烂根的工艺，不仅操作简单且经济适用，非常适合在房屋建筑的主体工程应用推广。公司于 2013 年 12 月将该工艺整理成企业工法，编号 HDJS13-002。并于 2014 年 1 月向公司在建工程项目推广。

通过本次 QC 活动，公司人员团结协作、各擅其长，不仅进一步地认识到 QC 活动的目的和意义，且培养了在实际施工中分析问题、解决问题的能力。详见表 3 所示的自我评价表。

表 3　自我评价表

项目	活动前	活动后
QC 知识	70	88
解决问题的信心	65	85
个人能力	70	85
质量意识	75	90
团队精神	70	93

通过本次 QC 活动，总结了经验并改正不足，为今后的施工项目打下良

好的思想基础和技术基础，全力攻克施工中遇到的疑难问题，使公司承接的每个工程项目在安全、质量等方面有效发展。

提高无保护层底板防水卷材施工的合格率

——以ZA大厦项目QC活动小组为例

一、工程概况

南部商务区三期A4地块ZA大厦工程是钢框架-核心筒砼体结构，总建筑面积约为85 276 ㎡，地上40层，建筑面积约为65 603 ㎡，地下2层，建筑面积约为19 673 ㎡。

此工程地下室底板面积约10 000 ㎡，采用高分子自粘橡胶复合防水卷材预铺反粘工艺进行卷材铺设，铺设完成后仅撒干水泥粉防粘便于钢筋作业，未设置保护层。

二、选题理由

QC小组选定“提高无保护层底板防水卷材施工的合格率”这一课题的理由如下：

（1）钢筋工程完成后难以对卷材进行修复。

（2）钢筋工程施工过程中极易对卷材造成破坏。

（3）防止底板渗漏水的重要环节。

（4）铺设完成后不能立即上人作业。

（5）项目部希望通过此次活动积累无保护层的防水卷材的施工经验。

三、现状调查

QC小组对已完成1#、2#区块进行检查，共检查2 600 ㎡，检查情况如表1所示。

表1　现状调查表

调查工程名称	调查面积 / m²	不合格面积 / m²	合格率 / %
此工程1#区块	1 200	100	91.7
此工程2#区块	1 400	120	91.5
累 计	2 600	180	91.6

卷材缺陷调查统计分析如表2所示。

表2　卷材缺陷调查统计分析表

序号	检查项目	频数	频率 / %	累计频率 / %
1	起皱、空鼓	25	33.3	33.3
2	面层受损	20	35.3	68.6
3	破洞	10	9.5	78.1
4	黏结不牢	7	11.1	89.2
5	其他	5	10.8	100
6	合计	67	100%	

根据表2中数据作出排列图，如图1所示。由排列图分析得出：防水卷材破损质量缺陷主要为起皱、空鼓及面层受损，是需要解决的主要问题。

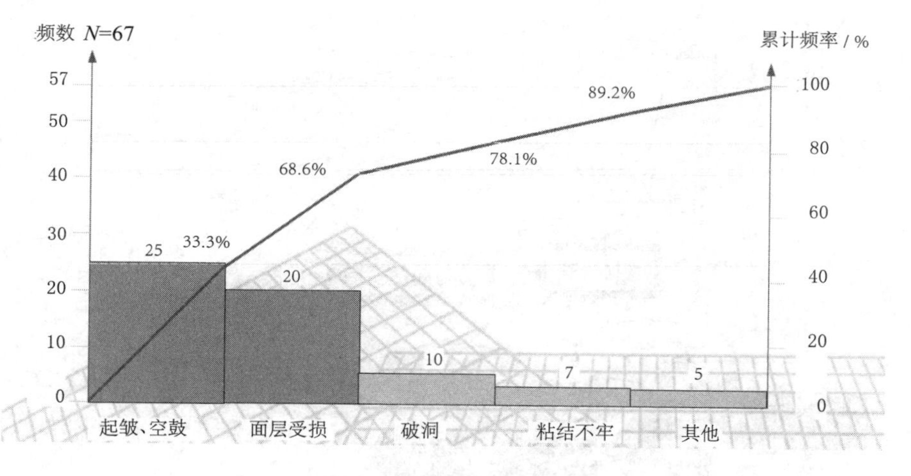

图 1　质量缺陷排列图

四、确定目标

小组结合调查情况，参照优质工程标准，制订了表 3 所示的质量目标。

表 3　QC 活动质量目标

卷材合格率		合格率≥ 95%
主控指标	破损	不合格率≤ 1%
	起皱、空鼓	不合格率≤ 5%

五、原因分析及要因确认

（一）原因分析

小组使用关联图（见图 2），从“人、机、料、环、法、测”六大方面分析，质量缺陷产生的末端因素共 8 条。

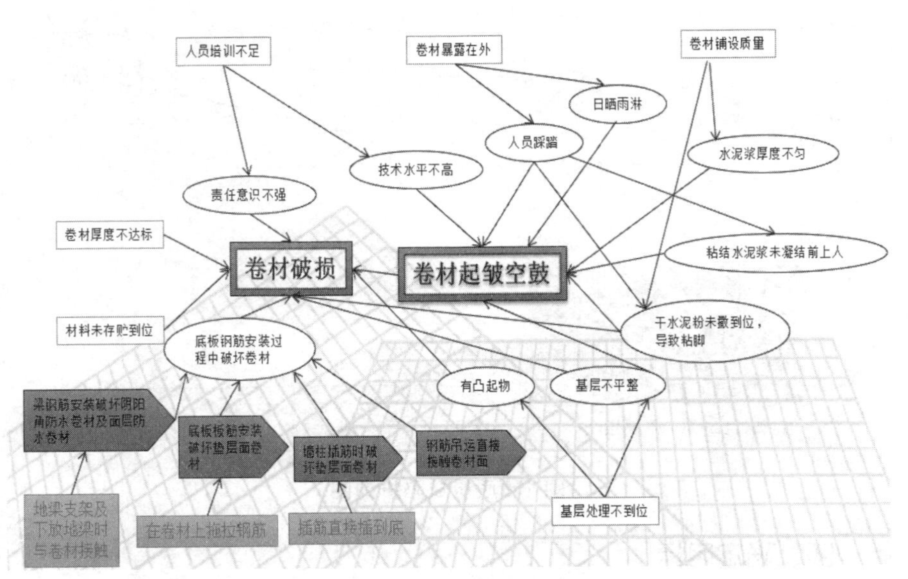

图 2　原因分析关联图

（二）要因确认

小组对末端因素调查研究、分析论证（见表 4），一致确定以下两项要因：

表 4　要因确认表

序号	末端原因	确认内容	确认方法	是否要因
1	人员培训不足	已按照规范及方案要求，对工人及现场管理人员进行防水施工交底及成品保护交底，提高现场质量意识。从主观层面改变现场人员的质量意识，包括上人时间、卷材保护等。该问题已解决	现场验证	×
2	材料未存贮到位	现场已设置专门堆放卷材场地，并覆盖到位，并且卷材根据现场进度分批进场，减少现场堆放时间。该问题已解决	现场验证	×

续表

序号	末端原因	确认内容	确认方法	是否要因
3	卷材暴露在外	由于从防水卷材铺设完成至底板砼浇筑，卷材始终暴露在外，仅一层干水泥粉隔离，受雨水浸泡及阳光曝晒，导致卷材起皱，该问题已通过水泥浆用量调整，提高卷材黏结度，并加快钢筋施工进度，保证防水完成后一周内浇筑底板，减少环境影响。该问题已解决	现场检查	×
4	基层处理不到位	卷材铺设前，进行基层验收，处理不到位禁止铺设卷材，另外提高泥工垫层浇筑质量，保证垫层平整度。该问题已解决	现场检查	×
5	卷材厚度不达标	加强材料进场验收及送检工作，保证材料质量。该问题已解决	现场验证	×
6	卷材铺设质量	公司委托WP防水工程有限公司为专业防水施工队，保证了现场防水卷材的施工质量，避免由于防水卷材铺设问题导致的质量缺陷。该问题已解决	现场检查	×
7	地梁绑扎破坏	此工程地下室底板厚度为600 mm，地梁深度为1 600 mm，宽度为600 mm，导致垫层面与地梁底标高相差1m。地梁绑扎时，需搭设支架绑扎，支架需搭设在卷材上，地梁绑扎完成后，拆除支架，同承台钢筋一起下放，由于地梁侧壁保护层仅25 mm，极易与卷材接触，导致卷材破坏。由于地梁多，密度大，现场控制难且不易发现	现场检查	√

六、制订对策

针对上述两大要因，制订对策，明确目标，多方案比较，采取措施，同时，确定责任人及时间、地点。对策措施见表 5。

表 5 对策措施表

序号	要因	对策	目标	措施	时间	地点
1	地梁绑扎破坏	支架底部垫模板，两侧垫模板	防止支架及地梁对卷材的破坏	每个钢管支架底垫小模板，梁下放前，两侧放置模板，后取出	2016.10—2016.11	施工现场
2	板面钢筋绑扎或墙柱插筋破坏	专人指挥，加强检查	防止垫层面卷材破坏	钢筋吊运处垫置模板，每根钢筋必须两人抬运	2016.10—2016.11	施工现场

七、实施对策

（一）梁支架及侧壁垫置模板并加强检查

现场垫置模板如图 3 所示。

图 3 现场垫置模板图

（二）吊运地点垫置模板、钢筋绑扎过程中钢筋必须双人抬运

吊运地点垫置模板如图 4，5 所示。钢筋绑扎区域检查如图 6 所示。

图 4 吊运地点垫置模板

图 5　垫置模板防止钢筋头破坏

图 6　对钢筋绑扎区域检查

八、效果检查

（一）质量提高效果

项目部对完成钢筋绑扎前后的卷材进行检查，卷材出现质量问题的情况明显减少（见图 7～图 10）。

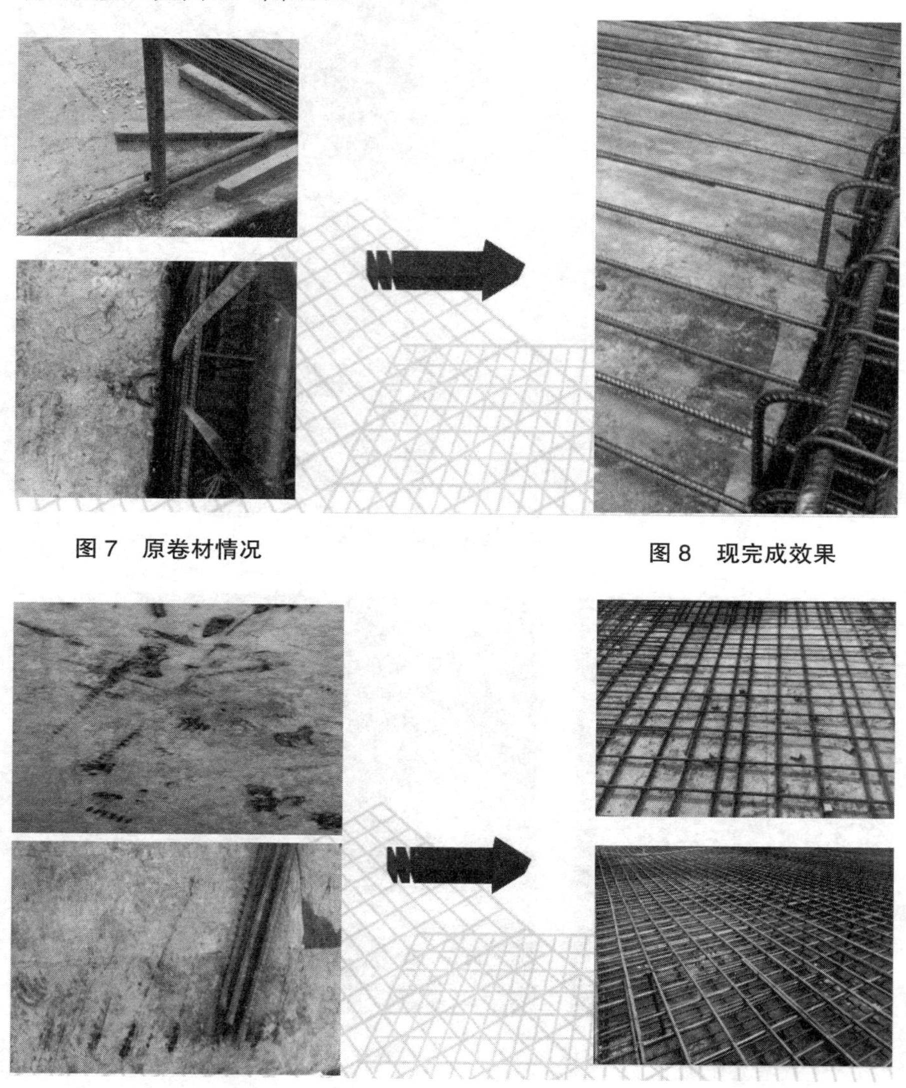

图 7　原卷材情况

图 8　现完成效果

图 9　原卷材情况

图 10　钢筋绑扎完后卷材效果

目标实施效果对比柱状图如图 11 所示。目标完成情况统计如表 6 所示。

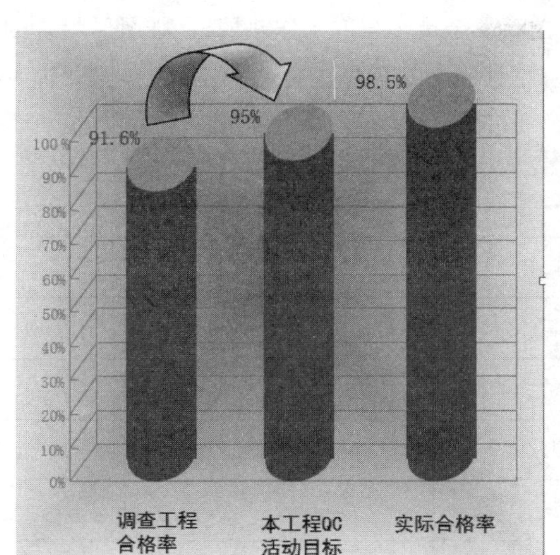

图 11 目标实施效果对比柱状图

表 6 防水卷材实施效果对比表

指标名称		计划目标	实际完成情况
卷材合格率		≥ 95%	98.5%
主要指标	破损	不合格率≤ 1%	1%
	起皱、空鼓	不合格率≤ 5%	2%

经对比，本次 QC 活动圆满达到质量目标。

（二）经济效益

（1）工期节约：通过 QC 活动，思路清晰明确，减少修补时间，平均每区块节省工期 1 d。

（2）成本节约：节约修补材料约 200 m²，节约人工费约 3 000 元，并减少渗水隐患，降低后期堵漏费用。

（三）自我评价效果

通过本次 QC 活动，小组成员集思广益，解决了施工中遇到的各种难题，对提高无保护层底板防水卷材施工的合格率起到了保证作用。活动中，小组成员团队协作，提高了全员参与的工作热情，加强了质量及创优意识，掌握了QC方法及技能，增强了解决问题的能力及信心。自我评价表如表7所示，雷达如图12所示。

表7　自我评价表

项　目	活动前	活动后
质量意识	8.5	9.2
问题解决能力	7.5	8.5
QC知识	5.5	8.2
创优意识	7	9
工作热情	7.5	9
团队协作精神	5.5	8.5

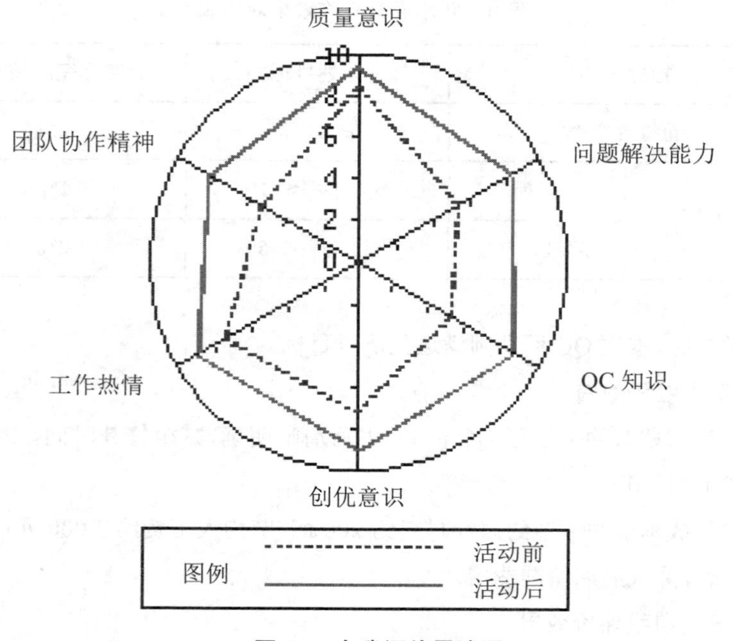

图12　自我评价雷达图

九、总结

本次活动过程中，发现管理人员的细致程度及工人的平时素质起到关键性影响，这就要求在项目进行过程中，对工人的班前交底及培训必须落到实处，并且管理人员的自身要求及平时的检查密度必须有相应提高，才能真正做好这类防水卷材的成品保护。在活动过程中发现，一旦管理人员要求不严，工人依旧会按照原先的操作模式进行钢筋绑扎，从而造成对卷材的破坏，因此，需要加强平时的交底、培训、检查。联想到其他分项工程的质量保证，进而深刻理解到优秀的管理是最好的保障。

攻克设后浇带地下室外墙侧向变形难题

——以 JB 区新城外国语学校小学部项目 QC 小组为例

一、工程概况

JB 区新城外国语学校小学部项目总建筑面积约 30 605 m^2，总用地面积约 28 000 m^2，其中地上建筑面积 22 502 m^2，地下建筑面积 5 498 m^2。另建设 250 m 环形跑道等室外体育活动设施，满足 24 班小学教学要求，并针对远期发展及教育改革预留充足教学空间，地下室设置 96 辆车停车库。工程质量目标为创"钱江杯"优质工程。

二、选题理由

此工程因结构需要后浇带设置比较特殊，沿地下室周边设置的三条后浇带离外侧墙只有 4.5 m 距离，造成部分结构刚度小，后期回填土形成的侧压力可能会造成结构破坏，会影响到整个结构的安全。

现有有关建筑结构构造技术资料中，对后浇带宽度、钢筋贯通与否、混凝土强度等级要求等方面的构造要求都做了较为详尽的规定。而对此工程后浇带设置的特殊性，这种条件下地下室外墙侧向变形控制的技术处理却很少提及。

QC 小组选择了"攻克设后浇带地下室外墙侧向变形难题"这一课题。

三、设定目标

根据《建筑地基基础设计规范》设计要求规定，地基沉降差最大容许为 0.002L，由此参考，QC 小组会同设计院设计人员结合规范要求及现场实际情况，进行计算研究，可以得出最大位移变形量（n）小于 4.8 mm 是可以满足此工程结构安全的。因此，确定本次活动的目标为：地下室土方回填结束后

（至观测稳定）±0.00 标高最大位移量≤ 4.8 mm。

四、原因分析

QC 小组根据调查分析，多次召开会议，并采用头脑风暴法对造成外墙侧向位移变形大的原因进行统计归纳，结果如图 1 所示。

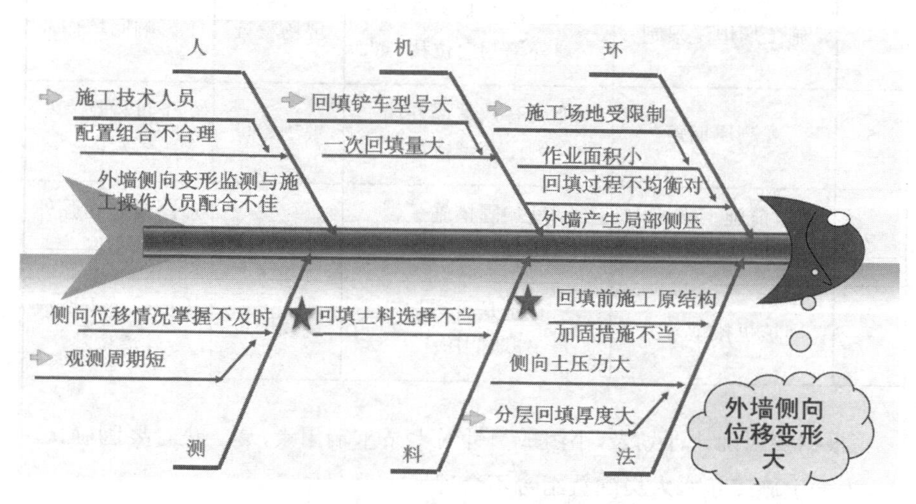

图 1　外墙侧向位移变形大因果分析图

五、要因确认

QC 小组成员根据图 1 进行整理研讨，分析导致降低吊模胀模的原因，进行要因确认，具体如表 1 所示。

表 1　要因确认计划表

序号	末端因素	确认内容	确认方法	标准
1	施工技术人员配置组合不合理	外墙侧向变形监控调配是否及时	现场验证	合理配置人员组合
2	回填土料选择不当	回填土料是否影响外墙侧压变形	现场验证	回填土料符合现场施工要求

续表

序号	末端因素	确认内容	确认方法	标准
3	分层回填厚度大	外墙是否承载回填土压力	现场验证	回填均匀
4	施工场地受限制	回填作业是否增大外墙侧向位移	现场验证	不影响回填作业
5	观测周期短	能否有效掌握外墙侧压变形情况	现场验证	每个过程都有有效观测
6	回填前施工原结构加固措施不当	刚度加固措施是否符合现场要求	现场验证	加固措施增强外墙刚度
7	回填机械型号大	行走是否增加外墙侧压力	现场验证	机械载重不造成外墙位移

根据要因确认计划表，小组成员针对七条末端因素，逐一进行要因确认。

（一）施工技术人员配置组合不合理

QC小组通过分析发现由于此工程后浇带设置的特殊性，如果按照常规施工人员配置以及原先的岗位分工，现场不能满足对外墙侧向变形的控制。为进一步提高问题解决的效率，更好地完成活动课题，于是项目部重新对现场施工管理人员进行组合分工，共同控制。经过实践解决了这个问题。

结论：非要因。

（二）回填土料选择不当

QC小组通过分析认为目前由于此工程的特点，后浇带设置的特殊性，地下室侧墙刚度过小，如果回填土料选择不当极易造成回填不均匀、不密实，将会产生不均匀侧向变形。因此，选择符合此工程特点的回填土料是解决活动课题的一个重要因素。

结论：要因。

（三）分层回填厚度大

由于工程的特殊性，地下室外墙刚度小，按常规做法分层回填厚度为300 mm，如果在此工程中采取这样的分层法极可能使地下室外侧墙产生过大的侧向变形。于是，QC 小组通过联系设计院，针对此工程特点进行设计分析，通过计算验证最终采取 200 mm 分层回填厚度，对侧向压力影响不大，解决了这个问题。

结论：非要因。

（四）施工场地受限制

由施工平面图可发现现场施工场地作业面积小，针对这一问题，项目组经过讨论，决定地下室周边建筑在地下室回填后再进行施工。

结论：非要因。

（五）观测周期短

小组针对本项目制订了严格的监测方案，增加对外墙侧向变形的观测周期，要求每天都进行固定测点的位移观测，在回填土施工过程中加密到每小时观测一次，并做好相应的记录。

结论：非要因。

（六）回填前施工原结构加固措施不当

地下室外墙与后浇带连接处整个刚度太小，回填前如果加固措施不当，在回填土过程中势必会对外墙造成影响，产生位移变形，结构破坏。因此，如何制订适合此工程的加固措施来增加外墙刚度就成了加固过程中的关键问题。

结论：要因。

（七）回填机械型号大

由于此工程场地受限制，面积较小，如按平常使用的 200 型挖掘机进行回填，由于载重过大，回填过程中有可能会造成外墙侧向位移增大。因此，QC 小组决定采用 60 小型挖掘机 + 小型农用车进行回填土，减少载重，能够解决这个问题。

结论：非要因。

通过要因确认共得到两条要因：①回填前施工原结构加固措施不当；②回填土料选择不当。

六、制订方案

（1）针对确认的要因一“回填前施工原结构加固措施不当”，QC小组走访了设计院设计人员和地下室施工技术专家，进行论证，经整理总结，共提出了四个方案。

方案一 利用钢管组合成钢梁对地下室后浇带截断的两边外墙进行对顶，支设20 mm厚松木固定后浇带侧面，并用木方通长加固（见图2）。

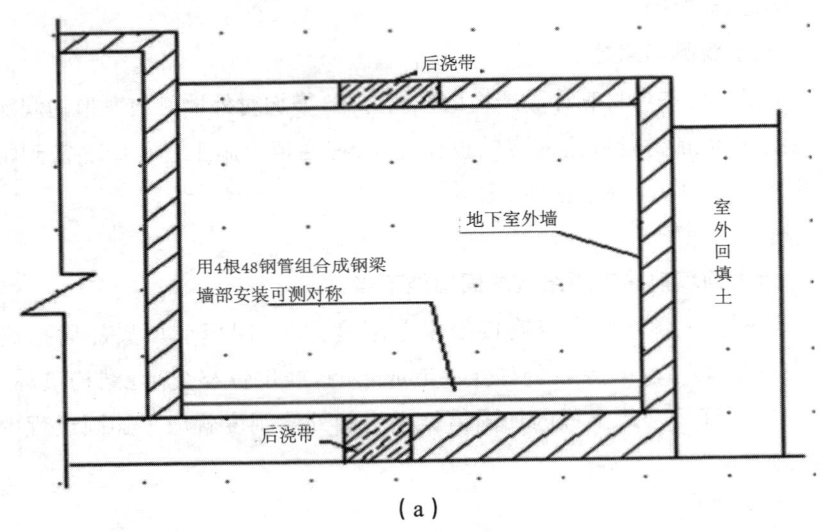

（a）

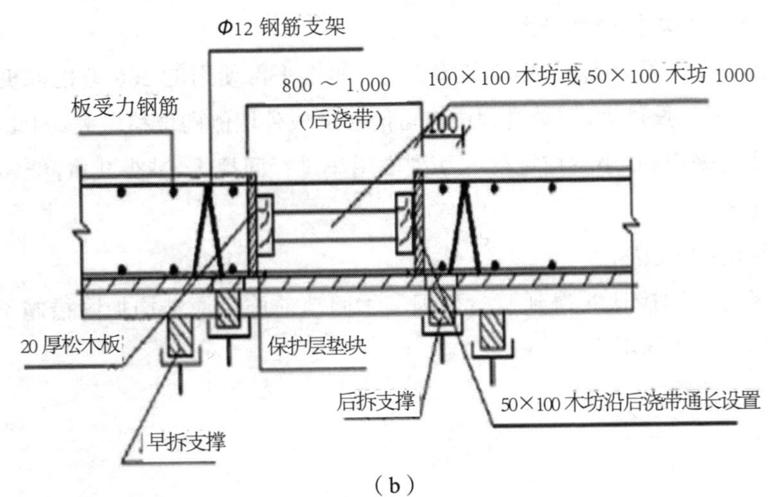

（b）

图2 方案一

方案二 基坑暂不回填，避免回填土造成的侧压变形，基坑用脚手架搭设，保证安全施工（见图 3）。

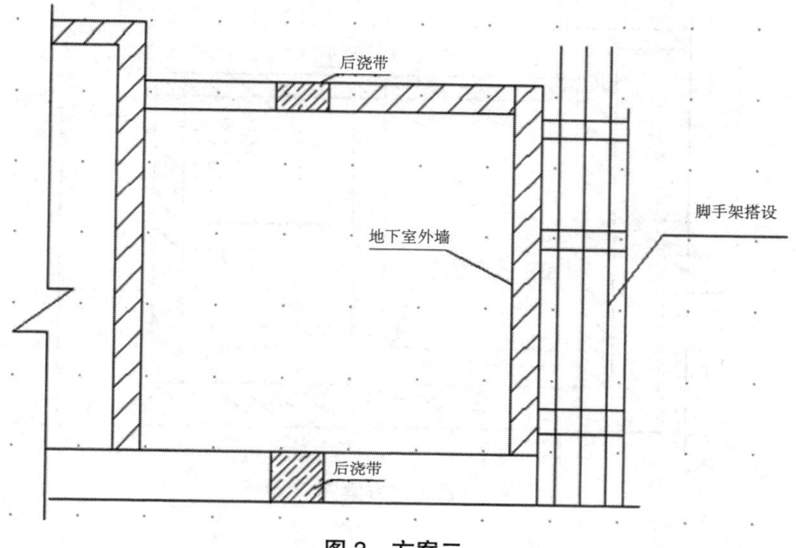

图 3 方案二

方案三 后浇带先采用低标号混凝土进行浇筑，使后浇带与外墙形成一个整体，刚度增大；待沉降稳定后，再将前期浇筑的后浇带凿除，按规范设计要求进行浇筑（见图 4）。

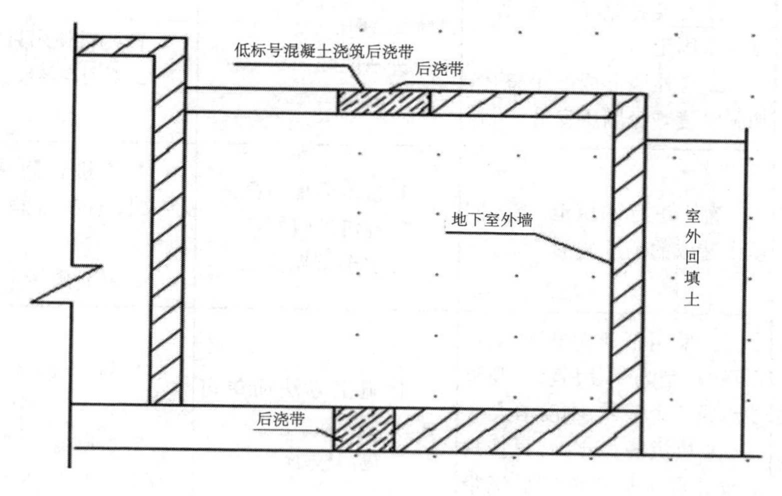

图 4 方案三

方案四 后浇带侧边增设砖柱，砖柱与砼柱、剪力墙之间采用钢管对顶，待后浇带砼强度满足设计要求后拆除（见图 5）。

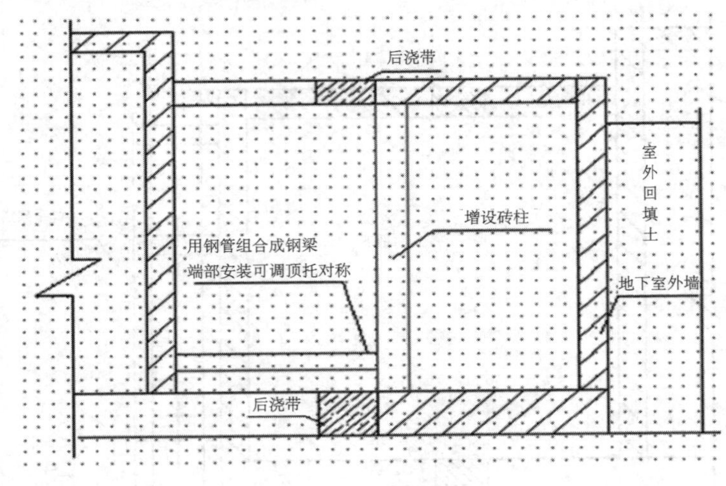

图 5 方案四

方案分析如表 2 所示。

表 2 方案的分析表

序号	方案实施构想	优点	缺点
方案一	1. 钢梁对撑，后浇带加设厚松木固定； 2. 与外墙形成一个整体，加强刚度减少侧压变形	实施性好	1. 材料使用量大； 2. 费用高，经济性差
方案二	暂不进行回填土，避免回填土造成的侧压变形	1. 技术简单易行； 2. 经济性较好； 3. 安全可靠性好	1. 不进行回填土，造成长期项目施工场地小； 2. 材料周转不方便
方案三	1. 采用低标号混凝土进行浇筑，是为了使后浇带与外墙形成一个整体，刚度增大 2. 待沉降稳定后，再按规范设计要求拆除前期后浇带再进行浇筑	1. 施工方法简单可行； 2. 费用较小	1. 易造成原设计设缝失效； 2. 拆除施工时易对原结构造成破坏

续表

序号	方案实施构想	优点	缺点
方案四	增设砖柱，砖柱与砼柱、剪力墙之间采用钢管对顶，使外墙与后浇带形成一个大的构件	1. 实施性较好； 2. 安全可靠高； 3. 拆除不对结构产生影响	费用较高，经济性较差

方案评估和选定如表 3 所示。

表 3　方案的评估和选定表

序号	评估				综合得分	选定方案
	技术可实施性（5 分）	经济性（5 分）	安全系数（5 分）	整体施工影响（5 分）		
方案一	3	1	4	3	11	不选
方案二	4	4	3	1	12	不选
方案三	4	3	3	2	12	不选
方案四	4	3	4	4	13	选定

通过以上方案的对比分析，方案四综合得分最高，虽然在经济性上费用较高，但在施工过程中实施性较好、安全可靠高、拆除不会对结构产生影响。因此，QC 小组把方案四确定为最佳方案。

（2）对于确认的要因二“回填土料选择不当”，小组根据目前施工行业中工程回填使用的土料进行分析。

黏土：黏土具强塑性、吸水性、膨胀性等特殊性质，土粒之间缺少大孔隙，因而通气透水性差，黏性土填料的天然含水量一般高于最优含水量，渗透性较差，填料合适的含水量范围很难得到保证，压实效果一般。

细沙土：细沙土具有松散性，不宜成型，渗透性好，水稳定性高，碾压成型快，容易压实，填筑稳定性好，但价格较高。

素土：素土是天然沉积形成的土层中没有掺杂白灰、河流带来的沙石的土，密度均匀，有一定黏稠度。

小组通过回填土料的渗透性、经济性及压实效果三个方面对比，进行分析，如表 4 所示。

表 4 回填土料对比及选定表

序号	评估			综合得分	选定方案
	渗透性（5 分）	经济性（5 分）	压实效果（5 分）		
黏土	2	4	2	8	不选
细沙土	5	3	5	13	选用
素土	3	4	3	10	不选

通过以上三种回填土料的对比分析，虽然细沙土在经济上对比比较差，但它的渗透性好、容易压实、稳定性好、回填后均匀性好，可减少回填夯实对外墙侧压力的影响，减少地下室外墙侧向位移变形。

七、制订对策

根据上述两个主要因素，QC 小组查阅大量相关资料，多次召开小组会议，并听取公司领导意见，结合各施工技术，制订出相应对策（见表 5）和落实负责人。

表 5 对策表

序号	问题	对策	目标	措施	地点	完成时间
1	回填前施工加固措施不当	制订合理的加固措施	减少侧压位移变形，最大变形控制在 4.8 mm 以内	1. 增设 400 mm×400 mm 砖柱； 2. 设置钢管支撑体系，设剪刀撑； 3. 组合钢梁对撑	施工现场	2018.5.18
2	回填土料选择不当	选择细沙土进行回填	控制不均匀变形值 0.002L 以内	1. 基坑底部清理，不允许含杂物； 2. 细沙土分层回填控制，厚度控制在 200 mm 以内	施工现场	2018.5.18

八、对策实施

对策实施一

（1）增设 400 mm×400 mm 砖柱，浇筑后待后浇带强度满足设计要求后拆除。

（2）设置钢管支撑体系：在后浇带与外墙间梁板下设置钢管支撑体系，立杆按 1 800 mm×1 800 mm 设置，横杆按 1 500 mm×1 500 mm 设置，并加设剪刀撑。

（3）组合钢梁对撑：在砖柱与砼柱、剪力墙之间采用钢管对顶，用 4 根 48 钢管组合成钢梁，端部安装可调顶托对撑。

制订了合理的加固措施后，QC 小组在施工过程中对已加固的地下室外墙侧向变形位移观测，详见表 6。

表 6 变形位移观测表

测点	变形累计位移平均值 / mm			
	2018.6.1—2018.6.4	2018.6.5—2018.6.9	2018.6.10—2018.6.14	2018.6.15—2018.6.19
测点 1	1. 2	1.6	1.8	1.9
测点 2	1.1	1.7	1.9	1.9
测点 3	0.9	1.2	1.4	1.6
测点 4	0. 6	0.9	1.0	1.2
测点 5	1.3	1.6	1.7	1.8
测点 6	1.1	1.4	1.5	1.7
测点 7	0.9	1.3	1.4	1.5
测点 8	1.1	1.5	1.7	1.8

对策实施二

（1）基坑底部清理：填沙前将基坑底垃圾杂物清理干净。

（2）细沙土回填控制：

①回填从地下室基底最低部分开始，回填应由下而上分层铺填，每层虚铺厚度为 200 mm，在地下室外墙做好记号，控制回土夯实厚度。

②小型挖机运沙回填，应采取分堆集中，一次运送方法。制订了合理的加固措施后，QC 小组在施工过程中对已加固的地下室外墙的变形进行观测，均符合要求。

③一层回填完成后即进行夯实，打夯应一夯压半夯，夯夯相连，行行相连，纵横交叉。

④每层填实后，应按规范要求进行取样，测出沙的密实度，达到要求后，再进行上一层的回填。

⑤回填时应派专人随时观察地下室外墙加固设施是否有被振动破坏现象。

九、效果检查

（一）目标效果

主体结构施工结束后，QC 小组对累计侧向变形进行观测，如表 7 所示。

表 7　主体结构施工结束后累计侧向变形观测表

测　点	变形累计位移平均值 / mm			
	回填前	回填过程	结构封顶	后浇带加固措施拆除后
测点 1	0	1.9	2.1	2.3
测点 2	0	1.9	2.0	2.2
测点 3	0	1.6	1.8	2.0
测点 4	0	1.2	1.5	1.7
测点 5	0	1.8	2.0	2.1

续表

测 点	变形累计位移平均值 / mm			
	回填前	回填过程	结构封顶	后浇带加固措施拆除后
测点 6	0	1.7	1.9	2.0
测点 7	0	1.5	1.7	1.9
测点 8	0	1.8	2.0	2.2

目标柱状图如图 6 所示。

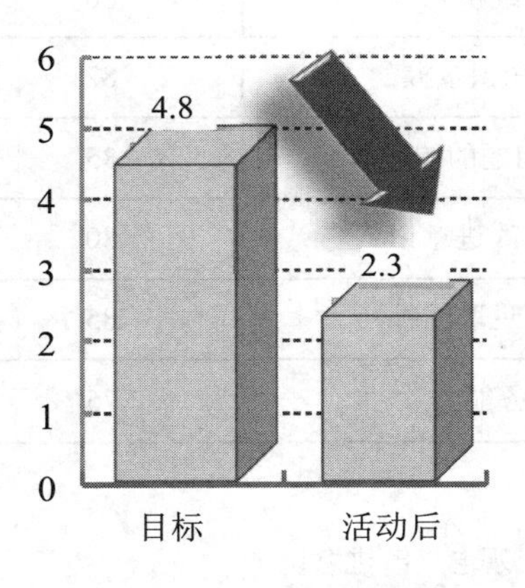

图 6 目标柱状图

由柱状图知道活动后外墙侧向变形均控制在 2.3 mm 内，远小于预期目标值 4.8 mm，目标实现。

（二）社会效益

通过活动，攻克了地下室外墙侧向变形难题，有效地避免了外墙侧向变形所造成的返工延误和经济损失，得到建设单位和监理单位一致好评，工程也得以顺利通过主体验收。

十、总结

通过本次 QC 活动，小组积累了许多宝贵经验，经总工批准，编制成企业作业指导书《设后浇带地下室外墙侧向变形控制作业指导书》ZJXZY-ZYZDS01-03—2018，在今后类似工程施工中加以推广应用。

小组成员经过了两次 PDCA 循环，最终完成了活动目标，虽然这个过程是艰苦的，但是大家在不影响正常工作的前提下，利用休息时间去研究探索，取得了丰硕的成果和宝贵的经验。自我评价如表 8 所示，雷达图如图 7 所示。

表 8　自我评价表

序号	评价内容	自我评价	
		活动前	活动后
1	质量、经济意识	80	90
2	QC 知识掌握	82	95
3	解决问题的信心	85	96
4	观念、改进意识	80	90
5	团队、进取精神	85	95
6	业务能力	75	95

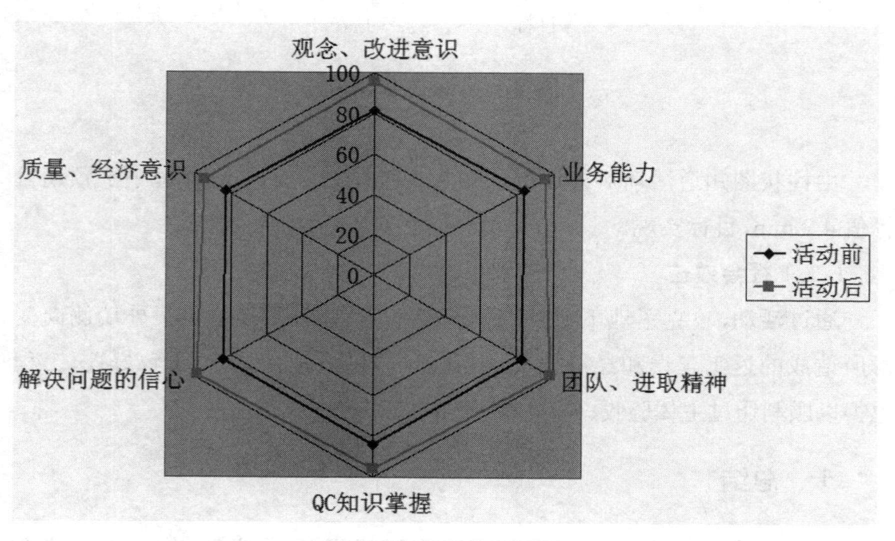

图 7　自我评价雷达图

膨胀混凝土加强带施工质量控制

——以某市 KL 工业物联网研发中心项目 QC 小组为例

一、工程概况

本项目位于某市 JB 区，总建筑面积 38 213 m²。此工程项目为一栋单体，共 20 层，建筑高度 81.6 m。此工程由某市 KL 传感科技股份有限公司投资建设，某市 ZD 建筑设计有限公司设计，某市 CJ 监理咨询有限公司监理，某市 YZ 建筑有限公司总承包施工，争创“省标化”工程。

二、选题理由

本项目建筑高度较高，为 81.6 m，外墙立面结构新颖，若基础底板施工质量不达标将对建筑的上部结构造成不良影响，同时存在极大的安全隐患。混凝土加强带在工程中并不算是必要的结构做法，施工过程中也并不常见，故施工经验并不充足，做法相对普通梁板钢筋略为复杂，控制其施工质量将直接影响这个基础底板的质量。

QC 小组选择的“膨胀混凝土加强带施工质量控制”这一课题，将为此工程创“省标化”工地提供有力保障，同时为公司今后的项目施工提供宝贵经验。

三、PDCA 循环

（一）计划阶段（P 阶段）

1.现状调查

为了解影响膨胀混凝土加强带施工质量的现状，QC 小组对某市有混凝土加强带的各在建工程做了调研分析，走访调查在建主体工程的钢筋焊接工程累计 50 个，其中达到合格标准的为 38 个，不合格的有 12 个，合格率为 76%，具体统计数据如表 1 所示。

表 1　膨胀混凝土加强带施工质量影响因素统计表

序号	检查项目	频数	频率 / %	累计频率 / %
1	混凝土表面蜂窝麻面	7	18.4%	18.4%
2	混凝土表面细裂缝	7	18.4%	36.8%
3	钢筋分隔网片外露	8	21%	57.9%
4	接缝处开裂、渗水	16	42.1%	100%
合计		38	—	—

QC 小组根据膨胀混凝土加强带施工质量影响因素统计表，绘制出膨胀混凝土加强带质量影响因素饼状图（见图 1）。从图表上来看，影响膨胀混凝土加强带施工质量的主要因素是接缝处开裂、渗水。

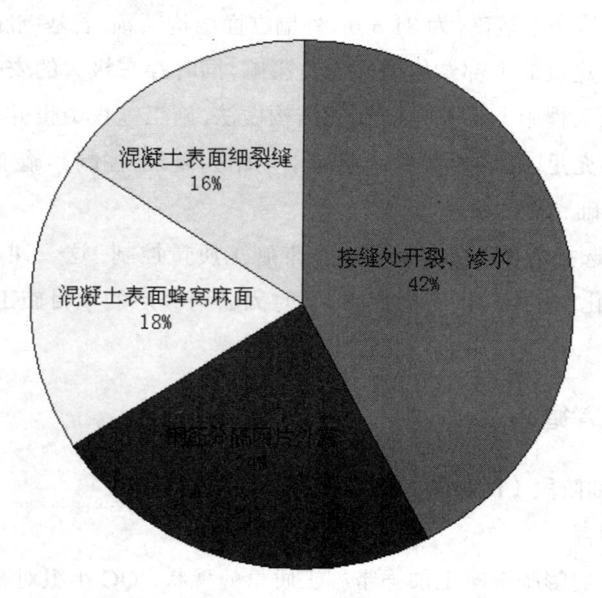

图 1　膨胀混凝土加强带质量影响因素饼状图

2. 设定目标

通过对膨胀混凝土加强带施工质量影响因素的调查研究，发现只要控制好加强带接缝处的开裂渗水问题，其合格率将大大提高。经过讨论决定，QC小组设定的活动目标是：提高膨胀混凝土加强带施工合格率至 90%。

3. 原因分析

QC 小组成员根据膨胀混凝土加强带施工存在的主要问题，多次召开会议，查阅大量文献资料，结合实际施工问题，从人、料、工、法、环、测等六方面因素进行详细的因果分析，找出影响接缝开裂渗水问题的原因，最终确定因果关系分析图如图 2 所示。

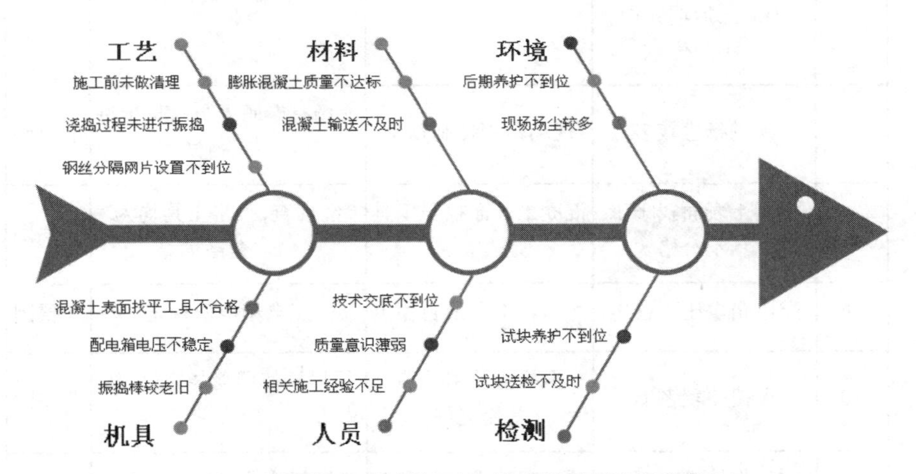

图 2　膨胀混凝土接缝开裂、渗水影响因素鱼刺图

4. 要因确认

要因确认如表 2 所示。

表 2　要因确认表

序号	末端因素	确认内容	确认方法	标准
1	浇捣前未进行底膜的清理工作	浇捣前是否做好底膜的清理工作	施工人员在混凝土浇捣前已对模板进行清理	非要因
2	浇捣过程未进行振捣	浇捣过程是否进行振捣	混凝土浇捣过程中有专人进行振捣	非要因

续表

序号	末端因素	确认内容	确认方法	标准
3	钢丝分隔网片设置不到位	钢丝分隔网片是否设置到位	经检查，钢丝分隔网片设置均符合施工图要求	非要因
4	膨胀混凝土质量不达标	膨胀混凝土质量是否达标	经抽样调查，膨胀混凝土质量存在部分不达标情况	要因
5	观测周期短	能否有效掌握外墙侧压变形情况	现场验证	非要因
6	混凝土后期养护不到位			要因
7	现场扬尘较多	现场是否控制扬尘	现场有专职人员对扬尘进行管控	非要因
8	混凝土表面找平工具不合格	混凝土表面找平工具是否合格	经抽查，找平工具均为合格	非要因
9	配电箱电压不稳定	配电箱电压是否稳定	配电箱电压稳定	非要因
10	振捣棒较老旧	振捣棒使用功能是否完好	振捣棒使用功能完好，达到要求	非要因
11	项目部技术交底不到位	项目部技术交底是否到位	项目部技术交底存在不到位情况	要因
12	作业人员质量意识薄弱	作业人员质量意识是否薄弱	经抽查，发现施工作业人员质量意识较为薄弱	要因
13	相关施工经验不足	施工人员是否具有足够施工经验	施工人员对加强带的施工经验相对薄弱	要因
14	试块养护不到位	现场是否具备标准养护室	现场具备标准养护室	非要因
15	试块送检不及时	试块是否及时送检	试块均及时送检	非要因

根据以上调查分析、现场验证确认，导致钢筋焊缝饱满度不过关的主要因素是：膨胀混凝土质量不达标、混凝土后期养护不到位、对施工人员的技术交底欠缺、作业人员质量意识相对薄弱、相关施工经验不足。

5. 制订对策

根据上述五个主要因素，QC 小组查阅大量相关资料，多次召开小组会议进行探讨，同时咨询本小组技术指导及企业总工程师，并听取公司领导意见，与项目部管理人员接洽，结合各施工技术，制订出相应对策并落实相关负责人，对膨胀混凝土加强带的施工管理进行提升。对策分析表见表 3。

表 3　对策分析表

序号	要因	对策措施	目标	时间
1	膨胀混凝土质量不达标	1. 与混凝土供应商协商，要求其将膨胀混凝土进行专车运送； 2. 对混凝土进行抽样检测，看其是否符合施工要求	膨胀混凝土合格率达到 100%	施工前
2	技术交底不到位	1. 由公司技术负责人对项目部进行技术交底； 2. 项目部技术负责人及相关管理人员对施工作业人员进行技术交底	交底率达到 100%	施工前
3	作业人员质量意识薄弱	1. 民工学校开课，提升作业人员质量意识； 2. 施工现场宣传栏、宣传窗进行质量强化宣传	使每个作业人员具备较强的质量控制意识	施工前
4	相关施工经验不足	进行相关施工视频的播放，同时由企业总工程师进行相关施工经验的传授	使施工作业人员具备一定的理论经验，并适当运用到实操中	施工前
5	混凝土后期养护不到位	1. 由专职人员进行后期的洒水养护工作； 2. 对混凝土底板进行大面积的保湿薄膜覆盖	养护达到规范及设计标准	施工前

(二)实施阶段(D阶段)

1.实施一(见表4)

表4　膨胀混凝土实施情况

要　因	膨胀混凝土质量不达标	实施人	***	实施地点	混凝土供应公司、施工现场
实施过程	由项目经理出面与混凝土供应单位进行协商,要求混凝土供应商将膨胀混凝土与普通混凝土分不同批次的混凝土运输车进行运输,即将膨胀混凝土用专用运输车运送,以确保不被运输车内残留普通混凝土影响质量;同时将运送过来的膨胀混凝土在现场进行坍落度、和易性等的测试,保证质量达到施工要求。 				
实施结果	抽测的膨胀混凝土质量均已达到施工要求				

2.实施二(见表5)

表5　技术交底情况

要　因	技术交底不到位	实施人	***	实施地点	项目部会议室
实施过程	对相关施工作业人员进行技术交底,从技术要点、操作要点、施工要求、验收要求等几个方面对施工人员进行全面的交底培训,使其掌握全面的施工技术能力				
实施结果	施工人员已掌握一定的技术要点和能力				

3.实施三 （见表6）

表6 施工人员质量意识情况

要因	施工人员质量意识薄弱	实施人	***	实施地点	施工现场
实施过程	在施工现场悬挂提高质量要求相关的横幅，并在现场宣传栏宣传窗等处张贴相关标志标语				
实施结果	施工人员已对施工质量要求有了更深入的认识				

4.实施四（见表7）

表7 经验交流情况

要因	相关施工经验较少	实施人	***	实施地点	民工学校
实施过程	在项目部民工学校播放相关施工视频，让作业人员对加强带的施工有一个动态的认识；同时由企业总工程师对相关管理人员及施工人员进行相关经验的传授				
实施结果	管理人员及施工作业人员对加强带的施工工艺有了更深入的了解				

5.实施五（见表8）

表8 混凝土后期养护情况

要因	混凝土后期养护不到位	实施人	***	实施地点	施工现场
实施过程	安排专人进行混凝土的洒水养护，并进行薄膜的保湿覆盖 				
实施结果	混凝土养护达到规范及设计要求				

（三）检查阶段（C 阶段）

活动前后膨胀混凝土加强带质量对比如表 9 所示。

表 9　活动前后膨胀混凝土加强带质量对比表

检查项目	活动前			活动后		
	测量点数	不合格数	合格率	测量点数	不合格数	合格率
加强带施工质量	50	12	76%	50	4	92%

通过以上实测情况表明，加强带施工质量合格率达到 92%，质量比以前有了大幅度的提高，达到了提高膨胀混凝土加强带总体质量合格率的目标。

（四）总结阶段（A 阶段）

经过本次 QC 活动，膨胀混凝土加强带的合格率达到了 92%，保证了整个工程基础底板的施工质量。此次活动课题对参与成员及相关项目有了相当的影响，不仅提升了各小组成员的理论知识及实际施工经验，同时为各相关工程项目的质量体系提供了保障。在活动实施过程中，QC 小组对膨胀混凝土加强带的施工步骤进行全面跟踪管控，确保加强带施工的规范化、科学化，大大地提升了本项目管理人员的技术水平、管理能力、分析能力、团队意识，学会了利用科学的方法解决工程中出现的问题，大大提高了业务水平，同时，通过本次 QC 活动提高了自身素质，培养了人才，为公司今后的发展道路及工程项目提供了宝贵的技术及管理经验。综合自我评价表如表 10 所示。雷达图如图 3 所示。

表 10　综合自我评价表

序　号	评价内容	活动前 / 分	活动后 / 分
1	质量、经济意识	82	97
2	个人业务能力	81	94
3	团队精神	85	96

续表

序 号	评价内容	活动前 / 分	活动后 / 分
4	QC 知识掌握及工具运用	82	94
5	解决问题的能力	79	93

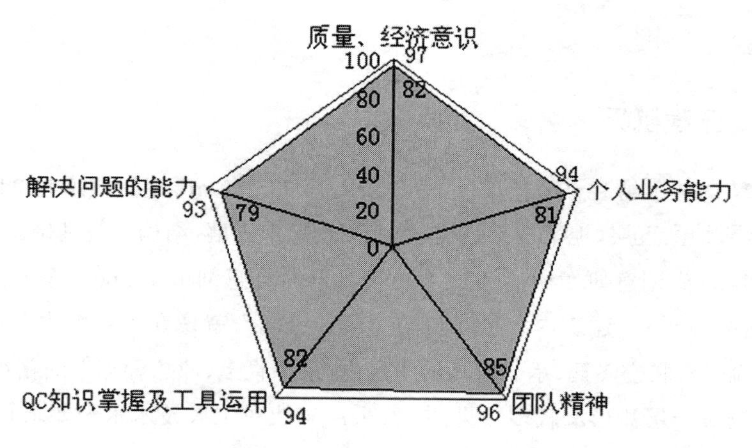

图 3 小组成员自我评价雷达图

提高发泡混凝土墙成型质量

——以某市 TPN 项目技术攻关 QC 小组为例

一、工程概况

TPN 高新区男装办公楼项目，总建筑面积 73 250 m^2，建筑高度为 24 m。地下三层，地上五层，地下框架结构，地上钢框架剪力墙，结构桩筏基础。

TPN 时尚创意研发中心通过"热气流"的灵感创造了 360° 全开放式办公、内外双景观、建筑内上下连贯的"集合空间"，就像在大自然中鸟可以乘热气流轻松腾空飞翔，承载着鸟的"自由、乘风直上、肆意翱翔"的精神。

现场负一层弧形墙较多（见图 1），采用砌块对工人技术水平要求较高，成型质量控制困难。

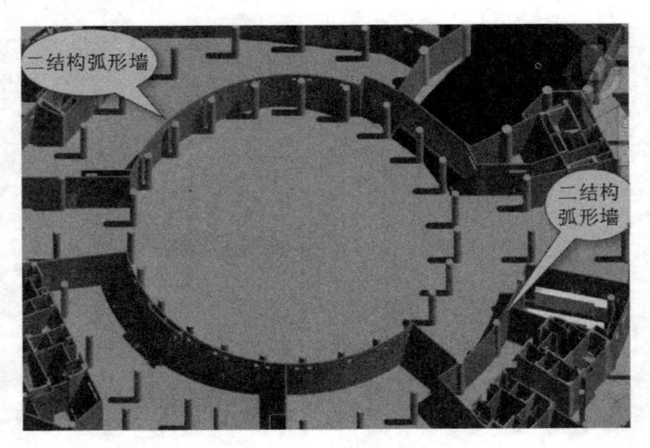

图 1　弧形墙

二、选题理由

此工程弧形墙数量较多，加气块砌筑时灰缝厚度及弧度控制难度大。发泡混凝土应用于结构墙体案例较少，类似经验不足，发泡混凝土墙在某市地区应用属于首例，无参考案例，具备这方面施工经验的队伍较少，不具备挑选条件，需要项目部管理人员摸索实践。

（一）现状调查

针对发泡混凝土墙成型质量问题，对正在施工的负三层区域选取了 400 处检查点进行实体抽查，合格率仅为 84%，根据抽查结果，主要存在以下问题：①顶部浇筑不密实；②表观成型质量差；③平整度不合格；④结构连接处错台。

图 2　焊接质量差，余高不足

图 3　定位不准确，安装错开

施工质量缺陷频率统计表如表 1 所示。

表 1　施工质量缺陷频率统计表

序号	检查项目	频数 / 点	累计频数 / 个	频率 / %	累计频率 / %
1	顶部浇筑不密实	34	34	53.1	53.1
2	表观成型质量差	26	60	40.6	93.7
3	平整度不合格	2	62	3.1	96.8
4	结构连接处错台	1	63	1.6	98.4
5	其他	1	64	1.6	100
合计		64	—	100	—

质量缺陷频数及频率排列图如图 4 所示。

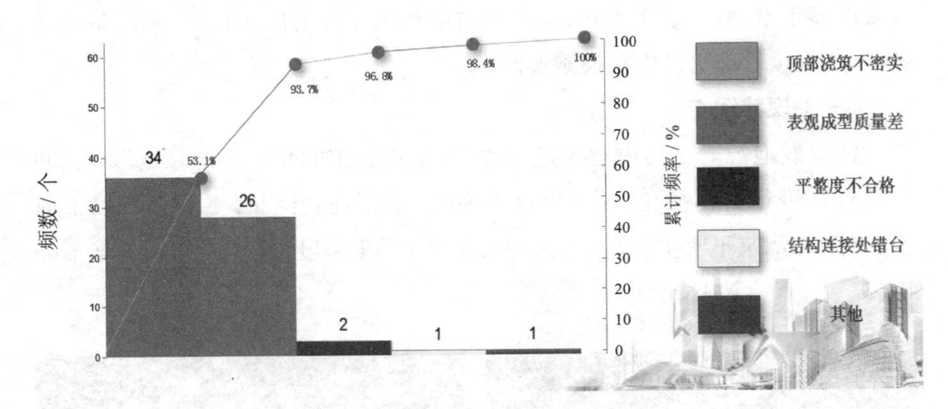

图 4　质量缺陷频数及频率排列图

（二）确定目标

从排列图中可以得出结论，提高发泡混凝土墙成型质量主要受：①顶部浇筑不密实；②表观成型质量差两方面影响，所以我们若能将这两个问题解决 85%，便可以将质量精度控制提高到：

$$\{400-[64-(34+26)\times 0.85]\div 400\approx 96.7\%$$

根据以上数据 QC 小组决定将发泡混凝土墙成型质量控制在 96%（见图 5）。

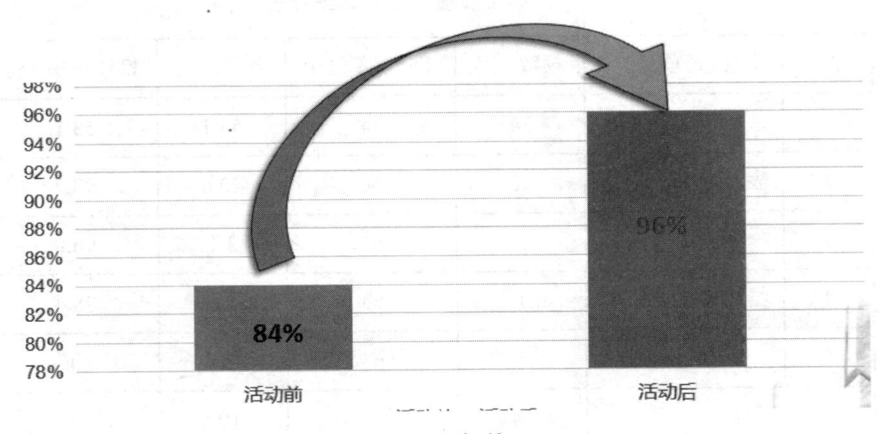

图 5　目标值

通过分析，尽管存在了诸多不利因素及不确定因素，但是 QC 小组成员认为通过 PDCA 循环不断推进开展 QC 活动，一定能够提高发泡混凝土墙成型质量，完成设定的目标。

三、原因分析

末端因素分析如图 6 所示。

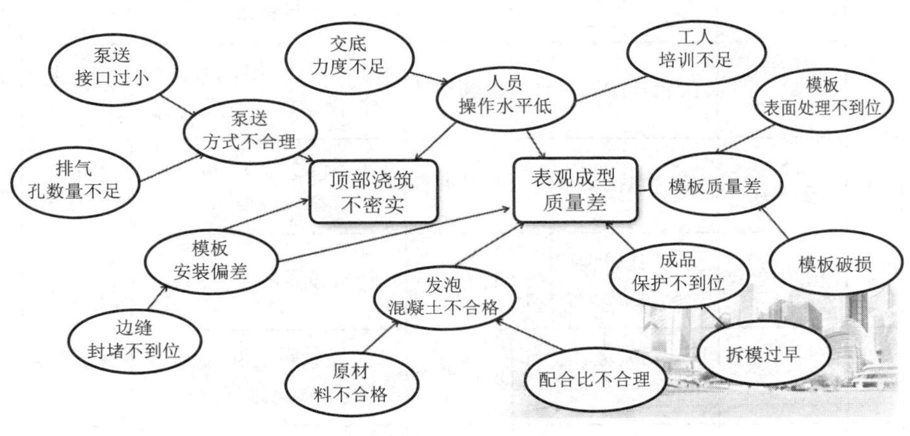

图 6　末端因素分析

四、要因确认

通过对以上质量因果关联图分析，共找出 10 个末端因素（见表 2），QC 小组运用调查分析、现场验证的方法一一进行分析，逐个排除，共找出 4 个要因。

表 2　要因确认表

序号	末端因素	确定内容	确认方法	确认标准	完成日期
1	工人培训不足	工人操作培训到位	现场论证	工人了解发泡混凝土操作工艺及施工要点	2018 年 4 月 10 日
2	模板破损	现场塑料模板是否存在破损情况	现场调查	模板牢固可靠，无破损变形	2018 年 4 月 15 日

续表

序号	末端因素	确定内容	确认方法	确认标准	完成日期
3	模板表面处理不到位	模板表面清理情况	现场调查	模板表面混凝土浆液清理干净，涂刷脱模剂	2018 年 4 月 17 日
4	拆模过早	现场实际拆模时间	现场调查	拆模时发泡墙强度达到拆模标准	2018 年 4 月 20 日
5	配合比不合理	配合比是否合理	现场论证	配合比满足国家、行业标准，满足现场实际情况	2018 年 4 月 23 日
6	原材料不合格	原材料试验报告	现场调查	沙子、水泥、添加剂满足国家规范要求	2018 年 4 月 25 日
7	边缝未封堵	模板间以及模板与墙体，底部边缝大小	现场调查	边缝设置严密无渗漏	2018 年 4 月 26 日
8	排气孔数量不足	不同长度墙体上部的排气口数量	现场调查	排气孔数量足够，保证发泡混凝土排气流程	2018 年 4 月 26 日
9	泵送接口过小	接口直径尺寸	现场论证	接口尺寸大小满足泵送，泵送效率合理，避免冲击过大	2018 年 4 月 28 日
10	交底力度不足	进场作业工人交底到位情况	现场调查	进场的工人均进行过技术交底，了解施工注意事项	2018 年 4 月 30

（一）工人培训不足

针对工人培训不足的分析如表 3 所示。

表 3 培训情况

验证时间	2018 年 4 月 10 日	验证方法	现场调查	验证人	***
验证情况	验证结果：定期组织二结构不同工种工人进行培训，半月一次，对工人培训到位				
结 论	非要因				

（二）模板破损

针对模板破损的分析如表 4 所示。

表 4　模板情况

验证时间	2018 年 4 月 15 日	验证方法	现场调查	验证人	***
验证情况	验证结果：模板采用定型化塑料模板，可周期利用次数多，且进场时均为新材料，无破损情况 				
结　论	非要因				

（三）模板表面处理不到位

针对模板表面处理的分析如表 5 所示。

表 5　模板表面处理

验证时间	2018 年 4 月 17 日	验证方法	现场调查	验证人	***
验证情况	验证结果：部分模板拆模后未及时清理，表面存在发泡混凝土浆液，且在周转施工时未清理及刷脱模剂即直接使用				
结　论	要因				

（四）拆模过早

针对拆模时间控制的分析如表 6 所示。

表 6　拆模时间控制

验证时间	2018 年 4 月 20 日	验证方法	现场调查	验证人	***
验证情况	验证结果：拆模前正常上报拆模申请令，且拆模时强度满足要求，不会产生缺棱掉角现象				
结　论	非要因				

（五）配合比不合理

针对配合比调整的分析如表 7 所示。

表 7　配合比调整

验证时间	2018 年 4 月 23 日	验证方法	现场调查	验证人	***
验证情况	验证结果：配合比经过当地实验室确认，且对按次配合比制作的试块进行试验，均满足要求				
结　论	非要因				

（六）原材料不合格

针对原材料管控的分析如表 8 所示。

表 8　原材料管控

验证时间	2018 年 4 月 25 日	验证方法	现场调查	验证人	***
验证情况	验证结果：现场使用的原材料沙、水泥、添加剂均按要求进行取样试验，试验合格，具备完整的试验报告				
结　论	非要因				

（七）边缝未封堵

针对边缝密封的分析如表 9 所示。

表 9 边缝密封

验证时间	2018 年 4 月 26 日	验证方法	现场调查	验证人	***
验证情况	验证结果：模板与竖向剪力墙及柱子连接处未采取边缝密封措施，且由于发泡混凝土颗粒细腻，在边缝处存在漏浆情况				
结　论	要因				

（八）排气孔数量不足

针对排气孔设置的分析如表 10 所示。

表 10 排气孔设置

验证时间	2018 年 4 月 19 日	验证方法	现场调查	验证人	***
验证情况	验证结果：现场墙体上口处仅设置 1 处排气孔，对部分墙不适用				
结　论	要因				

（九）泵送接口过小

针对泵送接口情况的分析如表 11 所示。

表 11 泵送接口情况

验证时间	2018 年 4 月 30 日	验证方法	现场调查	验证人	***
验证情况	验证结果：泵送接口大小尺寸合理，入模时冲击力不会对模板稳定性产生影响				
结　论	非要因				

（十）交底力度不足

针对交底情况的分析如表12所示。

表12 交底情况

验证时间	2018年4月30日	验证方法	现场调查	验证人	***
验证情况	验证结果：由于二结构班组人员流动性大，新进场工人未能及时进行技术质量交底，对项目部管控质量、管控要点个别工人未能全部交底到位				
结论	要因				

五、制订对策

对策表如表13所示。

表13 对策表

序号	末端因素	确定内容	确认方法	确认标准	完成日期	完成日期
1	模板表面处理不到位	1. 模板浆液清理； 2. 涂刷脱模剂	模板表面平整洁净，无破损情况	1. 支模前进行钢筋验收时同时验收此墙体使用的模板清理情况； 2. 支模时进行过程中检查脱模剂涂刷情况	施工现场	2018年5月1日—12日
2	边缝未封堵	1. 侧边采用护角条和发泡剂填充封堵； 2. 底部使用砂浆封堵	封堵严密，无渗漏情况	1. 墙体底部及侧边支模时同时采用护角条配合胶带进行设置； 2. 对边缝使用发泡剂填充密实； 3. 底部采用砂浆封堵，避免浆液污染及渗漏，影响墙体质量	施工现场	2018年5月8日—20日

续表

序号	末端因素	确定内容	确认方法	确认标准	完成日期	完成日期
3	排气孔数量不足	根据墙厚和墙长的不同状况，墙体顶部两侧分别设置一处或两处排气口	排气孔设置位置，侧边和顶部	1. 专人监督排气孔设置情况； 2. 浇筑前进行报验，重点检查排气孔是否到位，模板垂直度	施工现场	2018 年 5 月 10 日—20 日
4	交底力度不足	新工人进场后及时进行技术质量交底	工人能了解施工中的质量控制要点和操作细节	1. 在工人进场后进行安全教育时一起进行技术质量交底； 2. 定期组织班组长进行交底，避免实体走样	施工现场	2018 年 5 月 14 日—20 日

六、对策实施

（一）对策实施一

（1）模板清理：支模前检查模板表面清理情况，特别是主要表面混凝土浆液及塑料模板破损情况（见图 7）。

（2）过程控制：支模时在过程中进行检查，对不合格的及时整改，过程中控制。

图 7　塑料模板平整干净

（二）对策实施二

（1）根据墨线定位设置墙体底部护角条（见图 8）；

（2）墙体护角条设置（见图 9）；

（3）护角条内侧黏贴胶带防止漏浆（见图 10）；

（4）侧边最后使用发泡剂填充边缝，确保严密（见图 11）。

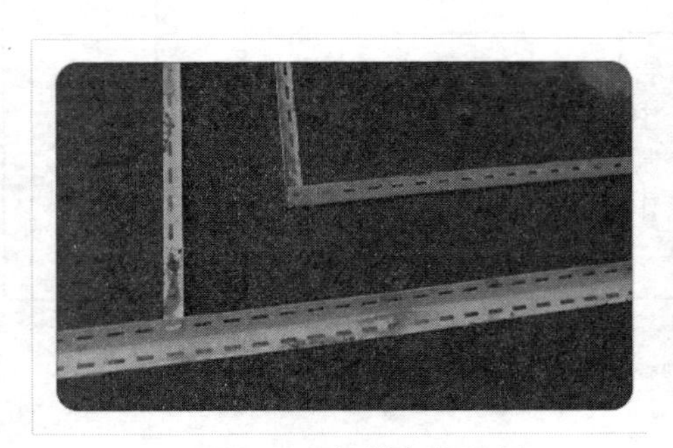

图 8　底部护角条设置

图 9　墙体护角条设置

图 10　胶带设置

图 11　侧缝发泡剂封边

（三）对策实施三

（1）钢丝网片绑扎后水电预埋，做好保护工作（见图 12）。

（2）根据不同墙厚、长度设置决定是否设置两处排气孔（见图 13）。

（3）采用小块塑料模板，变形小，做好三检工作，可有效保证成型质量（见图 14）。

图 12　埋管线盒设置

图 13　排气孔设置

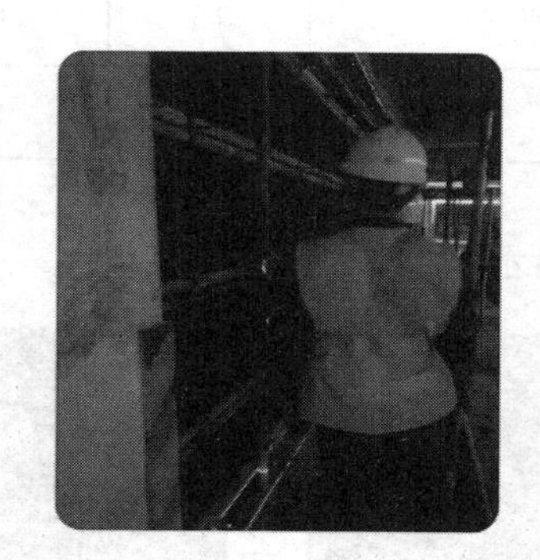

图 14　垂直度复核

（四）对策实施四

（1）工人进场后进行技术质量交底。

（2）早班教育时说明质量控制要点。

（3）每周质量周例会进行班组评比。

（4）落实三检制度流程，多方监督进行质量控制。

七、总结

（一）QC 小组开展并通过一系列措施后，对现场共检查 135 个点，不合格点共 4 处，施工质量平均优良率上升为 96%（见表 14）。

表 14 检查表

序号	检查项目	检查点	不合格点	不合格百分比
1	顶部浇筑不密实	35	2	6%
2	表观成型质量差	30	2	7%
3	平整度不合格	30	1	3%
4	结构连接处错台	25	0	0%
5	其他	15	0	0%
合计		135	5	4%

效果展示如图 15 所示。

图 15 混凝土拆模后现场图

（二）巩固措施

通过本次活动，QC 小组对提高发泡混凝土墙成型质量进行了梳理，并对每月的发泡混凝土墙成型质量合格率进行统计，保持合格率控制在 96% 以上（见表 15）。在每月的质量月例会上汇报当月合格率，进行对比，监督班组继续保持，避免松懈心理。

表 15 月度合格率统计表

序号	检查项目	7 月份	8 月份	9 月份
1	顶部浇筑不密实	96%	96.5%	96%
2	表观成型质量差	96%	97%	97%
3	平整度不合格	96.5%	96%	97%
4	结构连接处错台	96.4%	96.8%	96%

（三）自我评价

在解决问题的过程中，小组成员严格按照 PDCA 四个阶段的所有基本程序进行活动，解决问题环环紧扣，都能以事实为依据，科学判断，正确决策，提高了分析和解决问题的能力，以下是自我评价表（见表 16）和雷达图（见图 16）。

表 16 自我评价表

序号	项目	自我评分	
		活动前	活动后
A	质量意识	79	94
B	个人能力	85	96
C	QC 知识	67	88
D	解决问题的决心	72	89
E	团队精神	84	95

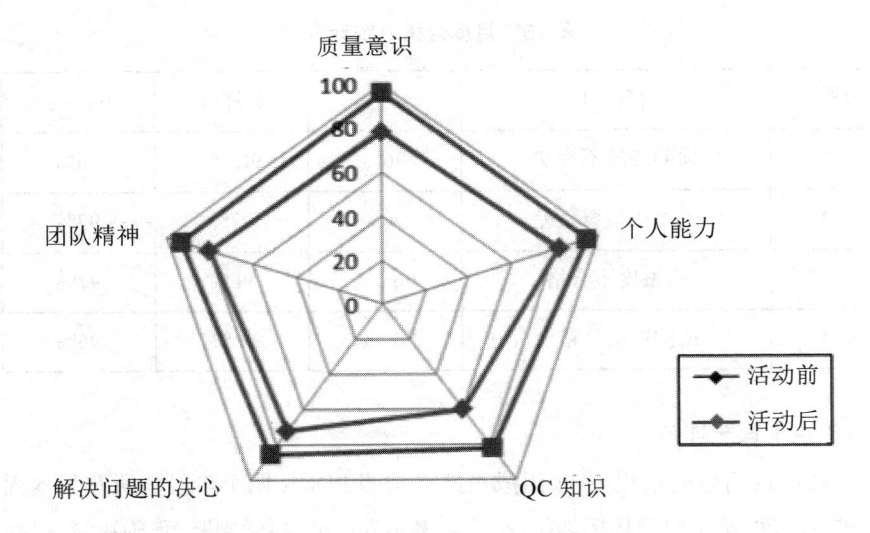

图16 雷达图

地下室混凝土裂缝的控制

——以NH县新城市中心区10-2地块工程项目部QC小组为例

一、工程概况

NH县新城市中心区10-2地块项目工程，建筑面积78 461.95 m²，其中地下室面积16 079.2 m²，地上面积62 382.75 m²，工程造价10 005万元，由一幢二十四层、两幢二十三层和一幢二层商铺以及一层地下室组成，框剪结构。

二、选题理由

选题理由如图1所示。

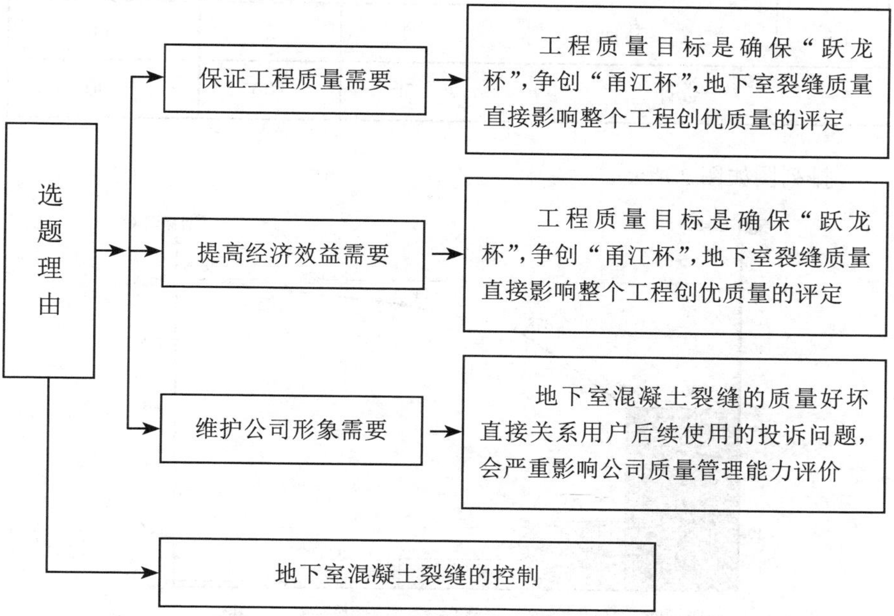

选题理由

保证工程质量需要 → 工程质量目标是确保“跃龙杯”，争创“甬江杯”，地下室裂缝质量直接影响整个工程创优质量的评定

提高经济效益需要 → 工程质量目标是确保“跃龙杯”，争创“甬江杯”，地下室裂缝质量直接影响整个工程创优质量的评定

维护公司形象需要 → 地下室混凝土裂缝的质量好坏直接关系用户后续使用的投诉问题，会严重影响公司质量管理能力评价

地下室混凝土裂缝的控制

图1 选题理由

三、现状调查

据有关专家的统计，地下室外墙裂缝出现的情况，占被调查的已建工程的85%。外墙裂缝控制的难度很大，地下室外墙混凝土施工在其他施工单位有类似的施工，QC小组成员到其他施工单位进行了考察及学习，发现地下室外墙混凝土施工中，仍然出现了不少质量问题。随后QC小组对地下室外墙混凝土质量进行了调查并收集数据，对地下室外墙混凝土不合格点的缺陷情况进行了统计，结果如表1所示。

表1 不合格项目调查表

序号	项目	频数	频率 / %	累计频率 / %
1	砼收缩裂缝	30	66	60
2	砼温度裂缝	11	22	82
3	砼施工裂缝	5	10	92
4	砼沉降裂缝	3	6	98
5	其他	1	2	100
合计		50	100	100

排列图如图2所示。

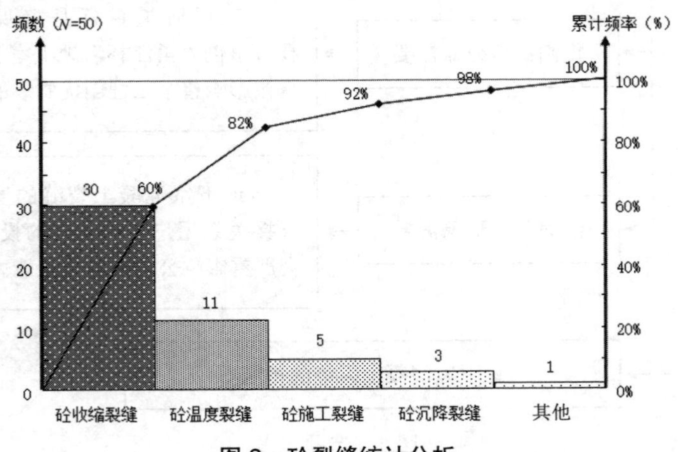

图2 砼裂缝统计分析

从排列图可看出，影响地下室外墙混凝土施工的主要原因是：砼收缩产生裂缝。

四、确定目标

根据调查的数据，该项目地下室混凝土裂缝合格率为78%，QC小组所研究的地下室混凝土施工，主要在冬季，施工质量的主要问题是砼收缩裂缝与砼温度裂缝。QC小组以怎样降低这两个问题的频数为主要活动内容，提高地下室混凝土施工质量，使其施工合格率达到92%以上。

五、原因分析

针对砼收缩裂缝，QC小组查阅大量文献资料，结合实际施工问题，收集到了大量的信息资料对其进行了原因分析，并绘制了地下室外墙混凝土温度裂缝原因的因果分析关联图（见图3）。

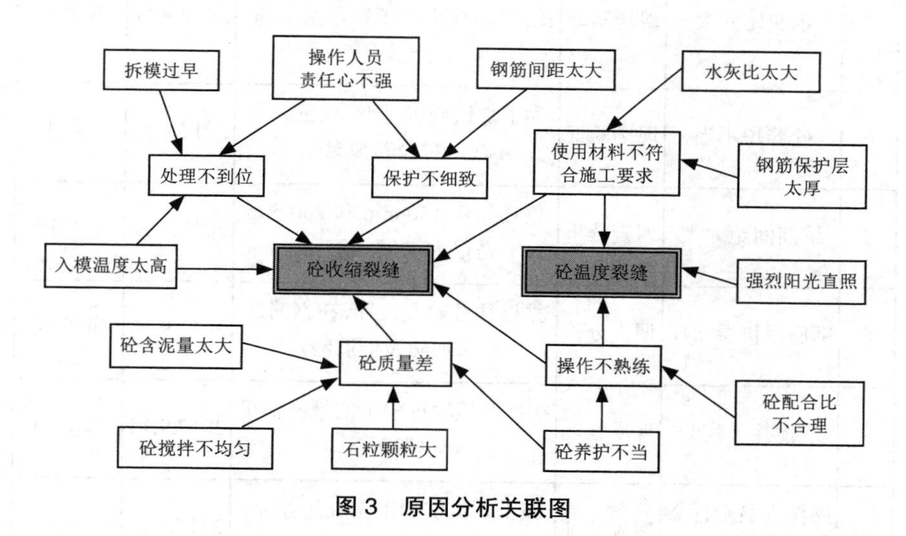

图3 原因分析关联图

六、要因确定

通过关联图及分析，共收集末端因素12个，现对这12个末端因素进行调查分析和现场测试，进行要因确认，如表2所示。

表 2 要因确认计划表

序号	末端因素	验证方法	验证分析	验证时间	验证结论
1	拆模过早	现场验证	砼浇筑完成后，没有达到规定强度而进行拆模	2017.9.4	要因
2	强烈阳光直照	调查分析	施工期间为夏天，不影响	2017.9.6	非要因
3	石粒颗粒大	现场验证	检查搅拌站的堆场，并进行见证检测，混凝土进场均经认真检查、严格验收	2017.9.7	非要因
4	砼含泥量太大	现场验证	检查搅拌站的堆场，并进行见证检测，混凝土进场均经认真检查、严格验收	2017.9.9	非要因
5	水灰比太大	现场验证	严格按照设计要求设计配合比，严格要求电子计量系统，确保计量准确	2017.9.11	非要因
6	砼养护不当	现场验证	为了加快施工进度，施工人员减少对砼养护意识	2017.9.11	要因
7	钢筋间距太大	调查分析	钢筋间距 150 mm 和 200 mm 不是很大，对裂缝无影响	2017.9.12	非要因
8	钢筋保护层太厚	调查分析	据以往经验及设计，在钢筋外侧增加防裂钢筋网片	2017.9.13	非要因
9	砼搅拌不均匀	现场验证	搅拌车运输过程中的搅拌情况一切正常	2017.9.15	非要因
10	操作人员责任心不强	现场验证	施工人员仅为了完成任务，而不按要求操作	2017.9.18	要因
11	砼配合比不合理	调查分析	砼在空气中硬化时，其水分蒸发，从而使砼干燥而产生裂缝	2017.9.21	要因
12	入模温度太高	现场验证	砼进场认真检查，砼入模温度不得超过施工环境气温 5 ℃	2017.9.25	非要因

七、制订对策

针对主要原因，QC 小组确定了对策措施，如表 3 所示。

表 3 对策表

序号	要因	对策	目标	措施	实施地点	完成日期
1	拆模过早	加强施工人员操作的责任意识交底	防止因拆模过早而引起砼裂缝问题	①进行详细技术交底； ②拆模时先将模板拆开一条缝隙作为浇水养护用，善砼养护	施工现场	2017.10.5
2	砼养护不当	加强过程控制，严格按工序操作	保证砼浇筑良好，不产生危害性裂缝	①对各个班组施工人员现场进行技术交底； ②对砼进行保护措施	施工现场	2017.10.5
3	操作人员责任心不强	加强教育培训和指导	振动棒操作手掌握振捣技能，按规范要求进行振捣操作	①组织工人进行施工专业技术培训； ②进行详细技术交底	施工现场	2017.10.12
4	砼配合比不合理	调整砼的出厂配合比	使砼达到设计配合比的要求	①现场施工中多次进行混凝土配合比试验； ②最终达到配合比要求再进行施工	施工现场	2017.10.15

八、对策实施

（一）拆模过早，应适当延长砼的拆模时间

（1）由于砼早期水化快，水化热发展快，拌合物保水性强、泌水小，为此，施工过程中应特别注意加强剪力墙拆模时间的控制。

（2）砼浇筑完成后，因砼内外温差较大，现场应适当延长砼的拆模时间，并且拆模时不要马上移走模板，而是先将模板拆开一条缝隙作为浇水养护

用。从而改善砼的养护环境以达到控制地下室砼裂缝的目的，因模板的保护也减少了砼表面水分的散发。

实施效果：在实施过程中，小组成员对施工部门技术进行了交底措施，并跟踪指导现场施工人员，从而大大地降低施工裂缝的出现率。

（二）砼养护不当，对各个班组施工人员进行技术交底

（1）覆盖薄膜：地下室砼浇筑完成后，因砼内外温差较大，要覆盖薄膜。QC 小组结合现场施工实际情况，对工人进行了详细的分项施工工艺技术交底，由质检员指导各班组施工人员进行现场施工混凝土盖膜的要领、技巧及注意事项，确保各分项工程质量目标的实现。

（2）设置专人养护并在砼浇筑过程中进行现场监督指导，使施工人员按照规范进行施工。对浇筑完毕后的砼构件进行浇水覆盖养护，将砼表面洒水湿润后贴一层塑料布，以防止砼表面水分散失，并经常浇水湿润养护，同时设置专人监督，每隔 5 h 检查一次，保证砼表面湿润，时间不少于 14 d，当日平均气温低于 5 ℃时，不宜采用浇水养护。

实施效果：通过 QC 小组成员的成品养护措施，能够及时、准确、系统地发现潜在的质量隐患，并通过及时的专项治理，保证了技术措施落实到位，使相关人员熟悉和掌握了对成品保护的技术和质量要求。

（三）对操作人员进行培训，增强质量意识，落实奖惩制度

（1）由项目经理主要负责，组织编制质量管理制度、奖惩措施和计划，参照本公司已成熟的质量管理模式和相关文件，结合本项目现状，制订翔实可行的管理制度和计划，明确质量管理的规范和系统性。

（2）设立专门的检查监督人员，严格执行奖惩措施，提高质量管理的自觉性。

（3）总结以往施工中出现的质量问题，并收集有关此类施工资料，编制具有针对性、能指导现场施工的方案及作业指导书，组织项目管理人员和班组进行书面理论学习及现场实践演示培训，使管理人员掌握本工艺的施工和质量控制要点，使操作班组能熟练掌握施工技巧。

实施效果：通过培训及现场跟踪检查，现场操作人员的操作、技术水平、质量意识均有明显提高，工序验收达到 100% 合格。

（四）砼配合比不合理，调整配合比

在征得设计单位同意和满足施工要求的前提下，混凝土配比掺加高效缓凝减水剂和微膨胀剂，可降低水化热温度，又可补偿收缩。适当地降低水灰比，增加 SY-K 纤维膨胀剂的用量，防止并控制裂缝的产生和发展，增加混凝土后期强度及其密实度、不透水性，以提高结构的整体耐久性。

实施效果：通过对 SY-K 纤维膨胀抗凝减水剂的研发和使用，有效地改善了砼的性能，QC 小组在施工期间对地下室混凝土裂缝进行了检查，达到了 QC 组对地下室裂缝的把控目标。

九、效果检查

在砼保湿养护期间及养护期满后，地下室外墙混凝土的内部温度与表面温度温差、表面温度与大气温度均控制在 25 ℃，对外墙混凝土进行了细致检查，地下室外墙做到基本未产生裂缝，未发现贯穿裂缝、深层裂缝，表面未发现大于 0.2 mm 的裂缝。经验收地下室外墙混凝土施工质量达到统一验收规范及设计要求。经过本次 QC 实施，QC 小组将检查结果进行了总结。目标柱状图如图 4 所示。

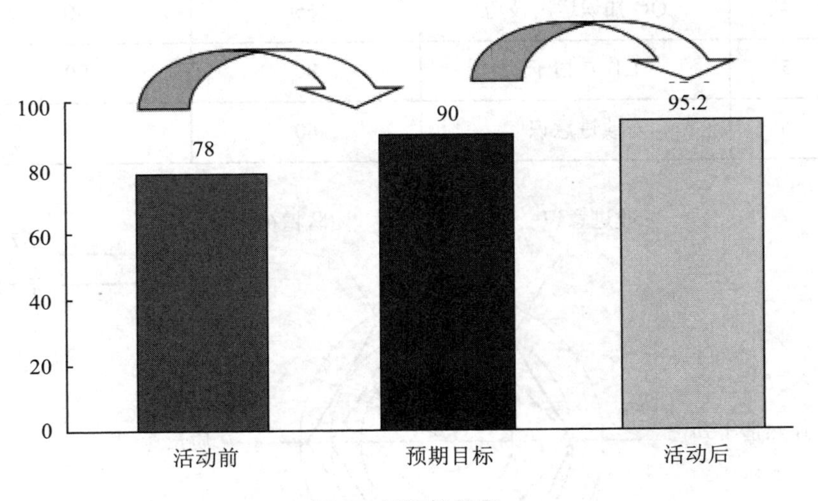

图 4　目标柱状图

十、总结

（1）通过本次 QC 小组活动，达到了预期的目标；小组又经过认真总结和反复讨论，编制了《地下室混凝土裂缝控制 QC 成果作业指导书》，已于 1

月 28 日发布，供公司今后类似工程借鉴；并把活动中形成的一些有效对策进行了标准化，巩固落实到以后的工程实际应用中。

（2）巩固了大家的 QC 知识，增强了大家的质量管理意识，同时增强了 QC 小组团队凝聚力和个人能力，提高了技术攻关意识，为以后的工程建设服务，QC 小组的自我评价如表 4 所示，雷达图如图 5 所示。

表 4　综合素质对比评价表

序号	项目	自我评价	
		活动前 / 分	活动后 / 分
1	团队精神	75	95
2	质量意识	80	95
3	进取精神	80	90
4	QC 知识运用技巧	65	90
5	工作热情干劲	80	90
6	改进意识	60	80

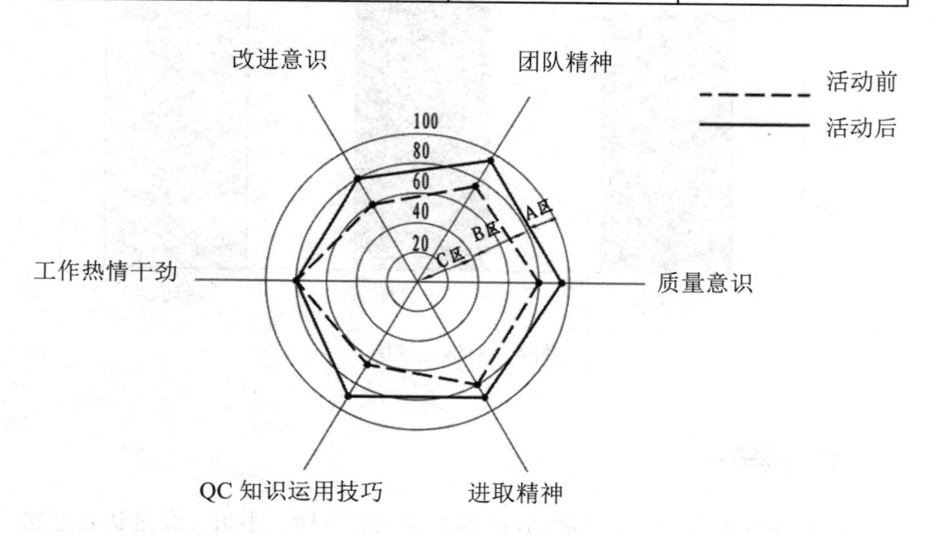

图 5　自我评价雷达图

提高主体结构混凝土表面观感质量

——以 MDHD 海苑六期项目 QC 小组为例

一、项目概况

该项目含 14 幢小高层（25# ～ 34#、36#、37#、39#、40# 楼）、8 幢高层（35#、38#、41# ～ 46# 楼）、商业（57#、58#-1 ～ 58#-8/59# 楼）、配套用房及围护结构；建筑面积共约 19 2074.1 ㎡，其中含小高层、高层地下室面积约 42 219.3 ㎡；商业地下室约 4 000 ㎡。高层采用铝模、爬架，31#、32# 楼采用 PC 和铝模。

二、选题理由

（1）此工程质量目标为符合某市相关规定，确保某市 MS 保税港区安全文明标准示范工地，争创“甬江杯”。

（2）此工程合同规定：按某市 MSMD 房地产发展有限公司最新版项目评估标准，每月由集团运营管理中心工程组或第三方组织评估，综合得分大于 90 分，必须确保项目月度及季度评估检查成绩在前 40% 以上分位。

（3）混凝土分部工程是主体结构工程中的核心部分，其施工质量好与差直接影响整个工程的施工质量，影响工程的使用寿命。

三、现场调查

QC 小组对建筑工程主体结构混凝土表面观感进行现状调查，总结现场影响混凝土表面观感的主要缺陷有：

（1）顶板混凝土板面不平整；梁底存在蜂窝、麻面，板底、板面有露筋现象。

（2）梁、墙交界处错台现象较多。

QC 小组对混凝土观感质量进行现状调查，对调查过程中存在的影响混凝土表面观感的质量问题进行分析和总结，共检查 300 个点，合格点数为 252，不合格点数为 46，质量验收合格率为 85.0%。对发现的问题进行整理、分析，见调查表 1 及分析表 2。

表 1　混凝土观感质量现状调查情况

序号	项目	调查点数	合格点	不合格点	合格率 / %
1	顶板混凝土表面不平整；梁底存在蜂窝、麻面；板面、板底有露筋现象	50	30	20	60
2	剪力墙拼缝处错台	50	46	4	92
3	剪力墙上下接茬处错台	50	45	5	90
4	柱角部漏浆不密实	50	44	6	88
5	楼梯踏步里面不垂直	50	47	3	94
6	剪力墙与梁交界处错台	50	40	10	80
合计		300	252	48	84

表 2　混凝土表面观感质量问题频数分析表

序号	项目	频数点	频率 / %
1	顶板混凝土表面不平整；梁底存在蜂窝、麻面；板面、板底有露筋现象	20	41.6
2	剪力墙拼缝处错台	4	8.3
3	剪力墙上下接茬处错台	5	10.4
4	柱角部漏浆不密实	6	12.5
5	楼梯踏步里面不垂直	3	6.2
6	剪力墙与梁交界处错台	10	20.8

从表中可以看出主体结构混凝土表面观感质量问题“顶板混凝土表面不平整；梁底存在蜂窝、麻面；板面、板底有露筋现象”和“剪力墙与梁交界处错台”是关键问题，是影响主体结构混凝土表面观感质量的两项主要问题。

四、设立目标

根据现状调查和以上表格的数据分析，QC 小组找到了主体结构混凝土表面观感质量问题的主要症结是：“顶板混凝土表面不平整；梁底存在蜂窝、麻面；板面、板底有露筋现象”和“剪力墙与梁交界处错台”。

QC 小组成员对以上两项问题进行讨论，如果将这两项问题解决 92%，那么合格率将达到：[252+（20+10）×92%]÷300×100% =93.2%。

所以，小组成员将本次活动目标设定为：主体结构混凝土表面观感质量由活动前的 84% 提高到 93% 以上。

五、原因分析

QC 小组召开原因分析会，找出了影响主体结构混凝土表面观感质量的主要问题，对存在的主要问题，大家集思广益，从“人、料、机、法、环、测”等方面进行原因分析，并进行归纳整理，绘制了影响主体结构混凝土表面观感质量主要问题因果分析图，如图 1 所示。

从因果分析图可以看出，两项主要问题的末端因素主要有以下 8 个：

①创优意识不强，操作不细致；②垃圾未清理；③模板周转次数多；④刮尺长度不够；⑤照明不够；⑥平整度检查点数不够；⑦钢筋保护层控制不到位；⑧剪力墙配模、加固方式不对。

六、要因确认

为了找出要因，QC 小组成员对“顶板混凝土表面不平整；梁底存在蜂窝、麻面；板面、板底有露筋现象”和“剪力墙与梁交界处错台口”的因果分析图中末端因素制订了要因确认计划表（见表 3）。

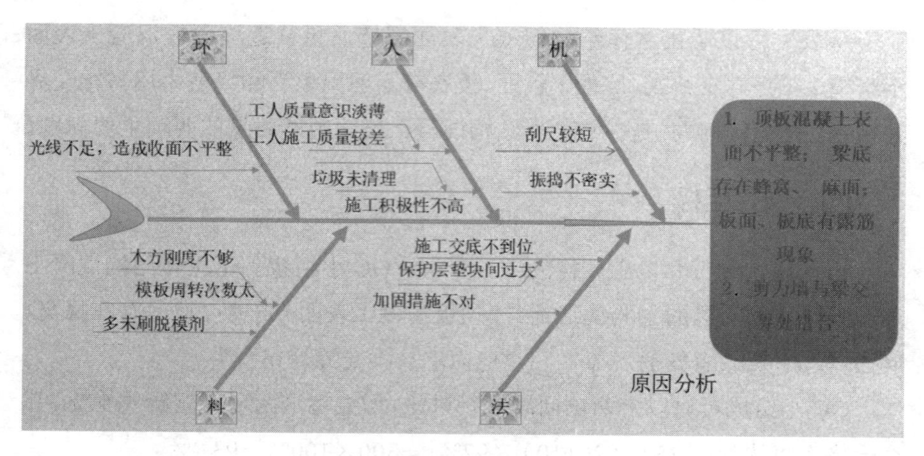

图 1 原因分析

表 3 末端因素要因确认计划表

序号	末端因素	确定内容	确定方法	确定标准	完成时间
1	创优意识不强，操作不细致	此工程质量目标高，管理要求精细，只有提高工人质量意识，才能满足质量要求	调查分析	施工前需对班组进行质量交底及定期召开质量专题会议	2018.12.30
2	垃圾未清理	梁、板模板搭设结束后，钢筋绑扎前对模板进行清理	现场验证	梁、板模板内无板材零料、木屑、碎渣等垃圾，板面干净无污染	2018.12.30
3	模板周转次数多	检查模板周转情况	调查分析	模板应平整，表面不得有造成漏浆的孔洞，尤其模板边口	2018.12.30
4	刮尺长度不够	检查现场整平用刮尺	调查分析	改用平板振动器	2018.12.30
5	照明不够	夜间施工现场加设照明灯具	现场验证	现场临时照明，布置合理，应满足施工要求	2018.12.30
6	平整度检查点数不够	混凝土浇筑过程中，根据标高控制点检查混凝土平整度	调查分析	确保混凝土楼面平整度不大于 5 mm	2018.12.30

续表

序号	末端因素	确定内容	确定方法	确定标准	完成时间
7	钢筋保护层控制不到位	板面、板底设置钢筋保护层垫块，控制钢筋保护层符合设计要求	调查分析	钢筋保护层垫块应正确垫设，不得倾斜，间距应不大于 600 mm，混凝土浇筑前应设置垫板，防止踩踏	2018.12.30
8	剪力墙配模、加固方式不对	墙梁交界处平整度不大于 8 mm	现场验证	墙梁交界处使用一张模板配模	2018.12.30

QC 小组成员按照要因确认计划表，对 8 个末端因素进行了逐条确认。

（一）要因确认一

末端因素：创优意识不强，操作不细致。

标准：施工前需对班组进行质量交底及定期召开质量专题会议。

确认：项目部定期召开质量专题会议，针对现场模板安装等分项工程质量进行总结，制订明确的质量奖罚制度；施工前对班组人员进行质量交底记录，记录齐全。

结论："创优意识不强，操作不细致"不是要因。

（二）要因确认二

末端因素：垃圾未清理。

标准：梁、板模板内无板材零料、木屑、碎渣等垃圾，板面干净无污染。

确认：现场模板搭设结束后，木工班组派专人对模板表面零料、木屑、碎渣等垃圾进行清理，尤其梁板内垃圾，现场板面垃圾清理干净。

结论："垃圾未清理"不是要因。

（三）要因确认三

末端因素：模板周转次数多。

标准：模板应平整，表面不得有造成漏浆的孔洞，尤其模板边口，应顺直，拼缝严密，不漏浆。

确认：施工现场模板采用定制木胶合板，表面光滑，强度高不易变形，且根据楼层及进度需要，配置多套模板，确保模板使用寿命满足施工要求，现场模板板面完好，无空洞等缺陷。

结论：“模板周转次数多”不是要因。

（四）要素确认四

末端因素：刮尺长度不够。

标准：刮尺长度应根据楼面面积大小合理选用。

确认：现场使用平板振动器，收面及时。

结论：“刮尺长度不够”不是要因。

（五）要素确认五

末端因素：照明不够。

标准：现场临时照明布置合理，应满足施工要求。

确认：夜间作业，施工现场在塔吊上布置两处 LED 投光灯，作业面设置多处移动灯源，夜间作业面光源充足，照明满足要求。

结论：“照明不够”不是要因。

（六）要素确认六

末端因素：平整度检查点数不够。

标准：确保混凝土楼面平整度不大于 5 mm 。

确认：混凝土浇筑过程中，根据钢筋上部 50 cm 控制点采用拉线进行混凝土楼面标高检查，检查部位局限，检查点数不够。

结论：“平整度检查点数不够”是要因。

（七）要素确认七

末端因素：钢筋保护层控制不到位。

标准：钢筋保护层垫块应正确垫设，不得倾斜，间距应不大于 600 mm，混凝土浇筑前应设置垫板，防止踩踏。

确认：对施工现场进行调差，发现钢筋保护层垫块间距过大，作业面未设置临时垫板过道，钢筋表面被踩踏后局部翘起，影响混凝土表面平整度控制。

结论：“钢筋保护层控制不到位”是要因。

（八）要素确认八

末端因素：墙梁交界处错台。

标准:墙梁交界处平整度应符合规范要求。

确认:现场配模随意,不利于控制平整度。

结论:“墙梁交界处错台”是要因。

通过我们对因果分析图得出的8个末端因素一一进行要因分析,确定了以下三个造成质量问题的主要原因:

(1)平整度检查点数不够;

(2)钢筋保护层控制不到位;

(3)墙梁交界处错台。

项目QC小组对造成质量问题的三个主要原因进行解决方案的讨论分析,形成相应对策评价选择表。

七、制订对策

对策表如表4所示。

表4 对策表

序号	要因	对策	目标	措施	实施时间
1	平整度检查点数不够	采用拉线和水准仪控制平整度	平整度全面控制,满足偏差不大于5 mm	施工过程中安排专人拉线,质量员控制标高,施工员架设水准仪配合控制平整度	2017.10.5
2	钢筋保护层控制不到位	控制钢筋保护层垫块间距不大于600 mm	钢筋保护层满足设计要求,杜绝出现露筋影响混凝土平整度及观感	正确垫设墙、板钢筋保护层垫块,不得倾斜,间距应不大于600 mm,混凝土浇筑前顶板钢筋面搭设走路马道,防止钢筋被踩踏变形	2017.10.5
3	墙梁交界处错台	交界处使用一张模板配模	控制此处平整度达到标准	交界处使用一张模板配模	2017.10.12

八、对策实施

（一）平整度检查点数不够

实施过程：采用拉线和水准仪控制平整度。

模板搭设结束后，施工测量放线人员在顶板面竖向钢筋上采用水准仪测设标高控制点，控制点为楼面混凝土完成面标高 +500 mm，要求楼面每间四个角点处均需设置控制点。

混凝土浇筑过程中，安排专人拉线，质量员控制标高。由于楼面标高控制点位置的局限性，拉线控制标高测量点数不能覆盖整个混凝土楼面，局部部位混凝土表面标高得不到有效控制。在混凝土浇筑过程中安排现场施工员架设水准仪，采用塔尺配合拉线共同控制混凝土表面平整度，确保平整度检查点数覆盖整个楼面，不留死角。

实施效果：采用拉线和水准仪控制平整度后，有效解决了平整度检查点数不够的问题，使混凝土楼面平整度得到了有效控制。

（二）钢筋保护层控制不到位

实施过程：控制钢筋保护层垫块间距不大于600 mm。

控制钢筋保护层：正确垫设墙、板钢筋保护层垫块，不得倾斜，垫块间距不大于600 mm，混凝土浇筑前顶板钢筋面设置马凳，防止钢筋被踩踏变形。

实施效果：通过对钢筋保护层的控制，杜绝了因板面、板底露筋而影响混凝土表面平整度的现象，提高了主体结构混凝土的表面观感质量。

（三）墙梁交界处错台

实施过程：把墙体和梁交接处共用一张模板，墙模板伸入梁 50 cm。墙体最上一道主楞设置在板向下 20 cm 处，墙梁一起加固。

实施效果：通过对配模、加固方式的控制，杜绝了因模板无法形成整体造成的错台，提高了主体结构混凝土的表面观感质量。

九、效果检查

（1）2018.8.10—2018.8.25 项目 QC 小组对完成的主体结构混凝土表面观感质量进行全面复核验证，随机抽查 200 个点，合格点数达到 190 个，合格率达到 95%。项目 QC 小组对本次复查进行了质量问题统计，并根据不合格项目出现的频率进行了统计，做出了施工质量问题调查表如表 5 所示。

表 5 施工质量问题调查表

序号	项目	频数点	频率 / %
1	平整度检查点数不够	2	20
2	钢筋保护层控制不到位	1	10
3	墙梁交界处错台	1	10
4	柱脚部漏浆不密实	1	10
5	楼梯踏步立面不垂直	2	20
6	剪力墙拼缝处错台	1	10
7	剪力墙上下接茬处错台	2	20

（2）通过本次活动，从表 5 中可以看出，在 200 个点中，影响主体结构混凝土表面观感质量的两个主要问题在 10 个不合格点中只出现 4 次，混凝土表面观感质量合格率达到 95%，目标值为 93%，超出目标值。这不仅在施工过程中确保了主体结构的安全，而且为项目部带来了相应的经济效益和社会效益，为提高工程质量奠定了一定的基础，为工程创“甬江杯”提供了良好的条件。

十、总结

小组成员通过 PDCA 循环，使主体结构混凝土表面观感质量得到了较大提高，确保了工程的施工质量，实现了制订的目标。

通过本次活动，提高了项目部管理人员参加 QC 质量管理活动的积极性和解决问题的能力，增进了团队合作的意识，增强了团队的实力，使项目部管理人员的质量意识、个人能力、团队精神、责任心有了很大的提高。

提高装配式叠合楼板安装一次合格率

——以工业区配套学校项目部 QC 小组为例

一、工程概况

工业区配套学校及绿地工程，项目总用地面积 46 642 ㎡，总建筑面积为 39 434.15 ㎡，共包括 9 个单体，框架结构，地下一层，地上一至四层。其中 1# 楼—5# 楼部分采用装配式结构，其中楼板为叠合楼板，楼梯为预制 PC 构件，其余构件采用现浇。建筑最高高度为 19.02 m，建筑最低高度为 4.5 m。工程现场和预制叠合板如图 1 所示。

图 1　工程现场和预制叠合板

二、选题理由

（1）质量要求：此工程质量目标是确保某市“甬江建设杯”，结构质量确保“某市优质结构奖”，质量应力求一次成优。该项目为公司首次装配式结构施工项目，前期安装合格率不高，2 层叠合板初次安装合格率仅为 65%。

（2）施工要求：此工程采用的工艺为木模+叠合楼板施工工艺，叠合楼板安装不到位时只有通过企口切割来补偿，这样增加了打磨成本。

（3）工期要求：此工程工期紧张，必须在2019年9月1日前竣工交付，叠合楼板安装不到位返工会影响工程进度。

综上所述，QC小组决定将“提高装配式叠合楼板安装一次合格率”作为本次QC活动的课题。

三、工程实体调查

自从3#楼进入叠合楼板施工后，随着安装作业的进行，项目部对每次叠合板安装作业过程进行全程跟踪，记录整个安装过程，共计检查230块板，发现其中75块板存在质量问题，统计如表1所示。

表1 叠合板质量缺陷调查表

序号	不合格项	频数/点	累计频数/点	频率/%	累计频率/%
1	叠合板安装标高	55	55	73.3	73.3
2	板梁接缝不严	8	63	10.67	84
3	叠合板强度不够	6	69	8	92
4	平整度不合格	4	73	5.33	97.33
5	其他	2	75	2.67	100
合计		75	—	100	—

根据调查表绘制排列图，如图2所示。

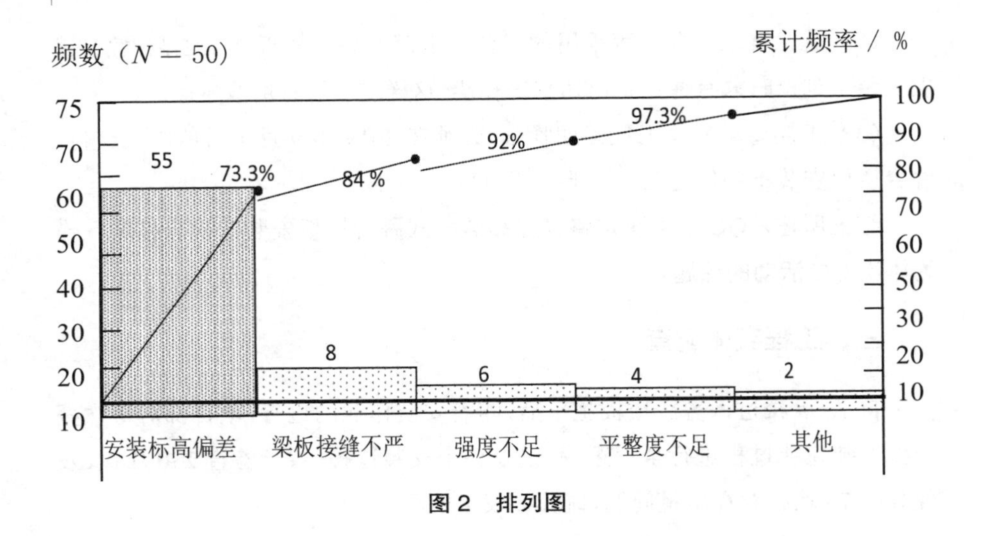

图 2　排列图

根据调查表和排列图分析，影响叠合楼板安装质量的主要问题是：安装标高偏差，占了整个不合格点数的 73.3%，是本次活动要解决的主要对象。

如果将这个主要问题解决掉 90%，那么合格率为：73.3%＋（1－73.3%）×67.3%×90%=90%。

四、确定目标

根据此工程的重要性和创优质量的要求，本小组活动的目标是：叠合楼板安装质量指标达优，安装一次合格率达到 90%。

五、原因分析

根据指定的目标和当前的现状，小组召开头脑风暴会议。

2018 年 8 月 28 日，QC 小组针对排列图中得出的主要问题进行了多次讨论，并到施工现场进行调研，互相辩论，寻求和延伸了因果关系，由此绘成鱼刺图，如图 3 所示。

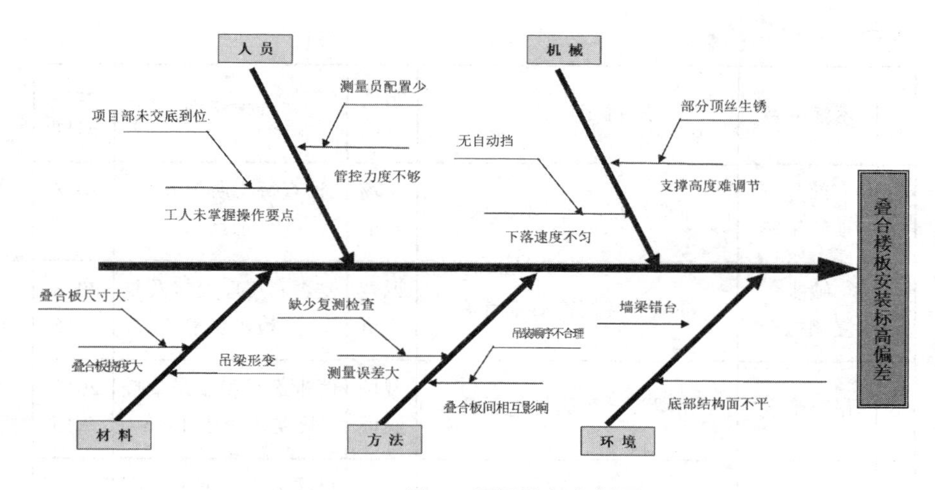

图 3 原因分析鱼刺图

通过因果图分析，共有末端因素 10 个：

①项目部未交底到位；②测量员配置少；③塔吊无自动挡；④部分顶丝生锈；⑤缺少复测检查；⑥吊梁形变；⑦叠合板尺寸大；⑧吊装顺序不合理；⑨墙梁错台；⑩底部结构面不平。

六、要因确认

根据末端因素，进行要因确认，具体情况如表 2 所示。

表 2 要因确认计划表

序号	末端因素	确定内容	验证方法	确定标准	完成时间
1	项目部未交底到位	技术负责人与安全员均进行交底，操作工人基本掌握技巧	调查分析	是否有明确的交底文件及工人签字	2018.9.10
2	测量员配置少	现场仅配置一组测量人员	调查分析	是否每单元配备一名测量员	2018.9.11
3	塔吊无自动挡	塔吊型号限制	调查分析	是否配备自动挡	2018.9.12

续表

序号	末端因素	确定内容	验证方法	确定标准	完成时间
4	部分顶丝生锈	部分支撑顶丝未更换	现场验证	抽查每层所用60%顶丝	2018.7.13
5	缺少复测检查	混凝土浇筑前后未复测	调查分析	是否有工序交接及复检确认书	2018.9.16
6	吊梁形变	吊梁设计受力性能不佳	现场验证	两米靠尺测量吊梁挠度是否小于1 cm	2018.9.15
7	叠合板尺寸大	部分大进身房间板未拆分	调查分析	进深大于3 m的房间顶板合格率是否低于进深小于3 m的房间	2018.9.14
8	吊装顺序不合理	工人无作业面，操作不便	调查分析	是否按吊装方案顺序执行	2018.9.17
9	墙梁错台	墙、柱、梁为木模，节点处理不到位	现场验证	错台处合格率是否低于非错台处	2018.9.18
10	底部结构面不平	钢模板加固后下口有较大缝隙	现场验证	实测结构面不平处合格率比其他地方低	2018.9.19

（一）末端因素：项目部未交底到位

确认内容：项目部交底是否到位。

确认方法：调查分析。

确认情况：经项目部对已经进行过技术交底的10名操作工人进行现场询问交底内容，调查发现，此10名操作工人虽在进场之时全部由项目部进行过技术交底，有8名操作工人能够正确回答管理人员提出的问题，知晓率达80%，由此可以看出交底工作到位。

结论：非要因。

（二）末端因素：测量员配置少

确认内容：查看是否按标准配备测量人员。

确认方法:调查分析。

确认情况：经过调查分析,当时3#楼吊装作业才开始不久,项目部暂派两名施工员管理,满足标准要求。

结论:非要因。

(三)末端因素:塔吊无自动挡

确认内容:查看塔吊是否配备自动挡位。

确认方法:调查分析。

确认情况:经过调查分析,当时3#楼塔吊受机型限制只配备了手动挡位,但经与塔吊司机沟通,通过熟练一段时间后,能很好地控制吊勾下降速度。

结论:非要因。

(四)末端因素:部分顶丝生锈

确认内容:查看顶丝是否生锈且影响合格率。

确认方法:现场验证。

确认情况：同时准备一组锈污的顶丝和一组完好的顶丝,分别吊装两块相同的叠合板,然后测量叠合板的标高是否存在偏差,经现场验证,偏差在误差允许范围内。

结论:非要因。

(五)末端因素:缺少复测检查

确认内容:检查是否进行复测且复测对合格率影响大小。

确认方法:调查分析。

确认情况：经过现场调查分析,工序并未进行交接且未进行复检,并对比经过复检和未经过复检的房间,合格率相差较大,混凝土浇筑时对叠合板标高影响较大,及时进行复测是必不可少的一环,所以复测检查对合格率的影响较大。

★结论:要因。

(六)末端因素:吊梁形变

确认内容:两米靠尺测量吊梁挠度是否在允许范围内。

确认方法:现场测量。

确认情况：经测量,吊梁在荷载工况下存在一定程度的下挠,但在卸荷情况下可完全恢复,且对叠合板基本无影响。

结论:非要因。

(七)末端因素:叠合板尺寸大

确认内容:进深大的房间顶板合格率是否低于进深小的房间。

确认方法:调查分析。

确认情况:经过对现场不同进深房间叠合板标高的取样分析,进深大的房间由于增加了底部支撑,标高并未受影响。

结论:非要因。

(八)末端因素:吊装顺序不合理

确认内容:是否按照吊装方案确定的吊装顺序执行。

确认方法:调查分析。

确认情况:经现场调查,工人基本按照方案的吊装顺序执行,也有个别叠合板不是按顺序吊装,通过对现场叠合板实测,未按顺序吊装的叠合板标高未出现较其他板块大的偏差。

结论:非要因。

(九)末端因素:墙梁错台

确认内容:错台处叠合板合格率是否低于其他非错台处。

确认方法:现场验证。

确认情况:柱、梁使用的是木模,是一次成型的,由于材料和工艺的原因,节点处存在错台现象,通过现场验证,存在错台现象的房间叠合板的标高合格率明显低于其他非错台处。

★结论:要因。

(十)末端因素:底部结构面不平

确认内容:底部结构不平是否对叠合板标高合格率有影响。

确认方法:现场测量。

确认情况:楼板为叠合楼板,由现浇层和叠合层组成,叠合层为6 cm,现浇层为8 cm,现浇层标高控制采用传统的在钢筋上打上标高,存在一定程度的偏差,导致现浇层高低不平,支模浇筑拆模后,导致上部企口高低不一,不能给叠合板提供一个良好的基面,并经现场测量,底部结构面不平房间的叠合板合格率明显低于其他房间。

★结论:要因。

通过以上要因确认，汇总要因有：①缺少复测检查；②墙梁错台；③底部结构面不平。

七、制订对策

2018 年 9 月 16 日，根据以上要因分析，小组成员召开了专题会议。

小组成员又运用各自的技术、知识和经验反复讨论，根据 5W1H 的原则制订了对策表，如表 3 所示。

表 3 对策措施表

序号	要因	对策	目标	措施	完成时间
1	缺少复测检查	增加复测检查	保证混凝土浇筑前后各测一次	每测一次需及时调整	2018 年 10 月—11 月
2	墙梁错台	根据现场调整配模	错台控制在 3 mm 以内	更换不合格模板	2018 年 10 月—11 月
3	底部结构面不平	增加精找平工序	精找平控制在 3 mm 以内	对部分过高面进行打磨	2018 年 10 月—11 月

（一）组织实施

1. 增加复测检查

必要的复查和检查必不可少，测量人员在测量过程中，面对庞大的测量任务，难免会有偏差；增加复测检查程序，可在混凝土浇筑中对标高再次进行测量调整，有效保证了混凝土浇筑后叠合板标高的准确。

2. 根据现场调整配模

柱梁采用木模，墙、柱与梁接茬部分的标高控制往往是叠合板安装过程中标高控制的难点。根据现场实际情况，进行重新配模。

3. 增加精找平工序

地面的平整度会直接影响到大钢模板的高度，而模板的高度会影响到混凝土的高度，进而影响到叠合板的高度。

增加精找平工序，在下一层每一块叠合板的四角及中心部位预埋标高控制块，混凝土浇筑时有效控制楼板厚度及表面平整度（见图 4）。

图 4 对标高控制点和楼面精找平

（二）效果检查

2018 年 11 月 22 日，QC 小组成员计算了 1#、2# 楼叠合楼板安装的合格率，然后与对策实施前完成的叠合楼板安装质量进行了检查，目标完成情况如表 4 所示。

表 4 预埋套管安装施工质量检查统计表

时间	叠合板安装合格率	提高率
对策实施前	67.3%	23.5%
对策实施后	90.8%	

八、总结

（1）在每块叠合板四角及中部增加了标高控制点，要求预制构件厂实施；现场在混凝土浇筑时，增加精找平工序。

（2）每次吊装前均仔细检查支撑高度，确保叠合板支撑的标高符合要求。

（3）每次吊装前都对吊装操作人员进行安全技术交底。

通过本次 QC 小组活动，提高了小组成员的创新意识和个人工作能力，丰富了 QC 知识，增强了攻克装配式结构施工技术难题的信心和团结协作的团队精神。

第二章　保护层厚度控制

现浇混凝土楼板面保护层控制方法创新

——以SQ街道社区卫生服务中心项目部QC小组为例

一、工程概况

此工程是 SQ 街道卫生服务中心项目，工程总用地面积 15 702 m^2，总建筑面积面积 39 876.7 m^2，其中住院综合楼 15 441.6 ㎡、门急诊医技综合楼 13 632.2 m^2、公共卫生应急楼 2 425.9 ㎡、门卫 45 ㎡，地下室 8 332 m^2，设床位 300 张。框架结构，地下室一层，门急诊医技综合楼六层（局部四层），住院综合楼十层（局部八层）、公共卫生应急楼三层。建筑最大高度 39.7 m。此工程主体合理使用年限为 50 年，抗震设防烈度 6 度，抗震设防措施 7 度，建筑结构安全等级二级，建筑耐火等级为一级，地基基础设计等级乙级。此工程属民生工程，质量目标为争创“钱江杯”，安全目标为省标化。

二、课题选择

小组针对此工程项目，由组长召集开会，提出了 4 个课题，小组通过重要性、时间性、经济性、可实施性以及预期的效果这五方面进行比较，初步选定方案如表 1 所示。

表 1　课题对比分析表

方案	重要性	时间性	经济性	可实施性	预期效果	评价	确定
提高陶粒砌块的施工质量	7	8	6	8	8	37	×

续表

方案	重要性	时间性	经济性	可实施性	预期效果	评价	确定
提高高大支模架搭设的一次性合格率	8	7	7	8	8	38	×
地下室外墙对拉螺栓的改进	9	6	6	7	8	36	×
现浇混凝土楼板面保护层控制方法创新	9	8	7	8	8	40	√

现浇双层钢筋混凝土楼板（楼板厚度控制难，上排钢筋保护层厚度难以控制）是常见的质量通病，如何控制好上排钢筋保护层厚度一致是困扰施工企业的难题。

根据《混凝土结构工程施工质量验收规范》(GB50204—2002) 规定，在混凝土结构完成后必须委托具有资质的检测机构对混凝土的强度、钢筋的保护层厚度，以及现浇楼板的厚度进行检测。

《混凝土结构工程施工质量验收规范》中指出钢筋保护层厚度检验时，纵向受力钢筋保护层厚度的允许偏差，对梁类构件为 +10 ～ −7；对板类构件为 +8 ～ −5，且当全部钢筋保护层厚度检验的合格率为 90% 及以上时，钢筋保护层厚度的检验结果应判定为合格。

QC 小组对已完成主体结构的九层建筑进实体检测，分别对混凝土强度，楼板厚度，梁、板钢筋保护层的数据进行统计，统计表如表 2 所示。

表 2　实体检测各项指标合格率统计表

项目	一层	二层	三层	四层	五层	六层	七层	八层	九层
砼强度	99%	100%	98%	96%	96%	98%	99%	98%	99%
板厚	82%	86%	78%	83%	82%	85%	84%	82%	86%
板保护层	83%	82%	80%	78%	80%	86%	82%	86%	88%
梁保护层	91%	92%	90%	89%	92%	90%	90%	92%	92%

从统计表的数据能直观地看到，板保护层这一项指标的合格率较低，且存在的偏差较大。

所以 QC 小组将课题选择为：现浇混凝土楼板面保护层控制方法创新。

三、目标设定

楼板保护层厚度偏差这一通病一直困扰着各施工单位，各单位也纷纷对该通病提出过很多解决方案，公司技术科一直在研究相关解决方案，目标如下：

（1）确保楼板上层钢筋保护层厚度合格率在 90%，并不影响混凝土楼板厚度。

（2）一次性通过实体检测，无较大偏差。

四、提出方案并确定最佳方案

（一）提出方案

据设定的目标小组成员采用“头脑风暴法”，集思广益，结合自己的实践经验共提出四种方案：

方案一：采用钢筋马凳串；

方案二：采用特质钢筋定位支架；

方案三：特制钢筋保护用吊凳；

方案四：特质高强度砂浆钢筋保护层垫块。

（二）方案分析

1. 采用钢筋马凳串

该方案是一种较为传统的方案，操作简单，应用广泛。钢筋马凳用来控制板的钢筋保护层，一般以 Φ8 mm 的钢筋制作，马凳设置成拱形并根据板的跨度不同用圆钢将不同数量的马凳纵向连接，水平间距设置为 1 000 mm，用常规的板厚控制针来控制楼板的厚度（见图 1，2）钢筋马凳串特点分析见表 3。

图1 钢筋马凳串现场图

图2 钢筋马凳串应用案例

表3 钢筋马凳串特点分析表

优点	缺点
钢筋马凳串能批量加工,成本低	加工随意性较大,马凳之间存在高低差,对上表面保护层控制不能做到非常理想
解决了塑料马凳的脆性,已损坏等缺点	板筋上表面保护层偏差多由于操作人员踩踏造成,方案中的马凳串抗踩踏能力不强,易压弯
成串连接,不像独立马凳一样容易移位	拆模后马凳支架会裸露在混凝土板底面,容易生锈,影响混凝土外挂及质量

2. 特制钢筋定位支架

该方案是用Φ16 mm或者Φ18 mm钢筋焊接而成的一个大面积支架(见图3所示),支架的高度为楼板的厚度,将上排钢筋用扎丝固定在钢筋支架上,工人在作业过程中可以踩在支架上，避免直接踩在钢筋上对板筋产生压力，确保现浇结构质量。而且上层钢筋与支架扎紧后可以防止板筋在自身重量下下陷。支架可以在现浇结构表面收光时由塔吊吊出，可重复利用，节省成本。特制钢筋定位支架特点分析如表 4 所示。

图 3　特制钢筋定位支架应用案例

表 4　特制钢筋定位支架特点分析表

优点	缺点
钢筋支架现场直接制作，施工方便	用钢量较大，且需要设置制作和堆放的场地，增加制作的人工
支架不容易变形、跑位、倾覆，可有效保证钢筋保护层厚度和楼板厚度	架子面积较大，需要塔吊配合操作，运输不便
作业人员直接作用在钢筋支架上，不对板面钢筋产生压力，避免踩踏下钢筋变形，可有保证上表面保护层的厚度	只适合标准层的楼板，对于一些有线条，结构较复杂的板面并不适用

3. 特制钢筋吊凳

本方案是现场制作一种钢筋吊凳，采用 Φ16 mm 钢筋焊接制作，长×宽为 200 mm×200 mm，吊凳高度与现浇板厚相同，见图 4。板筋绑扎时将上层钢筋绑扎在钢筋吊凳中间的 Φ16 mm 钢筋下。钢筋吊凳的安放间距为 800 mm×800 mm，砼浇筑时，人员可以直接在钢筋吊凳上走动。吊凳可在现浇结构面上收光时取出，从而可以重复利用，节省成本。特制钢筋吊凳特点分析见表 5。

图 4　特制钢筋吊凳现场图

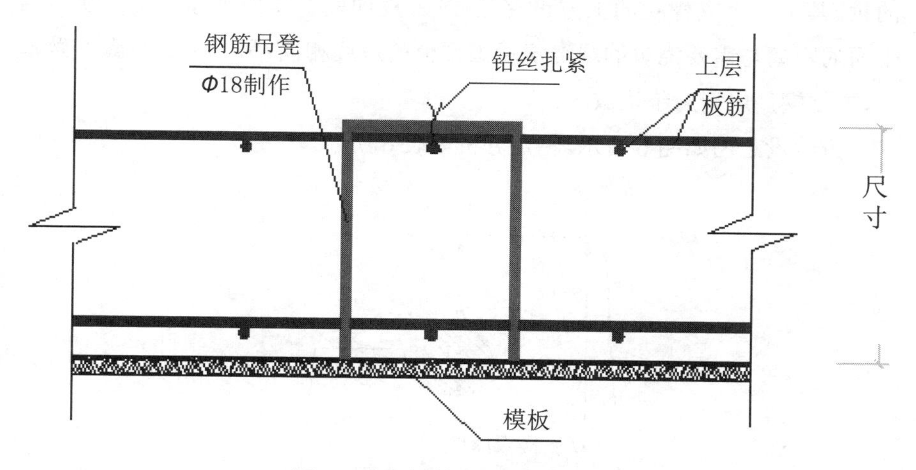

图 5　特制钢筋吊凳应用示意图

表 5　特制钢筋吊凳特点分析表

优点	缺点
钢筋吊凳现场直接制作，施工方便	对于首次使用的项目来说，钢筋用量较大，耗费材料

续表

优点	缺点
采用 Φ16 mm 钢筋作为材料确保上层钢筋保护层的同时又能有效地控制板的厚度	为了方便行走，吊凳设置较密，数量较多，增加了收光取出时的工程量
作业人员能在吊凳上行走、作业，有效地避免了对上排钢筋的踩踏	

4. 特制高强度钢筋保护层垫块

本方案是设计一种新型钢筋保护层垫块，包括两个支撑腿和中间的支撑段，支撑段两端分别与两个支撑腿的中上部连接，支撑段的顶部有用于支撑上部钢筋的凹槽，支撑段的底部与两支撑腿之间形成架设在下层钢筋上方的拱。其中一个支撑腿的上方设有延伸段，延伸段上端的平面到支撑腿下端平面的距离与需要浇筑的现浇混凝土楼板的厚度相同，另一个支撑脚不做延伸，方便钢筋成型后垫块放入。

方案设想图如图 6 所示。特点分析如表 6 所示。

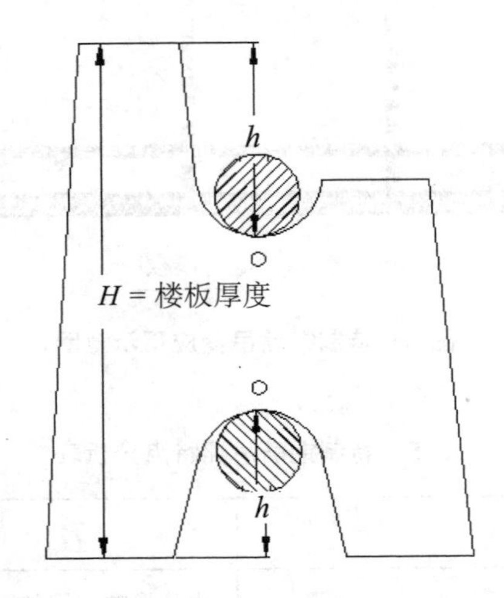

图 6 特制高强度钢筋保护层垫块示意图

表 6 特制高强度钢筋保护层垫块特点分析表

优点	缺点
由加工厂制模批量生产，尺寸准确，成本较低	市场上没有该垫块，需要自找厂家商议，并大批量制作
垫块高度（H）控制与楼板厚度想当，在浇筑过程中能直观地控制楼板的厚度	制作用砂浆强度要求较高，容易在钢筋紧压或者作业人员踩踏下破损
控制好上端到凹槽的距离，就能确保楼板上排筋的保护层厚度	拆模后支撑腿裸露在楼板底面，影响实体观感

（三）方案对比确定最佳方案

2015 年 4 月 15 日，QC 小组对上述四种方案进行分析评价，从“技术特点、经济性、使用的便利性、对保护层控制的准确性以及对现浇结构面的影响”这四个方面进行对比，很显然，方案四“特制高强度钢筋保护层垫块”为最佳，情况分析汇总如表 7 所示。

表 7 方案分析表

序号	方案方式	技术特点	经济合理性	操作便利性	结构的影响	结论
方案1	钢筋马凳串	1. 将原有的单独的钢筋马凳，用钢筋等间距连接成串，避免单个钢筋马凳容易移位； 2. 马凳串增加了额外的搁置点，更有效地控制了钢筋的位置	现场用 Φ8 mm 钢筋制作，人工费用较大，材料费用相对较低	1. 现场制作较为简便； 2. 一次性垫入楼板内，无须取出	支撑脚裸露在楼板底面，后期有生锈隐患，影响结构	能实现目标，操作较简单，但是对结构影响存在隐患 结论：不选

续表

序号	方案方式	技术特点	经济合理性	操作便利性	结构的影响	结论
方案2	采用特制钢筋定位支架	1. 大面积支架控制上排钢筋，能准确地控制上排钢筋的保护层厚度； 2. 支架高度与板厚相同，也更直观地控制板厚； 3. 作业人员能站在支架上，避免对钢筋产生压力使钢筋变形	1. 现场用 Φ16 mm 钢筋制作，支架面积较大，耗材较多，材料费用以及人工费用较高； 2. 需要设立独立的堆场，增加费用	1. 现场制作耗工较大，且需要专门的堆场； 2. 浇筑完后取出较麻烦，需要塔吊配合	收光时取出，对结构无影响	能实现目标，制作麻烦，操作不便，且需要塔吊配合 结论：不选
方案3	特制钢筋保护用吊凳	1. 钢筋绑扎与吊凳下，能有效地控制上排钢筋的保护层厚度； 2. 吊凳高度同板厚，能直观地控制板厚； 3. 作业人员能在吊凳上作业，避免对钢筋产生压力	1. 现场用 Φ16 mm 钢筋制作，人工费用较高； 2. 后期收光时能回收利用，材料费用相对较低	1. 现场制作较简单，需设立堆场； 2. 后期取出时由于数量较多，耗工量较大	收光时取出，对结构无影响	能实现目标，制作较为简单，后期回收较麻烦 结论：不选
方案4	特制高强度砂浆钢筋保护层垫块	1. 垫块的一侧支撑腿到凹槽的距离正好是钢筋保护层的距离，能有效地控制上排筋的保护层厚度； 2. 另一侧支撑腿不做延伸，方便钢筋成型后，垫块的加入； 3. 垫块强度高，确保作业人员在钢筋上作业时，对钢筋产生的压力不会使钢筋变形	加工厂大批量制作，价格跟原先的混凝土垫块接近，价格较低	1. 加工厂大批量加工，制作方便； 2. 一次性垫入楼板内无须取出	材料为细石混凝土，对结构无影响	能实现目标，制作简单、成本低、操作容易，且对结构无影响 结论：选择

五、制订对策

针对已确定的最佳方案，尚有几个问题需要解决。QC 小组对最佳方案进行展开分析，见表 8。

表 8 对策表

序号	项目	对策	目标	措施	地点	时间
1	确定垫块尺寸及强度	设计垫块图纸，确定尺寸及强度	5 d 内完成图纸设计	1. 结合现场图纸归类所有的板厚，以及板筋保护层厚度； 2. 通过计算确定垫块的高度以及凹槽的距离	办公室	2015.4.27
2	制作垫块	联系多家厂家进行对比，确定价格，制作垫块	价格与原垫块的偏差不超过 30%，尺寸偏差不得超过 10%	1. 联系多家厂家对比价格，价低者中标； 2. 在完成的垫块中，抽样检测尺寸	办公室，厂家	2015.5.6
3	确定合理的垫块分布	现场操作	按规范规定每平方米不少于 4 个	1. 编制指导书，对作业人员进行交底； 2. 现场实地指导作业人员操作	作业现场，办公室	2015.5.27

六、对策实施

（1）熟悉现场图纸，对板厚及保护层厚度进行归类，来确定垫块高度以及凹槽的距离，经统计，此工程的板厚多为 110 mm，个别为 100 mm，上层钢筋是直径为 8 mm 的三级钢，所以垫块制作两个批次，第一个高度为 110 mm，第二个为 100 mm。凹槽的距离为保护层厚度 15 mm 加上一根钢筋的厚度即 8 mm+15 mm=23 mm，控制块厚度及宽度分别为 30 mm，60 mm。垫块设计图如图 7 所示。

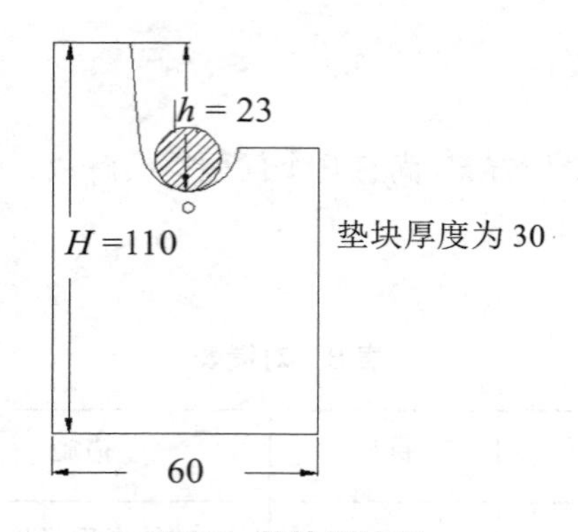

图 7　垫块设计图

效果一：小组在 4 d 之内完成图纸设计，递交加工厂家。

（2）联系了多家具有资质的厂家进行对比，确定以每块 0.3 元的价格制作垫块，根据上述尺寸，用 C40 细石混凝土浇捣制成。

新制作的垫块与原垫块对比图如图 8 所示。

图 8　特制垫块与原垫块样品

效果二：

①市场上同等高度同等材料的垫块价格普遍在 0.25 ～ 0.27 元每块，以 0.3 元每块制作，未超出预期的 30%。

②现场随机抽取 20 块垫块进行尺寸校对，尺寸偏差均在要求范围内。

（3）编制作业指导书对作业人员进行交底。并在现场实施前编制了流程图（见图 9），通过现场检查，补充垫块的方法，确定垫块分布的间距，确保作业人员能在钢筋上操作但并不会使上排钢筋弯曲变形。特制垫块现场布置如图 10 所示。

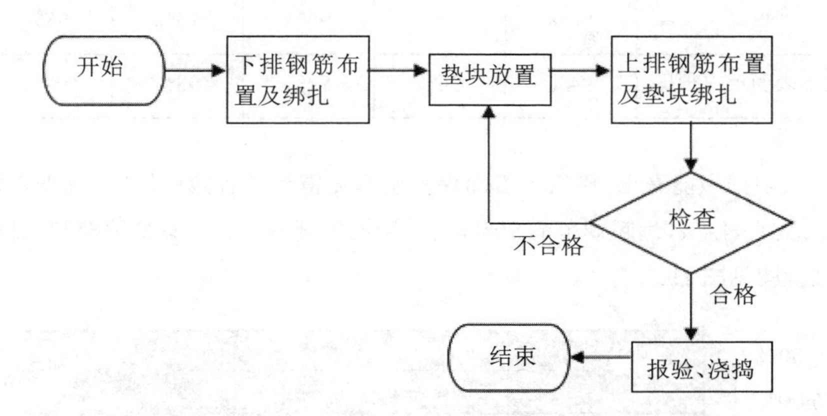

图 9 混凝土板浇筑流程图

图 10 特制垫块现场布置

效果三：确定垫块的分布间距为 800 mm，满足了每平方不少于 4 块的规范规定，确保作业人员作业起来比较方便。

七、效果检查

QC 小组在完成一、二、三、四、五五个楼层后进行效果检查，得到的数据如表 9 所示。

表 9 楼板实测情况表

项目	一层	二层	三层	四层	五层
板厚	96%	96%	98%	95%	98%
楼上表面板保护层	94%	96%	92%	98%	94%

从数据中能看出，楼板上表面保护层厚度得到了有效地控制，且平均合格率达到 94.4%，远超规范的 90%，同时楼板厚度也得到了有效地控制。目标值柱状图见图 11。

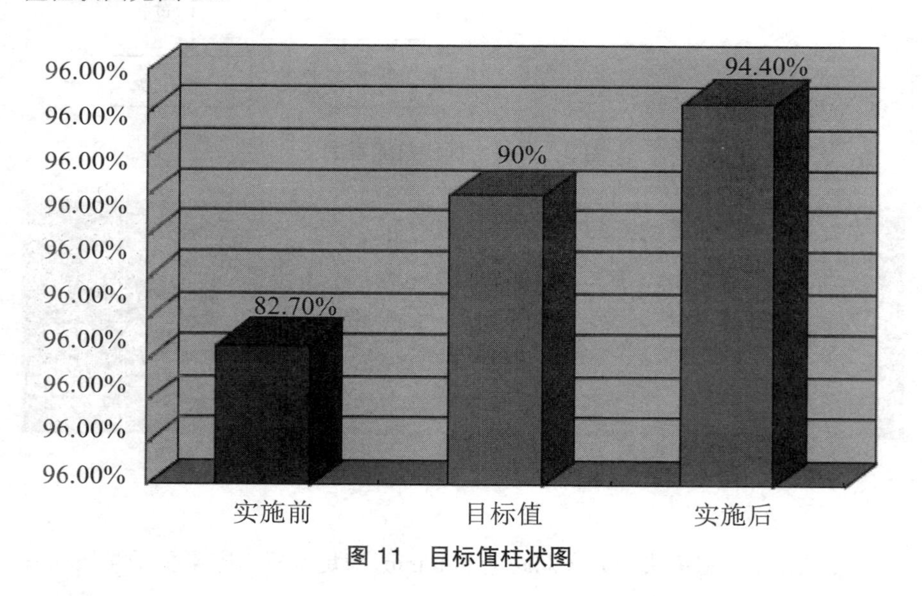

图 11 目标值柱状图

结论：采用特制高强度钢筋保护层垫块后，楼板面钢筋保护层厚度得到了有效地控制，顺利实现了活动前的目标。

八、成果

QC 小组对成果进行归纳总结后，研发出的专利已由国家知识产权局授权：实用新型专利"钢筋保护层垫块"（授权公告日：2015 年 9 月 2 日），专利号：ZL2015 2 0240900.3。并且编制了《现浇混凝土楼板面保护层控制施工工法》,经公司批准后为企业级工法,在企业中得到推广。

2015 年 12 月 25 日,邀请某省 SJ 检查有限公司对项目主体结构进行实体检测数据如图 12 所示。

江检测有限公司

混凝土结构实体检测报告附件二(钢筋保护层厚度检测)

报告编号:SJ-YZST1500009

序号	检测构件部位	设计厚度(mm)	允许偏差(mm)	最大偏差(mm)	检测面	测点保护层厚度(mm) 1	2	3	4	5	6	7	8	9	10	11	12	合格点率(%)
1	七层板 1/24-25×P-1/P	15	+8 −5	+12 −7.5	底	17	18	20	23	20	20	—	—	—	—	—	—	92
		15			面	14	14	17	14	14	11	—	—	—	—	—	—	
2	七层板 22-1/22×1/P-Q	15	+8 −5	+12 −7.5	底	15	14	14	14	11	17	—	—	—	—	—	—	
		15			面	12	16	16	18	14	16	—	—	—	—	—	—	
3	七层板 15-16×1/N-P	15	+8 −5	+12 −7.5	底	13	14	12	16	18	10	—	—	—	—	—	—	
		15			面	19	19	20	26	26	24	—	—	—	—	—	—	
4	七层板 12-13×1/N-P	15	+8 −5	+12 −7.5	底	18	19	16	15	17	18	—	—	—	—	—	—	
		15			面	20	21	22	19	25	25	—	—	—	—	—	—	
5	七层板 15-16×R-1/R	15	+8 −5	+12 −7.5	底	20	22	18	19	19	17	—	—	—	—	—	—	
		15			面	18	15	21	23	16	15	—	—	—	—	—	—	
6	七层结构梁 22×P-Q	28	+10 −7	+15 −10.5	底	31	34	36	—	—	—	—	—	—	—	—	—	95
7	七层结构梁 15-16×P	28	+10 −7	+15 −10.5	底	28	20	38	21	—	—	—	—	—	—	—	—	
8	七层结构梁 12-13×P	28	+10 −7	+15 −10.5	底	35	33	36	32	34	—	—	—	—	—	—	—	
9	七层结构梁 11×R-S	28	+10 −7	+15 −10.5	底	32	27	25	—	—	—	—	—	—	—	—	—	
10	七层结构梁 15-16×R	28	+10 −7	+15 −10.5	底	34	37	34	30	—	—	—	—	—	—	—	—	
11	五层板 1/23-24×P-1/P	15	+8 −5	+12 −7.5	底	19	18	20	18	14	20	—	—	—	—	—	—	90
		15			面	18	18	18	19	18	19	—	—	—	—	—	—	
12	五层板 19-20×1/N-P	15	+8 −5	+12 −7.5	底	18	18	20	18	14	16	—	—	—	—	—	—	
		15			面	18	18	20	24	23	20	—	—	—	—	—	—	
13	五层板 18-19×P-1/P	15	+8 −5	+12 −7.5	底	18	20	19	15	18	15	—	—	—	—	—	—	
		15			面	20	20	23	23	24	22	—	—	—	—	—	—	
14	五层板 17-18×1/N-P	15	+8 −5	+12 −7.5	底	16	18	18	15	14	15	—	—	—	—	—	—	
		15			面	24	23	20	18	22	23	—	—	—	—	—	—	
15	五层板 19-20×R-S	15	+8 −5	+12 −7.5	底	15	14	14	15	18	18	—	—	—	—	—	—	
		15			面	23	25	23	20	26	26	—	—	—	—	—	—	
16	三层板 22-1/22×1/N-P	15	+8 −5	+12 −7.5	底	14	14	15	17	18	20	—	—	—	—	—	—	90
		15			面	18	19	19	19	18	17	—	—	—	—	—	—	
17	三层板 20-21×Q-1/Q	15	+8 −5	+12 −7.5	底	18	19	14	13	12	10	—	—	—	—	—	—	
		15			面	18	15	15	19	20	16	—	—	—	—	—	—	
18	三层板 17-18×R-1/R	15	+8 −5	+12 −7.5	底	21	19	18	21	22	21	—	—	—	—	—	—	
		15			面	15	18	13	21	21	13	—	—	—	—	—	—	
19	三层板 16-17×1/N-P	15	+8 −5	+12 −7.5	底	15	14	14	13	16	19	—	—	—	—	—	—	
		15			面	23	17	17	18	15	12	—	—	—	—	—	—	
20	三层板 1/10-11×R-S	15	+8 −5	+12 −7.5	底	23	21	20	18	19	20	—	—	—	—	—	—	
		15			面	25	25	25	26	26	24	—	—	—	—	—	—	

第 8 页/共 11 页

图 12 楼板保护层检查情况

所有板面保护层检查均合格,且最优处合格率一度达到了 95%。

九、总结

通过本次 QC 活动,完成了控制现浇混凝土楼板面保护层厚度的一种工艺创新,解决实际工作中的难题,总结了许多宝贵的实际经验,为今后楼板面钢筋保护层厚度的控制提供了更具有效率和科学的施工工艺,更重要的是提供了一种创新的工作思路。

提高现浇楼板钢筋保护层合格率

——以 ZH 区 XC 中学新建工程 QC 小组为例

一、工程概况

此工程总建筑面积为 30 426 ㎡，工程总造价为 7 812 万元。工程单位概况如表 1 所示。

表 1　工程单体概况表

单体名称	建筑面积 / ㎡	结构类型	层数	建筑高度 / m
行政图书楼	2 677.75	框架结构	三	13.31
报告厅	1 299.25	框架结构	一	9
教学楼（西区）	8 073.94	框架结构	四	17.44
教学楼（东区）	6 263.31	框架结构	四	17.44
食堂体育馆	12 024.85	框架结构	地下一层～四	20.145
门卫	87.76	框架结构	一	6.75

二、选题理由

选题理由如图 1 所示。

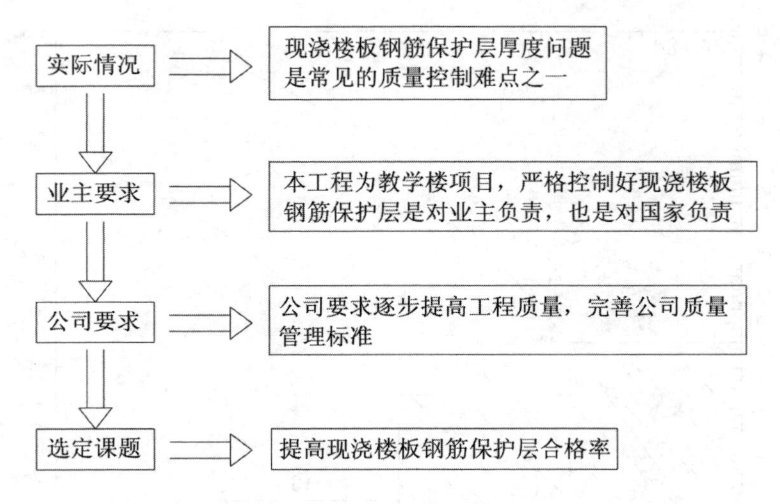

图 1 选题理由

三、现状调查

为提高现浇楼板钢筋保护层厚度合格率，确保项目能够一次通过检测。本 QC 小组对公司的其他 2015 年 3 月前主体完工的工程现浇板上排筋保护层进行现场测量，共抽查 600 个点，其中合格 517 个点，合格率为 86.2%。现浇水凳板钢筋保护层调查统计如表 2 所示，排列图如图 2 所示。

表 2 现浇楼板钢筋保护层调查统计表

质量问题	频数 / 点	累计频数 / 点	频率 / %	累计频率 / %
板面保护层偏小	37	37	44.6	44.6
板面保护层偏大	29	66	34.9	79.5
板底保护层偏小	13	79	15.7	95.2
板底保护层偏大	4	83	4.8	100

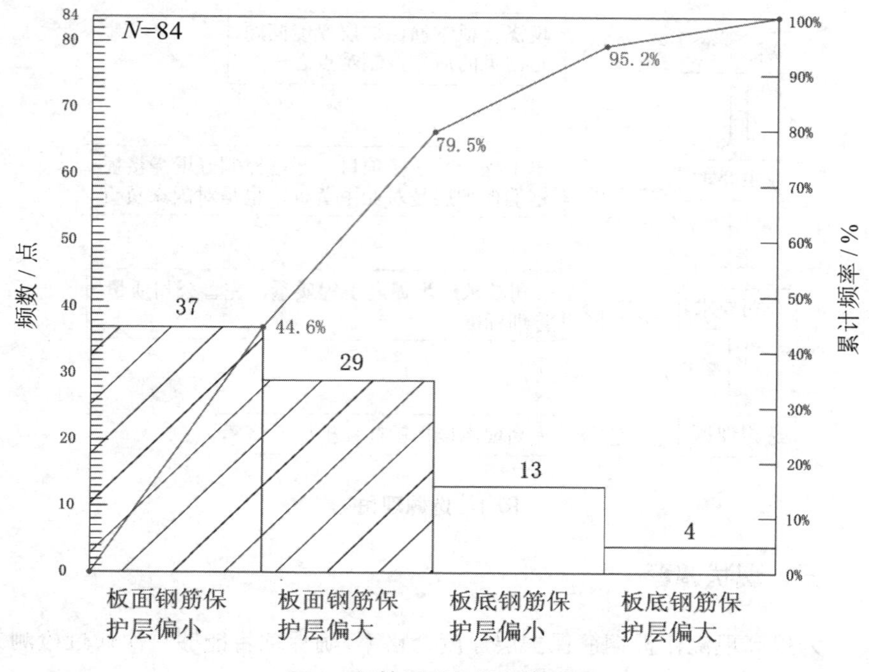

图 2　保护层现状调查排列图

根据图表分析影响现浇楼板钢筋保护层合格率的关键项为：板面保护层偏小和板面保护层偏大。

四、目标设定

公司要求将此工程现浇楼板保护层合格率提高至 92% 以上。

经小组讨论：若现浇楼板板面钢筋保护层合格率提高 60%，则现浇楼板钢筋保护层厚度合格率可提高至 92.7%（见图 3）。

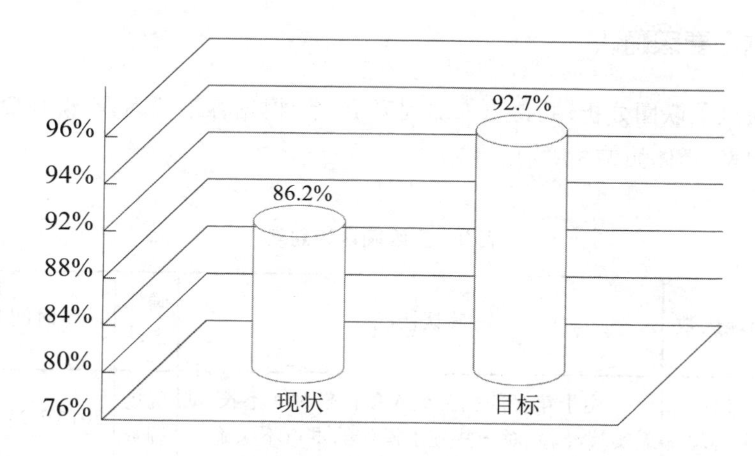

图 3 活动目标柱状图

五、原因分析

小组成员对引起现浇楼板板面钢筋保护层不合格的原因进行分析，整理结果如图 4 所示。

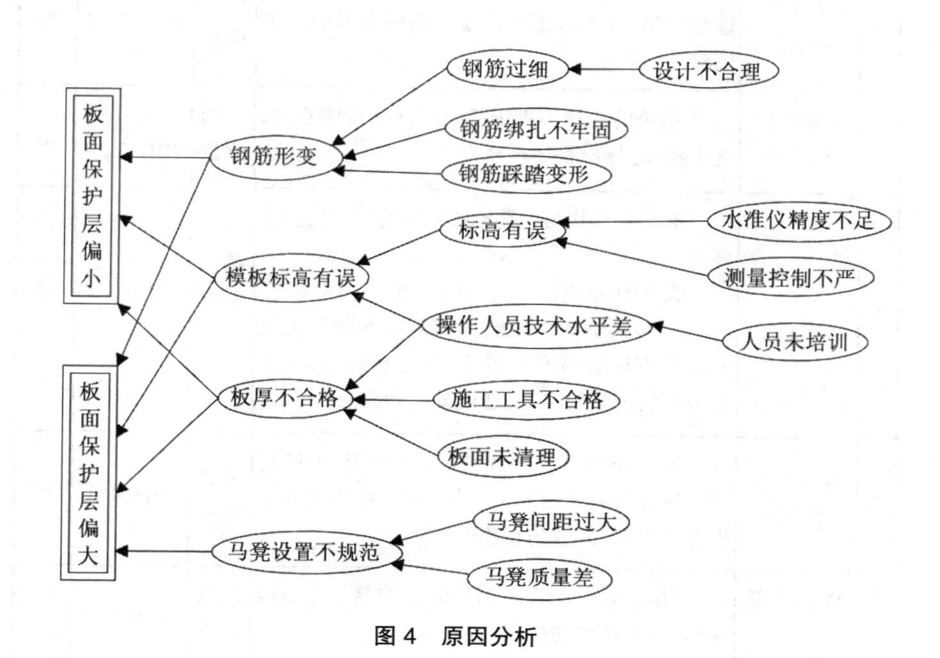

图 4 原因分析

六、要因确认

通过关联图分析，共得出末端因素 10 个，根据各末端因素，绘制要因确认计划表，具体如表 3 所示。

表 3　要因确认计划表

序号	末端因数	确认情况	确认方法	确认时间	是否要因
1	设计不合理	由于年轻的施工员入项目部时间不长，缺乏实战经验，对一些施工操作的重点不明确	现场调查	2016.3.25	否
2	钢筋绑扎不牢	现场对管理人员进行调查，发现许多责任区责任不明，无人监督施工	现场调查	2016.4.8	是
3	钢筋踩踏变形	未对发生钢筋位移的施工班组进行处罚	现场调查	2016.4.9	是
4	水准仪精度不足	钢筋绑扎施工中，对于倾斜的竖向钢筋不进行修整，导致成型后的墙柱钢筋倾斜而产生位移	现场调查	2016.3.29	否
5	测量控制不严格	垫块的选择：进场垫块与样品有偏差，强度不够，进场材料要严格把关	现场测量	2016.3.29	否
6	人员未培训	1. 塑料垫块与钢筋连接处容易发生侧向位移。 2. 塑料垫块本身的强度较低。 3. 塑料垫块的膨胀系数较大，垫块和混凝土内的钢筋容易产生脱离，产生裂缝，加之在柱子上的用量较多，易造成安全隐患	现场考核	2016.3.30	是
7	施工工具不合格	垫块间距 1.5 m 放置，过于稀疏，不能对钢筋进行有效地支撑，另外工人在操作过程中也存在少放、漏放的现象	现场测量	2016.3.29	否
8	板面未清理	垫块没有进行有效地固定，容易发生碰撞变形，失去垫块的作用	现场调查	2016.3.25	否

续表

序号	末端因数	确认情况	确认方法	确认时间	是否要因
9	马凳间距过大	经现场调查，马凳间距为 1 000 mm，不符合要求	现场测量	2016.3.29	是
10	马凳质量差	此工程采用的马凳均有出厂合格证和质保书	现场调查	2016.3.29	否

通过上述论证分析，小组成员一致认为：钢筋绑扎不牢、钢筋踩踏变形、人员未培训和马凳间距过大是影响施工质量的要因所在。

七、制订对策

根据确定的要因，QC 小组制订了针对性措施如表 4 所示。

表 4 要因对策计划表

序号	要因	对策	目标	措施	期限	地点
1	钢筋绑扎不牢	对楼板钢筋进行满扎	保证钢筋的整体性	1. 加强班组岗前教育培训； 2. 加大现场巡视检查力度	整个施工过程	施工现场
2	钢筋踩踏变形	提出多种方案，综合实施	减少钢筋局部弯曲现象	1. 联系多家厂家对比价格，价低者中标； 2. 在完成的垫块中，抽样检测尺寸	整个施工过程	施工现场
3	人员未培训	对操作人员进行培训	让每个作业工人对施工质量有一定认识	1. 编制指导书，对作业人员进行交底； 2. 现场实地指导作业人员操作	整个施工过程	施工现场
4	马凳间距过大	严格按规范要求垫设	马凳间距小于 600 mm	1. 对马凳安装人员进行技术交底； 2. 安装后现场全数检查	整个施工过程	施工现场

八、实施对策

根据对策表，QC 小组在活动中认真地进行了实施，严格落实各项对策。

（1）针对钢筋绑扎不牢问题，提出对楼板钢筋进行满扎的方案（见图 5）。

图 5　钢筋满扎现场图

（2）针对钢筋踩踏变形，由 QC 小组泥工班组长具体负责组织工人学习，加强工人对结构质量的认识，减少对板筋的踩踏。同时，落实相互监督及奖惩措施。

（3）对操作人员进行培训。

先由技术负责人对理论知识进行讲解并测验，随后由施工员和班组长对操作人员现场讲解，并进行实操考核。

经培训考核，平均成绩达 88.1 分，操作人员考核 100% 合格，达到要求（见表 5）。

表 5　人员培训考核汇总表

序号	工种	姓名	理论	实操	总分
1	木工	刘 **	45	45	90
2	木工	刘 **	39	45	84
3	木工	罗 **	42	46	88
4	木工	余 **	47	43	90

续表

序号	工种	姓名	理论	实操	总分
5	木工	罗 **	44	40	84
6	木工	杨 **	45	41	86
7	木工	张 **	43	39	82
8	木工	李 **	46	47	93
9	钢筋工	周 **	38	44	82
10	钢筋工	李 **	45	48	93
11	钢筋工	李 **	48	39	87
12	钢筋工	王 **	47	45	92
13	钢筋工	娄 **	44	46	90
14	钢筋工	唐 **	40	41	81
15	钢筋工	周 *	41	42	83
16	泥工	杨 **	48	47	95
17	泥工	林 **	42	45	87
18	泥工	王 **	39	41	80
19	泥工	代 **	50	45	95
20	泥工	代 **	48	42	90
21	泥工	唐 **	50	46	96
22	泥工	唐 **	40	46	86
23	泥工	周 **	44	47	91
24	泥工	周 **	46	44	90
25	泥工	刘 **	48	40	88

（4）严格按照要求，控制马凳间距小于 @600×600（见图 6）。

图 6 马凳间距

九、效果检查

（一）保护层合格率检查

通过活动的开展，2016 年 7 月 25 日对此工程楼板保护层进行现场抽查，抽查共 500 点，其中合格 474 点，合格率为 94.8%，调查统计如表 6 所示。

表 6 活动后楼板钢筋保护层抽查统计表

序号	质量问题	频数 / 点	频率 / %	累计频率 / %
1	钢筋保护层合格	474	94.8	94.8
2	上排钢筋保护层不合格	17	3.4	98.2
3	下排钢筋保护层不合格	9	1.8	100
合计		500	—	—

通过抽查统计表看出，钢筋保护层合格率为 94.8%，其中上排钢筋保护层不合格率为 3.4%，下排钢筋保护层不合格率为 1.8%。说明通过本次 QC 活动，原来的"板面保护层偏小和板面保护层偏大"已变为非主要因素。

活动前后及目标对比柱状图如图 7 所示。

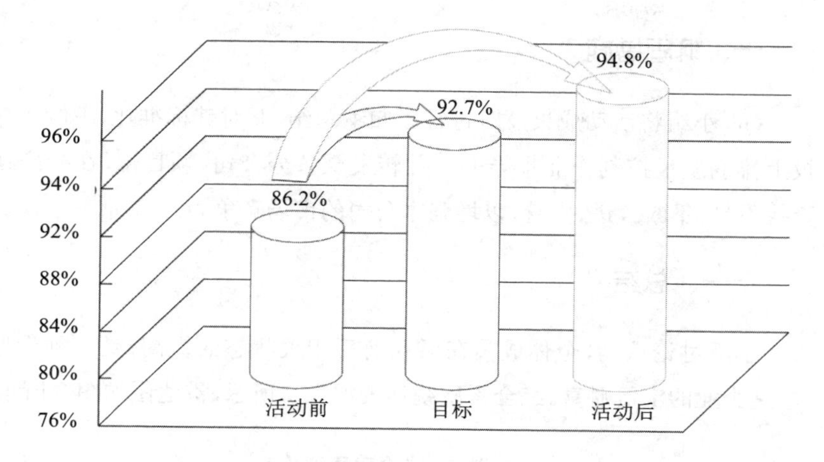

图 7 活动前后及目标对比柱状图

（二）社会效益

通过本次 QC 活动，QC 小组取得了良好的成绩，很好地解决了施工中钢筋保护层合格率不高的通病，获得业主、监理、设计等单位的好评，向各方表明了项目部有能力，也有信心把质量搞好，增强了各方对项目评奖创优的信心。

（三）经济效益

本 QC 小组通过此次活动，不但取得了良好的社会效益，也取得了可观的经济效益。由于提前控制了钢筋保护层厚度，因此省掉了后续检测费用，为结构验收做好了准备，提前了结构验收时间，节约了经济成本和时间成本，综合经济效益显著。此工程预计节约费用约 12.7 万元。计算如下：

行政图书楼、报告厅、教学楼（西区）、教学楼（东区）、食堂体育馆实体检测需要 9 层楼。按照国家对保护层检测的规范要求，合格率 90% 至 80% 的需要扩大检测。活动前保护层合格率为 86.2%，需要扩大检测 9 层，检测费为 3 000 元 / 层，共需检测费 2.7 万元。经计算新城中学项目共节省 2.7 万元。

QC 活动减少结构验收占用工期为 5 d，按甲方工期责任状中每延误验收工期 1 d 赔偿业主 2 万元，经计算共节省 10 万元。

十、巩固措施

QC 小组将活动成果及时进行了归纳总结，并对其标准化，编制了《现浇板上排筋质量控制作业指导书》并转发至各分公司、项目部，在推广使用中查找不足，不断改进、完善，以增强本公司的市场竞争力。

十一、总结

小组讨论认为，全体成员在活动前后相关状态的提高，是一种无形的效益，是企业的宝贵财富。综合素质统计表如表 7 所示，雷达图如图 8 所示。

表 7　综合素质评价表

评价内容	自我评价	
	活动前 / 分	活动后 / 分
QC 知识	3	4
解决问题能力	2.5	4.5
团队精神	3	4.5
个人能力	2	4.5
质量意识	3	4.5

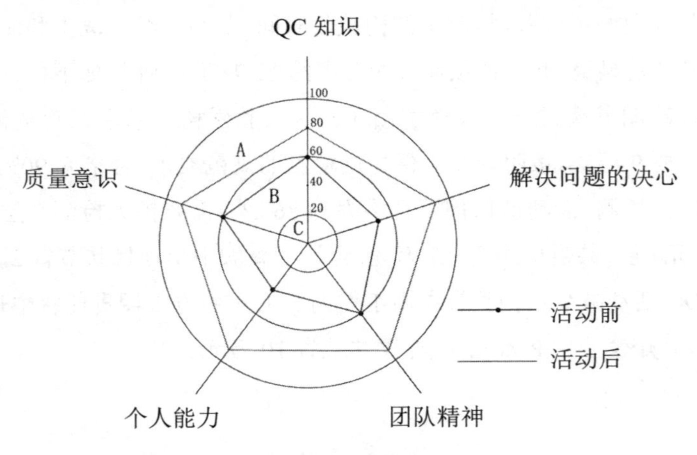

图 8　自我评价雷达图

确保现浇钢筋混凝土楼板保护层厚度一次性合格率达 90% 的技术创新

——以 YZ 检验检疫局综合实验用房项目 QC 小组为例

一、工程概况

YZ 检验检疫局综合实验用房项目用地面积 14 565 m²，总建筑面积 30 477 m²，主楼 20 层、辅楼 5 层、附属用房 3 层，150 mm 厚现浇混凝土楼板，框架、剪力墙结构。

二、选择课题和设定目标

（一）选择课题

（1）现浇双层钢筋混凝土楼板底层钢筋保护层厚度不足、上层钢筋保护层厚度过大是常见的质量通病，如何确保楼板保护层厚度一次性达标一直是困扰施工企业的技术难题。

（2）此工程为区检验检疫局综合实验用房，建成后将放置大量设备，对楼板施工质量要求很高。加之此工程为 YZ 区重点工程之一，确保“钱江杯”、争创“鲁班奖”，各级领导高度重视和关注。

（3）按照公司目标化管理的要求，在不额外增加措施费的前提下，确保楼板保护层厚度一次性合格率达 90% 及以上。这就要求项目部不走传统技术道路，大胆创新。

因此，QC 小组本着兼容并蓄、积极开拓的思想，将本次 QC 活动的课题定为“确保现浇钢筋混凝土楼板保护层厚度一次性合格率达 90% 的技术创新”，从创新中求效益。

（二）设定目标

现浇钢筋混凝土楼板保护层厚度一次性合格率达 90%。

三、提出多种方案并确定最佳方案

（一）提出多种方案

为了获得尽可能多的技术方案，由组长召集全体组员，倡导不受常规思维的束缚、鼓励针对目标的奇思妙想，群策群力，最后汇总整理出六种可行的技术方案：

方案 1：高强砂浆垫块（下）+ 钢筋马凳（上）；

方案 2：大理石垫块（下）+ 卡撑式塑料马凳（上）；

方案 3：特制卡紧机构的双层钢筋限位装置；

方案 4：高强砂浆垫块（下）+ 特制方形钢筋支架（上）；

方案 5：特制双层钢筋定位马凳；

方案 6：可放置双层钢筋的圆形马凳。

（二）方案分析

QC 小组对上述初步选定的六种方案逐一进行综合分析、筛选。

方案 1：高强砂浆垫块（下）+ 钢筋马凳（上）

该方案是一种传统方法，操作简单、应用广泛。砂浆垫块有梅花形、矩形、条形等多种形式，矩形尺寸一般为 50 mm×50 mm× 底板保护层厚度，强度为 C35 ～ C50。钢筋马凳一般为 Φ8 ～ 12 mm，上部水平肢一般为钢筋间距加 50 ～ 100 mm；下部有两个水平肢，其中左水平肢的长度与上面水平相同、右水平肢为 100 mm。砂浆垫块和钢筋马凳配套设置呈矩形或梅花形，间距一般为 1 000 mm。砂浆垫块和钢筋马凳应用如图 1 所示。

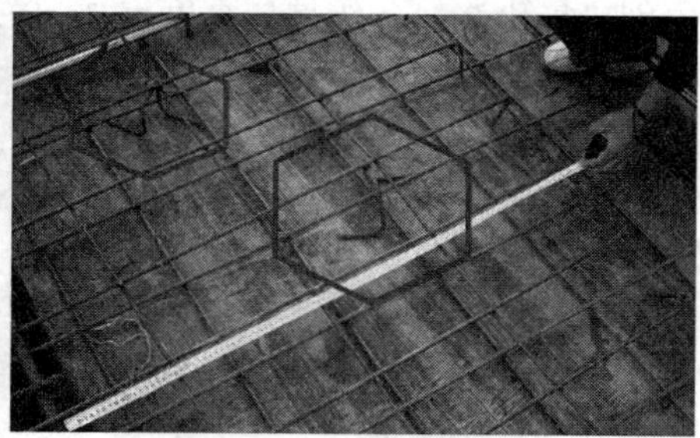

图 1　砂浆垫块和钢筋马凳应用照片

方案 1 优缺点对比如表 1 所示。

表 1 优缺点

优点	缺点
①工序简单、使用方便； ②砂浆垫块和钢筋马凳可批量加工，成本低。	①砂浆垫块易跑位、翻转，强度不足时易压碎； ②钢筋马凳需手工弯曲制作，弯曲难度较大； ③加工随意性大，易造成马凳尺寸高低不一，难以保证顶层钢筋的保护层厚度； ④钢筋马凳在人为踩踏下，易被压弯、踩踏或移位； ⑤拆模后下部两个水平肢将露在混凝土外面，尽管复涂砂浆后也容易生锈，容易影响混凝土的外观质量，且可能进一步引起混凝土出现胀裂等病害

方案 2：大理石垫块（下）+ 卡撑式塑料马凳（上）

该方案是近年来新出现、并被广泛使用的新型混凝土保护层厚度装置之一。塑料垫块和卡撑式塑料马凳，一般为工厂化批量生产，体积小、质量轻，其抗压和抗拉强度一般不小于 4.0 MPa，对上层钢筋直接采用卡、套、撑等方式进行固定，无须绑扎。塑料垫块和塑料马凳呈矩形或梅花形，间距一般为 1 000 mm。

图 2 塑料垫块和塑料马凳应用照片

方案2优缺点对比如表2所示。

表2 优缺点对比表

优点	缺点
①工序简单、使用方便	①塑料垫块不易固定，施工中容易跑位
②塑料件均为工厂化制作，成本较低	②塑料强度低时，易造成塑料马凳柔软，当人工踩踏时，易造成钢筋网大面积弯曲；塑料强度高时，易造成钢筋不易卡入，钢筋网容易散架
③塑料件质量轻，便于运输和携带	③塑料的弹性模量、热膨胀系数与钢筋混凝土差异较大，浇筑后二者的黏合效果差，易造成腐蚀介质侵入楼板混凝土
④无须铁丝进行钢筋绑扎，节省部分铁丝成本	④如楼板遭遇火灾，塑料熔化后将在楼板中形成空洞，造成楼板漏水、强度降低、腐蚀介质易侵入等危害
	⑤塑料马凳卡口处易开裂；塑料马凳使用过程中容易侧翻或倾覆

方案3：特制卡紧机构的双层钢筋限位装置

专门开发一种带卡紧机构的双层钢筋限位装置，底板为80 mm×80 mm×底板保护层厚度的砂浆垫块，在底板中预埋一根经特定弯曲的6号普通钢丝卡环。利用底板厚度精确限制底层钢筋的保护层厚度，利用钢丝良好的强度、刚度实现限位件固定，保证上层钢筋的保护层厚度，如图3所示。带卡紧机构的双层钢筋限位装置按照间隔800～1 000 mm矩形布置。

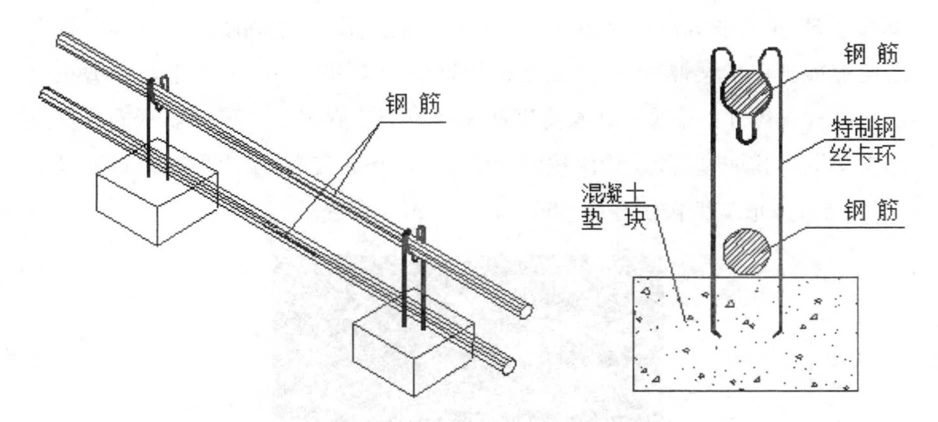

图 3　特制卡紧机构的双层钢筋限位装置示意图

方案 3 优缺点对比如表 3 所示。

表 3　优缺点对比表

优点	缺 点
①卡环装置可有效卡紧固定单根钢筋，定位准确，受施工扰动影响小	①特制钢丝卡环的曲面较多、曲率较小，加工制作难度较大
	②钢丝卡环较为细长，人工踩踏钢筋网时，易造成卡环出现较大变形，顶层钢筋的保护层厚度过大
②配件均需工厂标准化生产，在现场组装，误差较小	③该型卡环可有效定位一个方向的钢筋，但是无法同时定位两个方向的钢筋，同层正交的钢筋之间需铁丝绑扎固定
③混凝土垫块可有效保证下层保护层厚度，卡环如不变形可有效保证上层混凝土保护层厚度	④混凝土垫块的尺寸要求较大，需更多的混凝土材料；此外，限位装置的间距不宜过大（宜小于 800 mm）、正交方向需两个同时定位，材料耗用量大

方案 4：带钢丝高强砂浆垫块（下）+ 特制方形钢筋支架（上）

下层垫块为梅花形 C50～C55 砂浆垫块，上层钢筋支架采用 Φ10 ～ 18 mm

钢筋废料，按边长 800 ～ 1 200 mm 焊接成正方形，支架高度为楼板厚度减去上层混凝土保护层厚度，单个支架需用钢筋约 4 500 mm。下层钢筋由梅花垫块垫高（见图 4），并通过铁丝将钢筋和垫块绑扎固定；上层钢筋网搁置在方形支架上绑扎成型。砂浆垫块按照间隔 1 000 mm 左右，呈矩形或梅花形设置（见图 5），方形支架按照净距 800 ～ 1 000 mm 设置。

图 4　梅花形高强砂浆垫块应用照片

图 5　方形钢筋支架和上层钢筋网效果图

方案 4 优缺点对比如表 4 所示。

表 4　优缺点对比表

优点	缺点
①方形支架采用直钢筋焊接而成，无弯曲工艺，加工制作简单，施工方便	①支架制作需电焊施工
②支架可利用工地废弃钢筋制作，砂浆垫块可购置可自制，造价低廉，节能环保	

续表

优点	缺点
③砂浆垫块与下层钢筋通过穿孔铁丝绑扎，不易跑位、翻转，垫块强度高、不易压碎，可有效保证下层混凝土保护层厚度值	②如工地现场的钢筋废料不足，需裁剪新钢筋原料
④方形支架不易变形、错位，不会发生侧翻或倾覆	
⑤上层钢筋与支架绑扎在一起，不易散架；同时，顶层钢筋的线支撑形式可确保顶层钢筋在踩踏下不易变形，可有效保证上层混凝土保护层厚度值	

方案5：特制双层钢筋定位马凳

基于同时能固定上、下两层钢筋的考虑，将6号普通钢丝弯曲加工成如图6所示的形式，可同时对板的上层和下层钢筋的保护层厚度进行控制，每个定位马凳有四个凹槽，上层钢筋和下层钢筋各放置于两个凹槽中、不易滑落，每个定位马凳有四个支脚，用于支撑。定位马凳按照间隔500～800 mm呈矩形布置。

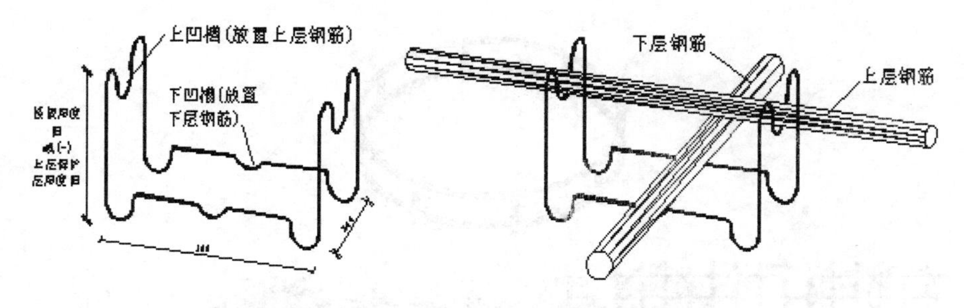

图6 特制双层钢筋定位马凳示意图

方案5优缺点对比如表5所示。

表 5　优缺点对比表

优点	缺点
①一个定位马凳可同时解决上下两层钢筋的固定问题，工序简单、使用方便	①单个定位马凳与楼板为点接触，容易滑移和倾倒，不便于放置
②便于工厂化批量产生；单个定位马凳质量轻，便于运输和携带	②平面曲线较多，加工制作难度较大；如曲线弧度控制不好，可能导致钢筋无法放置
③凹槽结构有利于钢筋排布，容易控制平行钢筋间距	③下层的4个着力点为几何可变的不封闭曲线，当有重物放置或人群踩踏时，极容易造成定位马凳整体变形，使得上下两层的保护层厚度均无法保证

方案 6：可放置双层钢筋的圆形马凳

圆形马凳采用长度约 1 800 mm 的 $\Phi 8 \sim 14$ mm 钢筋经弯曲后绑扎或焊接成圆形钢圈（半径约为280 mm），上下钢圈用钢筋焊接成钢脚，如图7所示。上层钢筋绑扎在上层钢圈上，下层钢筋绑扎在下层钢圈上，可以实现上、下保护层厚度的精确定位。圆形马凳可呈矩形或梅花形布置，间距约为 1 000 mm。

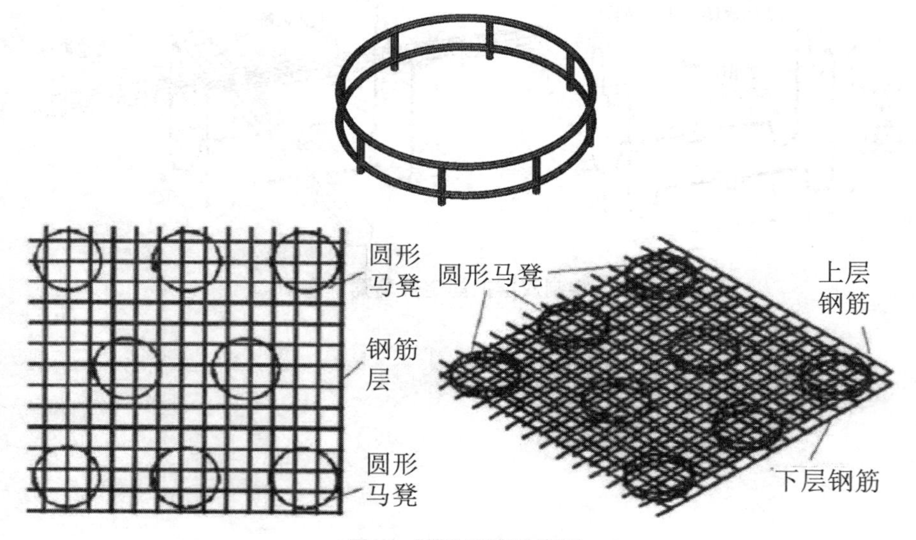

图 7　圆形马凳示意图

方案6优缺点对比如表6所示。

表6 优缺点对比表

优点	缺点
①圆形马凳可同时解决上下两层钢筋的固定问题，工序简单、使用方便	①圆形马凳需电焊作业，圆平面控制有一定难度，加工较为复杂
②钢筋在圆形钢圈上绑扎，钢筋间距容易控制	②圆形马凳用钢量较大，造价较高
③圆形马凳便于放置，不易走位和倾倒，上下保护层厚度控制准确	③下层楼板筋搁置在下钢圈上，一定程度减少了楼板底部的保护层厚度值

（三）确定最佳方案

小组在对上述六种方案进行定性和定量评价的基础上，确定了制作难度、综合造价、使用便利性、保护层厚度控制准确度和可靠性、潜在病害五个指标进行对比，汇总如表7所示。

表7 方案比选表

指标	方案1	方案2	方案3	方案4	方案5	方案6
制作难度	较大	成品购置，难度小	较大	小	大	较大
综合造价	低	较低	较高	较低	较低	高
使用便利性	好	好	较好	好	较好	好
保护层厚度控制准确度和可靠性	差	一般	差	好	差	较好
潜在病害	较大	大	无	无	无	无

很显然，方案4“带钢丝高强砂浆垫块（下）+特制方形钢筋支架（上）”为最佳方案。

对方案4进行了细致分析，认为其在具体实施时，尚有以下几个关键要素需重点解决：

（1）砂浆垫块的强度和规格尺寸需准确；

（2）方形钢筋支架的设计和布置需科学合理；

（3）方形钢筋支架的加工制作需精细；

（4）工人的操作技能要高、责任心要强。

四、制订对策

对策措施如表8所示。

表8 对策措施表

序号	关键要素	对策	目标	具体措施	地点	责任人	时间
1	砂浆垫块的强度和规格尺寸需准确	市场购置成品垫块	确保垫块强度达标，尺寸准确无误	1. 核查有关证件资料。 2. 抽检砂浆垫块强度C50±2 MPa；抽检砂浆垫块正常尺寸 ±2 mm。 3. 垫块平面形状误差不大于2 mm	材料仓库	蔡 ** 陈 **	2013年3月21日—7月20日
2	方形钢筋支架的设计和布置需科学合理	设计多个构件尺寸和布置方案，进行技术经济比较，优选最佳方案	1. 每10 ㎡的支架用钢量不大于12 kg； 2. 工人踩 踏和设施放置时，支架竖向变形不大于3 mm，钢筋网竖向变形不大于5 mm； 3. 工人踩踏设施放置时，支架最大应力不大于80 MPa，钢筋最大应力不大于80 mm	1. 设计3～6个支架尺寸和平面布置方案； 2. 运用有限元软件模拟各方案的受力和变形情况； 3. 在受力分析的基础上进行经济性比较，确定最佳方案	设计室	翁 ** 谢 ** 欧 **	2013年3月18日—4月7日

续表

序号	关键要素	对策	目标	具体措施	地点	责任人	时间
3	方形钢筋支架的加工制作需精细	实现制作加工全过程控制	1. 长度误差≤ 3 mm 2. 角度误差≤ 2′ 3. 钢筋直径≥ 12 mm	1. 检查支架尺寸和平面形状； 2. 检查直角角度； 3. 检查钢筋直径	加工棚	程 ** 徐 ** 张 **	2013 年 4 月 2 日—8 月 6 日
4	工人的操作技能要高、责任心要强	外训和内训结合的方式共同培养	每个工人具备熟练的操作技能，责任心强，态度认真	1. 外聘 3 名技术能手为师傅，对操作者进行现场操作技能培训； 2. 对操作技能进行考核； 3. 项目经理对工人的责任心进行教育； 4. 制订业绩奖惩制度	会议室和施工现场	江 ** 许 ** 章 **	2013 年 4 月 3 日—4 月 6 日

五、实施对策

实施一：砂浆垫块的强度和规格尺寸需准确。

QC 小组严格按照砂浆垫块材料进场流程，从源头消除质量隐患。采购砂浆垫块扣件必须有产品合格证和法定检测单位的检测检验报告，生产厂家必须具有技术质量监督部门颁发的生产许可证；否则，不得进入施工现场。

待全部证件资料检查合格后，还必须对到货进行抽样检查，抽检数量按有关规定执行，未经检测或检测不合格的一律不得使用。

结果：2013 年 3 月 21 日—7 月 20 日，QC 小组对进场的每批次砂浆垫块进行抽检，抽检和处理情况如表 9 所示，经检测合格的砂浆垫块有力保证了底层混凝土保护层的厚度值。

表 9 砂浆垫块进场检验和处理情况一览表

运抵批次	抽检数量 / 块	抗压强度不合格 / 块	尺寸不合格 / 块	形状不合格 / 块	抽检结果评定	处理情况
第 1 批（1 000 块）	100	3	0	0	合格	进场
第 2 批（1 000 块）	100	0	0	0	合格	进场
第 3 批（2 000 块）	150	9	8	7	不合格	清场
第 4 批（2 000 块）	150	0	1	0	合格	进场
楼上表面板保护层	94%	96%	92%	98%	92%	98%

实施二：方形钢筋支架的设计和布置需科学合理。

2013 年 3 月 18 日—31 日，QC 小组查阅了大量工程资料，设计了 6 种支架尺寸和平面布置方案（见表 10），固定板厚 150 mm、支架平面尺寸 1 000 mm×1 000 mm。考虑支架中央站立 1 个体重 65 kg 的工人、放置 1 台质量 30 kg 的小型设备，取一个基本计算单位，运用有限元软件 ANSYS12.0 分别对上述六种方案进行受力和变形计算，计算结果如表 11 所示。其中架 2 的应力云图如图 8 ～图 11 所示。

表 10 钢支架设计参数表

参数	钢筋直径 / mm	支架平面净距 / mm
架 1	10	800
架 2	12	1 000
架 3	14	1 200
架 4	16	1 200
架 5	16	1 500
架 6	18	1 500

表 11 有限元计算结果

参数	每 10 ㎡支架用钢量 / kg	支架竖向变形 / mm	钢筋网竖向变形 / mm	支架最大应力 / MPa	钢筋网最大应力 / MPa
架 1	8.56	−5.7	−6.3	46.8	71.1
架 2	9.9	−2.0	−3.2	44.2	66.8
架 3	11.25	−2.6	−5.5	50.7	69.2
架 4	14.69	−1.9	−4.8	48.9	67.6
架 5	11.38	−2.5	−6.0	47.3	67.3
架 6	14.4	−2.0	−5.1	46.6	66.8

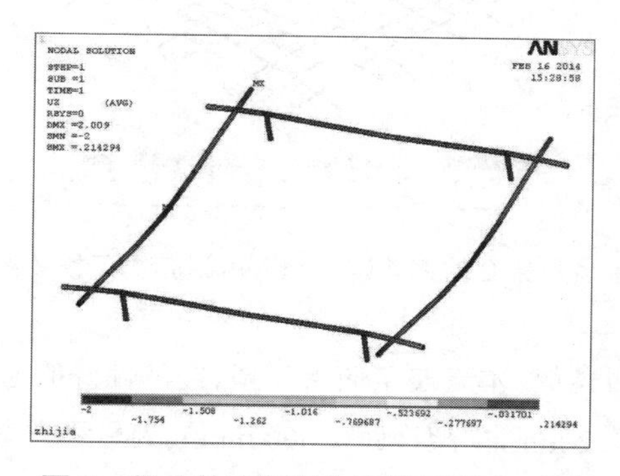

图 8 架 2 的支架竖向变形云图（mm）

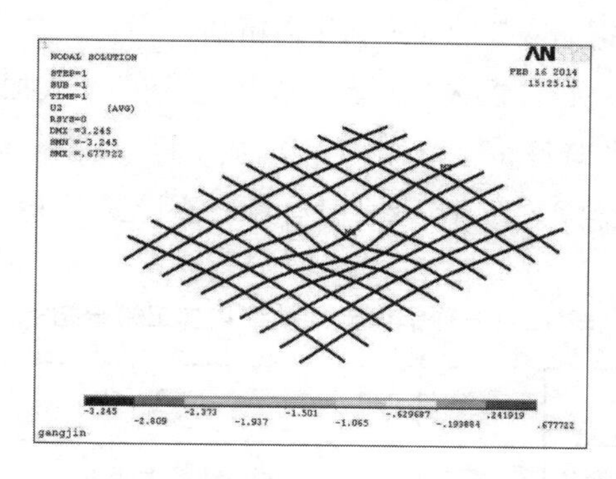

图 9 架 2 的钢筋网竖向变形云图（mm）

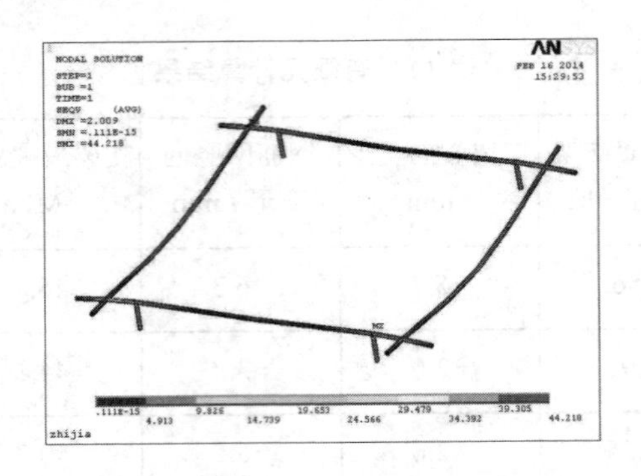

图 10　架 2 的支架 Von Mises 应力云图（mm）

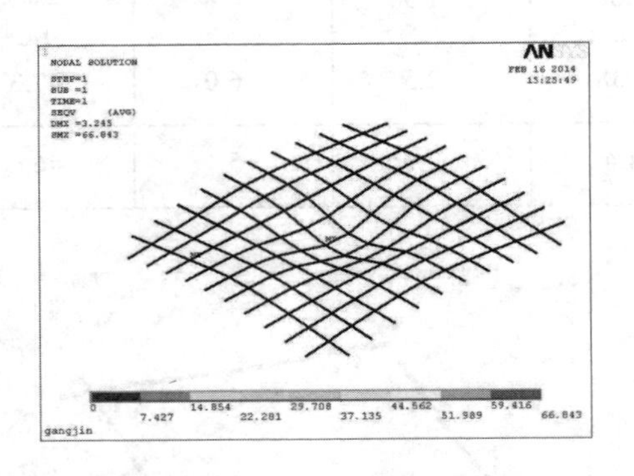

图 11　架 2 的钢筋网 Von Mises 应力云图（mm）

基于上述分析结果，本着安全储备充裕、经济性好的原则，QC 小组选取架 2（钢筋直径 Φ12 mm，支架净距 1 000 mm）为最终方案。

结果：2013 年 4 月 7 日，此设计方案获得公司总工办、监理单位的认可。

实施三：方形钢筋支架的加工制作需精细

为了确保加工质量，挑选 2 名责任心强、仔细的工人加工制作，同时对加工棚现场进行质量监督和检查。由于钢筋加工棚中截断、预留了大量的 Φ12 mm 以上的钢筋废料，支架钢筋尺寸已有保证，因此重点检查表 12 所示内容。

表 12　方形钢筋支架精细化加工检查指标

序号	内容	工具	要求	检测比率
1	长度和变形检查	钢板尺	误差不大于 3 mm	100%

续表

序号	内容	工具	要求	检测比率
2	直线度	塞尺	塞尺间隙不大于 1 mm	100%
3	角度测量	量角器	在白纸上画出加工件的等样图，误差不大于 2′	100%
4	钢筋生锈情况	肉眼	已生锈的钢筋，在焊接后全部除锈上油	100%

方形钢筋支架加工现场如图 12 所示，砂浆垫块和方形钢筋支架现场如图 13 所示。

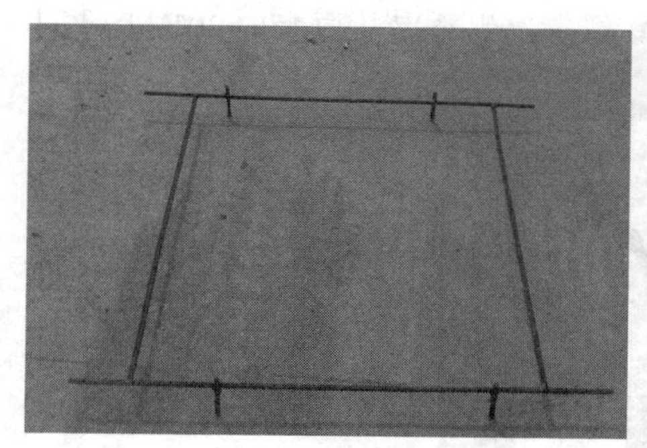

图 12 方形钢筋支架加工现场照片

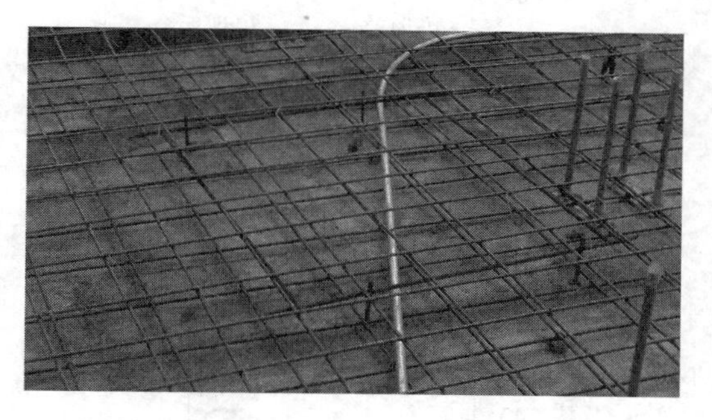

图 13 砂浆垫块和方形钢筋支架现场应用照片

结果：方形钢筋支架全部通过项目部组织的专项批次验收。

实施四：工人操作技能要高、责任心要强

QC 小组对参与此工程的钢筋班 30 名工人进行调查发现，27 人曾经从事过钢筋绑扎作业，3 人从未从事过；10 名工人知道混凝土保护层厚度的重要性、掌握了马凳的安装方法，20 名工人完全不知道保护层厚度的意义、从不重视马凳的安装质量。同时，QC 小组对 30 名工人进行现场安装"高强砂浆垫块、方形钢筋支架"的钢筋绑扎技能测试，只有 11 人合格。

为此，2013 年 4 月 3 日聘请了 3 名技术能手担任师傅，按照 10 人 / 组，进行现场安装培训，为期一天。

2013 年 4 月 4 日，组织了项目经理对工人的责任心进行教育，同时颁布了钢筋绑扎阶段表现优秀的班组按 30 000 元 / 组进行现金奖励的政策。

结果：2013 年 4 月 6 日上午，组织对 30 名工人现场综合技能考核，30 人全部通过（见图 14）；单项工艺操作一次优秀率从原来的 20% 上升到 97%，效果显著（见图 15）。

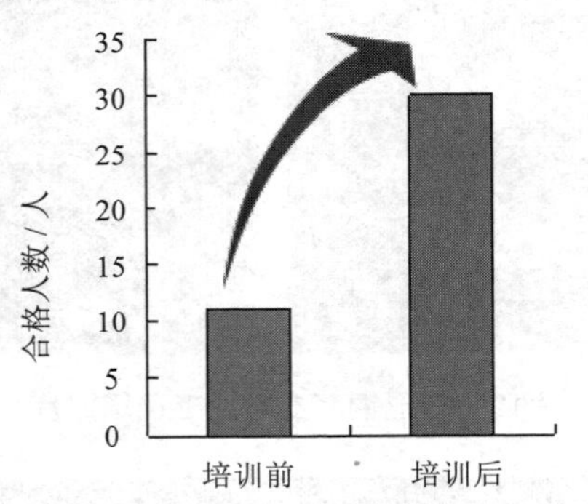

图 14　综合技能考核合格率变化情况

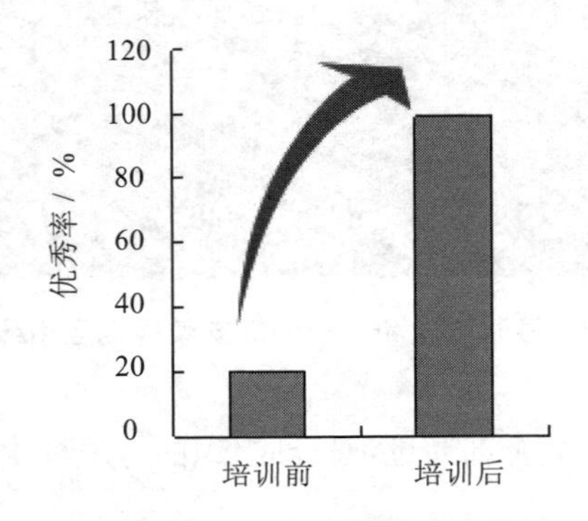

图 15　单项工艺操作优秀率变化情况

六、确认效果

此工程于 2013 年 9 月 9 日迎接区质检站、建设单位、监理单位和设计单位的质量检查。经区质检站现场随机抽检，楼板混凝土保护层一次性合格率达到 92%，完全满足规范要求，同时远远高于市场实际平均合格率，受到区质检站、建设单位的高度赞誉和一致好评。

工程主体结构的顺利验收，尤其是楼板混凝土保护层的优质达标，赢得了兄弟企业的一致好评，展示了公司雄厚的技术实力和优秀的管理水平，为公司赢得了良好的社会声誉。

七、总结

（一）巩固措施

为了进一步巩固取得的成果，采取了如下措施：

（1）整理本次课题的原始数据和资料，加以归纳和总结，形成汇报材料，在公司所辖各分公司、项目部之间进行汇报交流；并作为成功案例，被区建设主管部门推荐参加区内多场施工技术交流。

（2）将《确保楼板钢筋保护层厚度作业指导书》报公司审批，结合“三合一”贯标体系文件，已纳入公司《钢筋混凝土现浇楼板施工指导书》进行推广应用。

（3）将新的技术方法（如有限元分析法等）在实际生产中推广。

（二）总结

通过本次 QC 小组活动，小组成员在创新意识、质量意识、改进意识、个人能力、QC 知识运用能力、解决问题能力等方面有了明显的改进和提升，详见图 16（虚线为活动前，实线为活动后），为今后继续开展 QC 小组活动打下了坚实的基础。

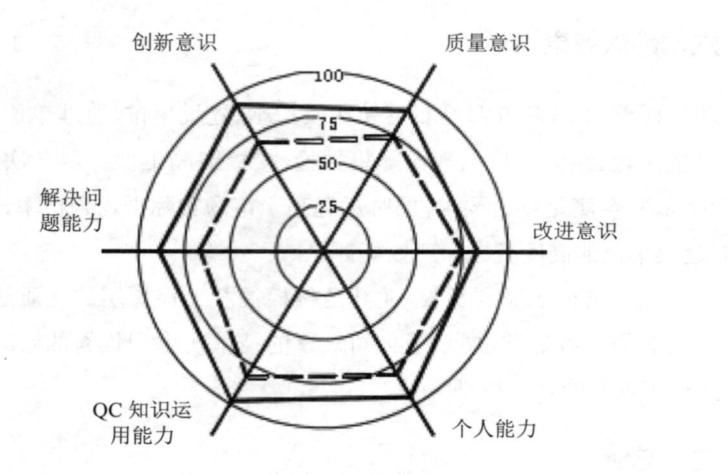

图 16　自我评价雷达图

现浇楼板厚度及上排板筋保护层厚度控制块创新

——以 YY 第二人民医院迁建工程 QC 小组为例

一、工程概况

YY 第二人民医院迁建工程由一栋 17 层医疗综合楼及一栋 7 层行政综合楼组成，地下一层，总建筑面积：92 016.69 ㎡，其中地上 70 964.76 ㎡，地下 21 051.93 ㎡。

二、选择课题和设定目标

（一）选择课题

（1）现浇双层钢筋混凝土楼板，楼板厚度控制难、上层钢筋保护层厚度过大是常见的质量通病，如何确保楼板保护层及板厚度一次性达标，一直是困扰施工企业的技术难题。

（2）根据《混凝土结构工程施工质量验收规范》(GB50204—2002) 以及某市建筑工程混凝土结构实体检测规定，对新建、扩建、改建工程的混凝土结构工程完工后，必须委托具有资质的检测机构进行混凝土结构实体检测。实体检测内容包括混凝土强度、钢筋保护层厚度、现浇楼板厚度三项指标的检测。

（3）QC 小组做了两项调查：

首先是对公司已施工的伊顿国际工程进行了统计分析，情况如下：

①砼强度：构件强度实测值达到设计强度等级时，可判定构件混凝土强度满足设计要求。

②楼板厚度：现浇楼板厚度的允许偏差为 -5 ～ 8 mm；现浇楼板厚度的合格点率为 80% 及以上可判为合格。

3）钢筋保护层厚度：①对梁类构件的允许偏差为 -7 ～ 10 mm；②对板内的允许偏差为 -5 ～ 8 mm，钢筋保护层厚度检测的合格点率为 90% 及以上时，钢筋保护层厚度的检验结果应判为合格。

其次是对 2012 年承建的工程实体检测三项指标四个数据进行统计，如图 1 所示。

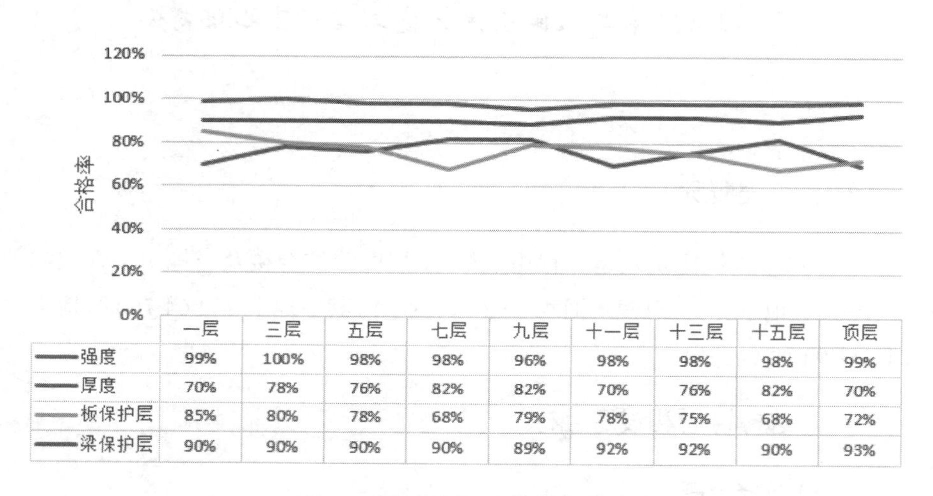

	一层	三层	五层	七层	九层	十一层	十三层	十五层	顶层
强度	99%	100%	98%	98%	96%	98%	98%	98%	99%
厚度	70%	78%	76%	82%	82%	70%	76%	82%	70%
板保护层	85%	80%	78%	68%	79%	78%	75%	68%	72%
梁保护层	90%	90%	90%	90%	89%	92%	92%	90%	93%

图 1　实体检测三项指标合格率

由图 1 可知，楼板厚度和板筋保护层厚度两项指标合格率较低且离散性较大。

（二）设定目标

（1）控制楼板厚度及板筋保护层厚度指标，板厚合格率 80% 以上，板保护层合格率 90% 以上。

（2）一次性通过实体检测。

三、提出多种方案并确定最佳方案

（一）提出多种方案

为了获得尽可能多的技术方案，QC 小组由组长召集全体组员，群策群力，最后汇总整理出五种可行的技术方案：

方案 1：钢筋马凳 + 板面标高控制点；

方案 2：PVC 塑料立体马凳 + 钢筋控制标桩 + 自制板厚测针；

方案 3：高强砂浆垫块 + 板厚 PVC 管控制点；

方案 4：特制钢筋定位马凳控制保护层及板厚；

方案 5：定制高强砂浆钢筋保护层及板厚控制块。

（二）方案分析

QC 小组对上述初步选定的五种方案逐一进行综合分析、筛选。

方案 1：钢筋马凳 + 板面标高控制点

该方案是一种传统方法，操作简单、应用广泛。钢筋马凳用来控制板筋保护层厚度，一般为 Φ8 ～ 10 mm，上部水平肢一般为钢筋间距加 50 ～ 100 mm，下部有两个水平肢，其中左水平肢的长度取与上面水平相同，右水平肢为 100 mm。钢筋马凳设置呈矩形或梅花形，间距一般为 1 000 mm。楼板厚度按柱筋标高控制点拉线，然后向下测量一个事先控制值，来控制板厚。钢筋马凳及板面标高控制应用如图 2 所示。

图 2　钢筋马凳及板面标高控制应用照片

方案 1 优缺点对比如表 1 所示。

表 1　优缺点对比表

优点	缺点
①拉线控制直观、工序简单，成本低	①拉线测量须由工人控制，避免不了惰性及控制随意现象
	②不直观，须拉线后卷尺测量，砼收面后板面不能随意踩踏，造成管理人员监督困难
②钢筋马凳可批量加工，成本低	③加工随意性大，易造成马凳尺寸高低不一，难以保证顶层钢筋的保护层厚度
	④钢筋马凳在人为踩踏等情况下，易被压弯、踩踏或移位
	⑤拆模后下部两个水平肢将露在混凝土外面，尽管复涂砂浆后也容易生锈，容易影响混凝土的外观质量，且可能进一步引起混凝土出现胀裂等病害

方案 2：PVC 塑料立体马凳 + 钢筋控制标桩 + 自制板厚测针

塑料马凳是近年来新出现，并被广泛使用的新型混凝土保护层厚度装置之一。塑料马凳一般为工厂化批量生产，体积小、质量轻，其抗压和抗拉强度一般不小于 4.0 MPa，对上层钢筋直接采用卡、套、撑等方式进行固定，无须绑扎。塑料马凳呈矩形或梅花形，间距一般为 1 000 mm（见图 3）。楼板厚度用钢筋标桩焊在梁钢筋上，用油漆标注好板面标高及厚度，砼浇筑完成后用自制板厚测针检测复核（见图 4）。

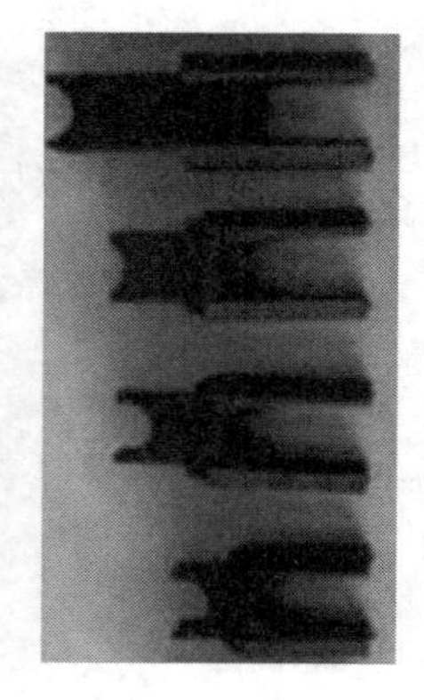

图 3　PVC 塑料立体马凳现场布置

图 4 钢筋控制标桩 + 自制板厚测针应用照片

方案 2 优缺点对比如表 2 所示。

表 2 优缺点对比表

优点	缺点
①施工简单、使用方便，厚度测量直观	①钢筋控制标桩须事先焊接，标定标高厚度位置，增加二道施工工序及施工成本，砼振捣过程中，容易跑位，控制标线被污染而看不清。测针复核为事后控制，发现有问题时，板厚也不好调整
②塑料件均为工厂化制作，成本较低	②塑料强度低时，易造成塑料马凳柔软，当人工踩踏时，易造成钢筋网大面积弯曲；塑料强度高时，易造成钢筋不易卡入，钢筋网容易散架
③塑料件质量轻，便于运输和携带	③塑料的弹性模量、热膨胀系数与钢筋混凝土差异较大，浇筑后二者的黏合效果差，易造成腐蚀介质侵入楼板混凝土
④无须铁丝进行钢筋绑扎，节省部分铁丝成本	④如楼板遭遇火灾，塑料熔化后将在楼板中形成空洞，造成楼板漏水、强度降低、腐蚀介质易侵入等危害

方案 3:高强砂浆垫块 + 板厚 PVC 管控制点

该方案采用高强 C50 ~ C55 砂浆垫块,板厚采用 PVC 管固定在板底,楼板厚度即为 PVC 管长度,采用高强钢筋的保护层垫块,利用高强砂浆刚度实现限位件固定,保证上层钢筋的保护层厚度,如图 5 所示。按照间隔 800 ~ 1 000 mm 矩形布置。楼板厚度采用 PVC 管底座,用钉子固定在模板上,板厚就为 PVC 管长度,按每块板布置 5 个以上点(板中 1 个,板四个角各 1 个)来控制。

图 5 高强砂浆垫块 + 板厚 PVC 管控制点示意图

方案 3 优缺点对比如表 3 所示。

表 3 优缺点对比表

优点	缺点
① PVC 管长度即为板厚,明显直观、板厚准确	① PVC 管受施工扰动大,容易倾倒移位
	② PVC 管为空心管,砼浇筑时在楼板中形成空洞,造成楼板漏水
②高强砂浆垫块为工厂标准化生产,误差较小,成本较低	③混凝土垫块的重量较大,运输不方便

续表

优点	缺点
③混凝土垫块可有效保证上层保护层厚度	④板厚和钢筋规格不一致，造成垫块规格数量增加

方案 4：特制钢筋定位马凳控制保护层及板厚

上层钢筋支架采用 Φ10 ～ 14 mm 钢筋废料，按边长 400 ～ 800 mm 焊接成正方形，支架水平筋高度为楼板厚度减去上层混凝土保护层厚度，竖向筋为楼板厚度，单个支架需用钢筋约 3 000 mm。上层钢筋网搁置在方形支架上绑扎成型，方形支架按照净距 800 ～ 1 000 mm 设置。水平筋和竖向筋分别承担不同的使用功能，使两项控制值合二为一组成一个控制架。

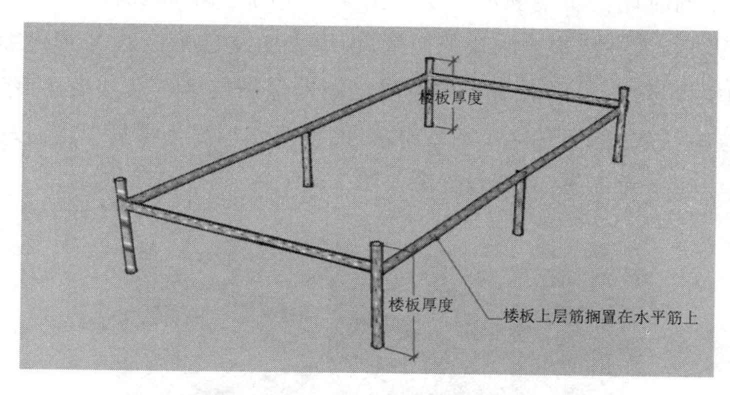

图 6　楼板上层钢筋保护层及板厚控制架效果图

方案 4 优缺点对比如表 4 所示。

表 4　优缺点对比表

优点	缺点
①控制架采用直钢筋焊接而成，可事先加工制作，施工方便	①支架制作需电焊施工
②支架可利用工地废弃钢筋制作，节能环保	

续表

优点	缺点
③控制架不易变形、跑位、翻转或倾覆，可有效保证钢筋保护层厚度及楼板厚度	②用钢量较大，如工地现场的钢筋废料不足，需裁剪新钢筋原料 ③需要制作堆放场地和制作人工费 ④板厚控制筋容易生锈，容易影响混凝土的外观质量，且可能进一步引起混凝土出现胀裂等病害
④上层钢筋与支架绑扎在一起，不易散架；同时，顶层钢筋的线支撑形式可确保顶层钢筋在踩踏下不易变形，可有效保证上层混凝土保护层厚度值	

方案 5：定制高强砂浆钢筋保护层及板厚控制块

基于同时能控制钢筋保护层及楼板厚度的考虑，将原高强砂浆垫块进行创新改良，加高原来预制块的两侧，由原来的 V 字形改成 X 形，控制块高度即为楼板厚度，可同时对板的上层钢筋的保护层厚度及楼板厚度进行控制，上层钢筋放置于凹槽中、不易滑落，凹槽两侧加高为楼板厚度，按照间隔 800 ～ 1 000 mm 布置。方案设想图如图 7 所示。

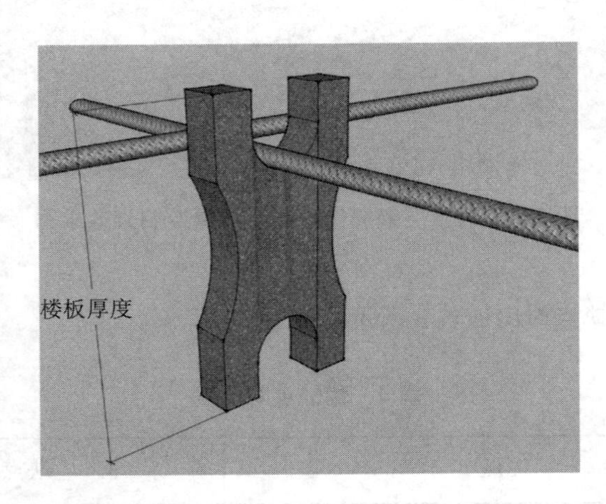

图 7　定制高强砂浆钢筋保护层及板厚控制块设想图

方案 5 优缺点对比如表 5 所示。

表5 优缺点对比表

优点	缺点
①一个控制块可同时解决上层钢筋保护层及板厚,尺寸准确,工序简单、使用方便	①与模板接触处为面接触,对砼表面观感略有影响
②制作工艺成熟,便于工厂化批量生产	②市场无该类产品,须定制模具,价格须协商

（三）确定最佳方案

QC小组在对上述五种方案进行定性和定量评价的基础上,确定了制作难度、综合造价、使用便利性、厚度控制准确度和可靠性、潜在病害五个指标进行对比,汇总如表6所示。

表6 方案比选表

指标	方案1	方案2	方案3	方案4	方案5
制作难度	较大	成品购置,难度小	成品购置,难度小	一般	小
综合造价	低	较低	较低	高	较低
使用便利性	好	好	较好	好	好
保护层厚度控制准确度和可靠性	差	差	一般	好	好
潜在病害	较大	大	无	一般	无

很显然,方案5“定制高强砂浆钢筋保护层及板厚控制块”为最佳方案。对方案5细致分析,在具体实施时,尚有以下几个关键要素需重点解决:

（1）须联系厂家进行制作模具,并协商价格。

（2）砂浆垫块的强度和规格尺寸需准确。

（3）使每块板的厚度与控制块相对应,防止错放,工人的责任心要强。

四、制订对策

对策措施如表 7 所示。

表 7　对策措施表

序号	关键要素	对策	目标	具体措施	地点	时间
1	须联系厂家进行制作模具，并协商价格	联系两家以上厂家，分别协商定样生产	控制块便于制作、确保价格与 V 形接近，降低成本	1. 分别联系两家以上生产单位，分别协商定价，以低价者中标生产 2. 对模具进行设计、排版	办公室	2014 年 4 月 16 日—30 日
2	砂浆垫块的强度和规格尺寸需准确	厂家批量生产成品垫块	确保垫块强度达标，尺寸准确无误	1. 核查有关证件资料。 2. 抽检砂浆垫块强度 C50±2 MPa；抽检砂浆垫块正常尺寸 ±2 mm。 3. 垫块平面形状误差不大于 2 mm	材料仓库	2014 年 5 月 10 日—8 月 20 日
3	使每块板的厚度与控制块相对应，防止错放	熟悉图纸，做好交底工作，并做好验收检查	每个工人具备熟练的操作技能，责任心强，态度认真	1. 熟悉图纸及板厚分类； 2. 对操作者进行现场操作技能交底； 3. 项目经理对工人的责任心进行教育； 4. 制订业绩奖惩制度	办公室 施工现场	2014 年 5 月 15 日—8 月 26 日

五、实施对策

实施一：须联系厂家进行制作模具，并协商价格

熟悉图纸，对图纸的板厚和板钢筋规格进行统计，来确定控制块的高度和凹槽深度，控制块宽度及厚度与厂家协商，以方便使用，合理并尽可能地降

低成本为原则。

经统计，此工程的楼面厚度大部分为 120 mm，个别 100 mm，上层钢筋为直径 8 mm 的三级钢，控制块可以按两个批次制作，一个高度为 120 mm，一个高度为 100 mm，凹槽深度为钢筋保护层 15 mm+ 上层钢筋的厚度 8 mm×2 根 =31 mm。控制块厚度为 30 mm，宽度为 60 mm。

厂家根据这个尺寸规格制作模具并生产（图 8），原 V 形成品与改良后 X 形对比图如 9 所示。

图 8　控制块机械模具

图 9　改良控制块与原垫块对比

实施二：砂浆垫块的强度和规格尺寸需准确

QC 小组严格按照砂浆垫块材料进场流程，从源头消除质量隐患。采购砂浆垫块必须有产品合格证和法定检测单位的检测检验报告，生产厂家必须具有技术质量监督部门颁发的生产许可证；否则，不得进入施工现场。

待全部证件资料检查合格后，还必须对到货进行抽样检查，抽检数量按有关规定执行，未经检测或检测不合格的一律不得使用。

结果：2014 年 5 月 10 日—8 月 26 日，QC 小组对进场的每批次砂浆垫块进行抽检，抽检和处理情况如表 8 所示，经检测合格的砂浆垫块有力保证了底层混凝土保护层的厚度值。

表 8　砂浆垫块进场检验和处理情况一览表

运抵批次	抽检数量/块	抗压强度不合格/块	尺寸不合格/块	形状不合格/块	抽检结果评定	处理情况
第 1 批（1 000 块）	100	2	0	0	合格	进场
第 2 批（2 000 块）	150	6	8	5	不合格	清场
第 3 批（2 000 块）	150	0	1	0	合格	进场

实施三：使每块板的厚度与控制块相对应，防止错放

本 QC 小组对已安装完工二层楼面的控制块进行验收，共计 60 块楼板，有 8 块板厚度错放，有个别地方间距过大。为此，指定了施工员对每块板厚度进行标记注明，工人安装好后，由质量员进行复核，符合要求后方可通知监理单位进行钢筋隐蔽验收。同时，组织了项目经理对工人的责任心进行教育，同时颁布了钢筋绑扎阶段表现优秀的班组按 2 000 元 / 组进行现金奖励的政策。

结果：2014 年 5 月 25 日上午，对已安装好的 60 块三层板面进行验收；错放合格率从原来的 86.7% 上升到 98%，效果显著（见图 10）；控制块应用情况如图 11 所示。

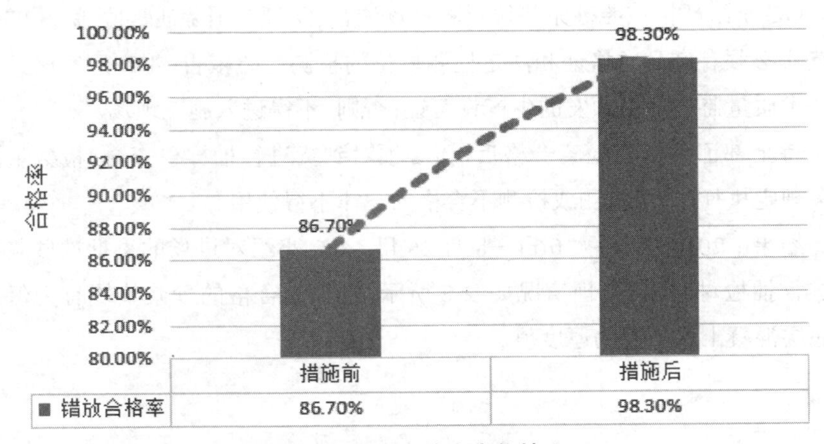

图 10　合格率检查变化情况

图 11　控制块应用情况

六、确认效果

该工程的控制块价格通过谈判，公司负责推广应用，基本同原来 V 形砂浆垫块同一价格。此工程由检测机构现场随机抽检，楼板钢筋保护层一次性合格率达到 92%，楼板厚度合格率 85%，完全满足规范要求，受到区质检站、建设单位的高度赞誉和一致好评。

七、总结

通过此次活动，QC 小组成员在团队精神、质量意识、改进意识、工作热情、QC 工具运用能力、进取精神等方面有了明显的改进和提升，详见图 12（活动前后对比雷达图），为今后继续开展 QC 小组活动打下了坚实的基础。

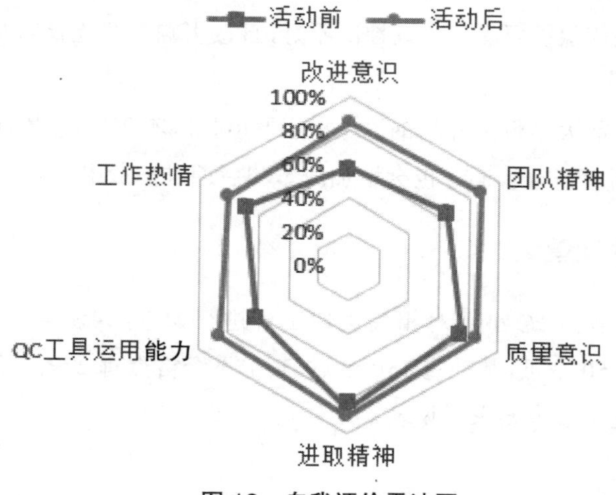

图 12　自我评价雷达图

提高现浇楼板上部钢筋保护层合格率

——以 MG 中学扩建工程 QC 小组为例

一、工程概况

MG 中学扩建工程结构类型为框架结构，由教学楼、报告厅、宿舍楼、食堂、艺术楼、风雨操场等几部分组成，总建筑面积 26 046.1 ㎡。此工程于 2013 年 6 月 25 日开工，质量目标为争创“甬江杯”优质工程，工程自开工起就列入公司年度创优计划，公司和项目部非常重视。

二、选题理由

理由 1：该工程质量目标为争创某市结构优质奖、某市“甬江建设杯”优质工程。

理由 2：该工程为学校工程，各领导都对此工程的质量比较重视。

理由 3：钢筋保护层厚度一旦控制不好，直接影响主体验收以及此工程的创优目标。

理由 4：目前大多数工程的钢筋保护层厚度控制不到位，会影响结构的耐久性和结构的使用年限，同时也会增加成本和后期维护费用。

三、现状调查

针对此课题，QC 小组对相关类似工程进行调查，共调查了三个工程，每个工程抽查 50 个点，共抽查 150 个点，其中不合格点有 27 个，合格率仅为 82%，还没有达到规范要求（见表 1）。

表 1 现状调查表

项目	YZ 区 SM 村商务办公楼建设	YZ 区 YL 镇 XDD 村新村建设一期工程	SN 街道九曲二期（B2 地块）安置小区工程
合格点	41	39	43
不合格点	9	11	7
合格率	0.82	0.78	0.86
平均合格率	0.82		

经过小组成员对公司其他项目的调查发现，楼板上部钢筋保护层的合格率普遍偏低，合格率难以达到规范要求的 90% 以上，都是经过后期处理，达到要求，通过设计认可，但这需要花费人力、物力、财力和时间。此工程作为公司创优项目，质量要求高。

四、设定目标

确定“提高现浇楼板上部钢筋保护层合格率”QC 活动的目标：通过实施现浇楼板钢筋保护层厚度控制活动，使钢筋保护层厚度的合格率达到 90% 以上（见图 1）。

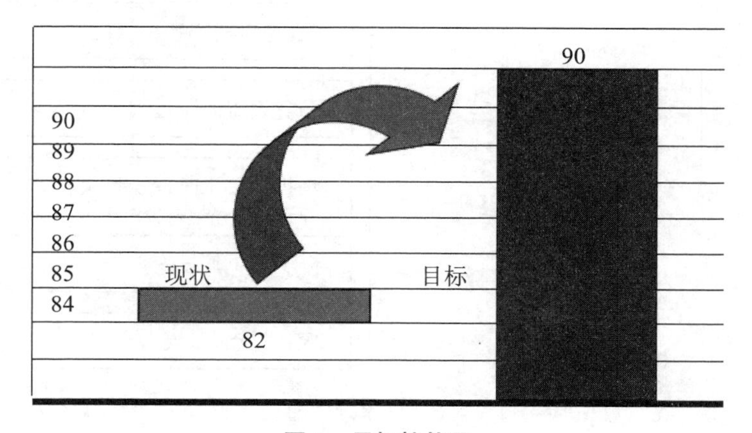

图 1 目标柱状图

五、原因分析

QC 小组曾多次组织全体成员召开专题会议，到施工现场调查研究，以产生质量问题的"人、材料和工艺"三个方面，认真分析影响楼板上部钢筋保护层厚度的原因，详见图 2 所示的因果分析图。

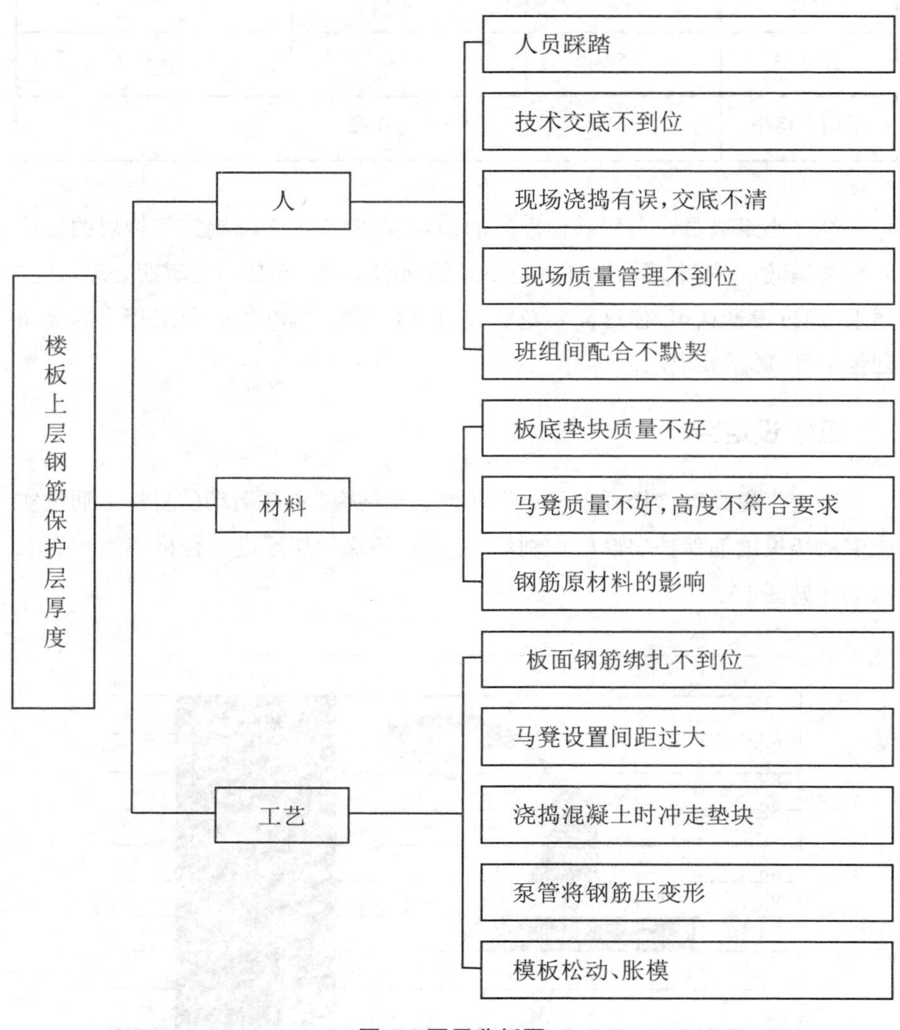

图 2　因果分析图

表 2 要因确认表

序号	因素名称	确定方法	确认情况	是否要因
1	人员踩踏	现场调查	施工现场作业人员较多，难以避免在钢筋上走动，特别是板筋直径较小的部位	是
2	技术交底不到位	调查分析	施工前项目部管理人员对各班组进行了详细的交底	否
3	现场质量管理不到位	现场调查	现场的管理人员均为经验丰富的老施工员	否
4	班组间配合不默契	现场调查	现场班组交叉作业，由各班组长协调	否
5	板底垫块质量不好	现场调查	垫在板底部钢筋下的垫块强度不足，部分容易发生破碎，同时垫块的厚薄也不一	是
6	马凳质量不好，高度不符合要求	现场调查	马凳均由厂家统一生产制作，购买前进行了比对，选择了质量较好的厂家	否
7	板面钢筋绑扎不到位	现场调查	班组施工经验丰富，现场管理人员也进行了检查	否
8	马凳设置间距过大	现场调查	马凳放置按照规范要求，在混凝土浇捣前由业主监理、施工员及班组长一起检查，漏放的都及时补齐	否
9	浇捣混凝土时冲走垫块	现场调查	垫块制作均与扎丝一起，放置垫块时与钢筋绑扎牢固	否
10	泵管将钢筋压变形	现场调查	现场采用的泵管用钢管搭设的架子支撑	否
11	模板松动、胀模	现场调查	此工程的模板是全新的，施工班组也是经验丰富的老班组	否
12	钢筋原材料的影响	现场调查	板上部钢筋为ϕ 8 mm 的圆钢时，保护层偏大的较多，而用ϕ 10 mm 的螺纹钢的板上部保护层厚度控制较好	是

由表2对要因分析确认可以看出，影响楼板钢筋保护层厚度的主要因素有：

（1）人员踩踏；

（2）板底垫块质量不好；

（3）钢筋原材料的影响。

六、制订对策

根据以上确认的主要因素，小组成员经过研究讨论和综合分析评价，制订出表3所示的对策。

表3　对策表

序号	要因	目标	对策	完成时间
1	人员踩踏	尽量避免踩踏现象，对已经踩踏变形的钢筋及时修复	在楼板浇捣前，对现场作业人员和管理人员进行交底，尽量减少在钢筋上的踩踏，并及时检查	2013.10.8
2	板底垫块质量不好	确保垫块的强度达到要求，尽量缩小钢筋保护层的误差	采用细石砼制作的垫块	2013.9.25
3	钢筋原材料的影响	根据钢筋原材料使用不同位置进行不同的控制，尽量减小影响	对于采用圆钢的楼板，马凳的数量适当加密，做好成品保护	2013.9.30

七、对策实施

为了使对策得到贯彻落实，小组采取以下实施方法：

实施一

减少人员对板筋的踩踏，确保钢筋在浇筑前符合要求。

（1）在楼板钢筋浇筑前，由技术负责人对作业的相关班组人员以及管理人员进行详细的技术交底，强调在浇筑过程中尽量减少在板筋上的踩踏，尽量在梁上走动；

（2）在混凝土浇筑时，现场管理人员亲自指挥和监督作业人员；

（3）由钢筋班组派专人对出现踩踏破坏的部位及时进行修复。

实施二

板底部钢筋的垫块采用细石砼统一制作，确保板筋保护层厚度。

（1）所有楼板底部钢筋保护层垫块全部现场统一制作，控制好垫块的厚度和强度。

（2）在混凝土浇捣前，由施工员带领班组长及专人对板底垫块进行全面详细检查，对破碎和漏放的垫块及时整改。

（3）控制好垫块的间距，必要时可以适当增加垫块数量。

施工现场垫块放置如图3所示。

图3　施工现场垫块放置

实施三

对于采用圆钢的部分楼板马凳数量适当增加，并做好成品保护。

（1）根据图纸，在钢筋绑扎时，对于易踩踏的部位适当增加马凳数量（见图4）。

（2）对于钢筋直径较小易踩踏的部位做好成品保护，作业人员尽量在梁钢筋上行走。

图 4　易踩踏部位马凳放置

八、效果检查

楼板浇筑完成后,项目部会同公司工程科对楼板钢筋保护层进行了检测(见图 5)。

图 5　现场检测

检测结果如表4所示。

表4 检查结果表

序号	构件名称	检测构件数量	实测点数	合格点数	合格率
1	宿舍楼2层楼板	5	30	30	100%
2	宿舍楼3层楼板	5	30	30	100%
3	宿舍楼5层楼板	5	30	28	93.3%
4	教学楼2层楼板	5	30	28	93.3%
5	教学楼4层楼板	5	30	29	96.7%
6	教学楼5层楼板	5	30	29	96.7%
7	艺术楼2层楼板	5	30	30	100%
8	艺术楼4层楼板	5	30	30	100%
9	食堂2层楼板	5	30	29	96.7%
10	报告厅2层楼板	5	30	28	93.3%
合计		50	300	291	97%

九、总结

通过此次QC活动，混凝土结构的施工质量得到了大大提高，深刻认识到工程的质量随时会受到操作者、施工工艺、原材料、施工机具、施工环境等因素的影响，只要其中某个因素发生了异常，工程质量将会随之波动，同时，感受到质量工作全员性、全过程性、全方位性的重要性。为检查此次活动效果，QC小组对活动成员进行了问卷调查，调查结果见表5。

表 5　QC 活动体会调查表

评价内容	质量意识	团队精神	进取精神	改进意识	QC 工具应用技巧	工作热情干劲
实施前 / 分	78	65	60	50	60	80
实施后 / 分	98	85	92	80	95	95

效果评价雷达图见图 6。

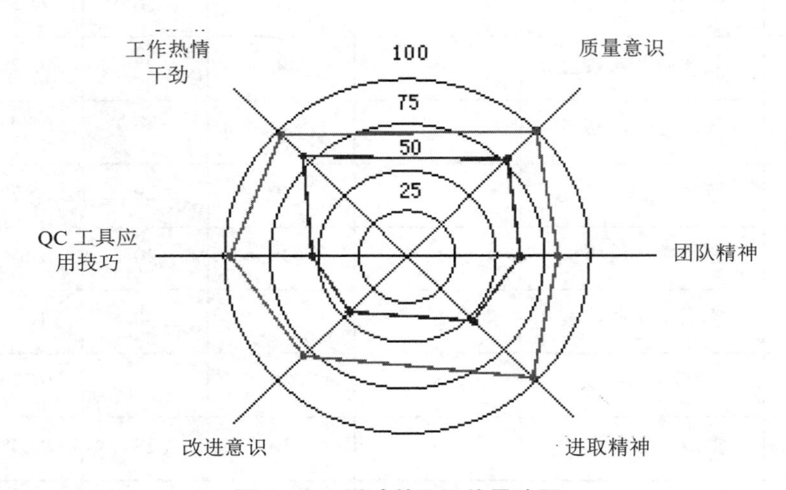

图 6　QC 活动效果评价雷达图

提高现浇混凝土楼板上排钢筋保护层厚度合格率

——以某市 HS 区 HS 学校建设工程 QC 小组为例

一、工程概况

某市 HS 区 HS 学校建设工程，总建筑面积 54 839 ㎡；结构类型为框架结构；地下一层，地上 1～5 层建筑。

二、选题理由

现浇混凝土楼板上排钢筋保护层厚度控制不到位一直是各施工企业的一个质量通病，又因其为隐蔽工程，易被人忽视，故质量控制不容乐观。已完工的工程项目的现浇混凝土楼板上排钢筋保护层厚度控制不理想，质量不稳定，个别工程合格率在 80%～85%，严重影响了建筑结构的安全性和耐久性。公司对实测实量工作非常重视，钢筋保护层厚度合格率是重点监控对象，要求现浇混凝土楼板上排钢筋保护层厚度合格率达到 90% 以上。

三、现状调查

2016 年 7 月初，QC 小组随机对已完工的 5 个工程项目的存档资料进行了调查分析和统计。根据调查统计结果，得出 5 个工程项目现浇混凝土楼板上排钢筋保护层厚度的控制情况，如表 1 所示。

表 1　混凝土楼板上排钢筋保护层厚度调查结果

序号	工程名称	检查点数	不合格点数	不合格率 / %	合格率 / %	调查时间
1	CXGH 集团厂房一期	200	29	14.5	85.5	2016-7-1
2	SDN 集团大楼	200	37	18.5	81.5	2016-7-1
3	某市 YL 厂地块	200	35	17.5	82.5	2016-7-4
4	某市政集团办公大楼	200	30	15.0	85.0	2016-7-4
5	BLXG 安置房项目	200	39	19.5	80.5	2016-7-4
合计		1 000	170	17.0	83.0	—

由表 1 可知，现场上排钢筋保护层厚度控制情况不容乐观，合格率仅为 83%，未达到规范要求，QC 小组成员为进一步探索影响现浇混凝土楼板上排钢筋保护层厚度质量的因素，做了进一步调查分析，得出表 2 所示的统计表和图 1 所示排列图。

表 2　现浇混凝土楼板上排钢筋保护层厚度质量影响因素统计表

序号	质量缺陷	频数	频率 / %	累计频率 / %
1	上排钢筋支撑马凳失稳翻倒	120	70.6	70.6
2	上排钢筋散塌	23	13.5	84.1
3	上排钢筋弯曲变形	14	8.2	92.3
4	楼板混凝土浇捣超厚	8	4.7	97.0
5	其他	5	3.0	100
合计		170	100	—

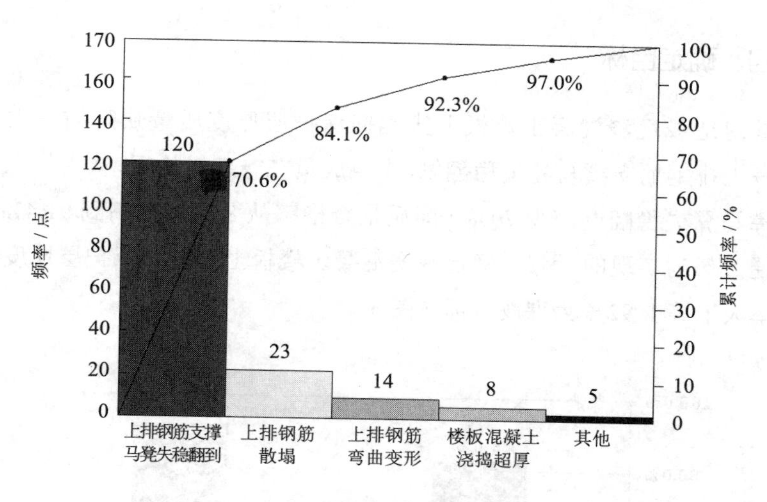

图 1 质量缺陷排列图

从图 1 中可知,影响现浇混凝土楼板上排钢筋保护层厚度质量的最主要因素是:上排钢筋支撑马凳失稳翻倒(频数 120),占总数的 70.6%。若此影响因素的频数能降下来,则现浇混凝土楼板上排钢筋保护层厚度质量缺陷率即可大幅降低。因此,QC 小组将解决上排钢筋支撑马凳失稳翻倒(图 2)作为此次 QC 活动的重点。

图 2 上排钢筋支撑马凳失稳翻倒

四、确定目标

针对造成现浇混凝土楼板上排钢筋保护层厚度质量缺陷的最主要因素——上排钢筋支撑马凳失稳翻倒，小组成员在一起讨论后，认为将上排钢筋支撑马凳失稳翻倒减少 70%（即质量合格率从 83.0% 提高到 91.4%）是能够通过努力实现的。因此，确定现浇混凝土楼板上排钢筋保护层厚度质量合格率大于等于 92% 为课题目标（图 3）。

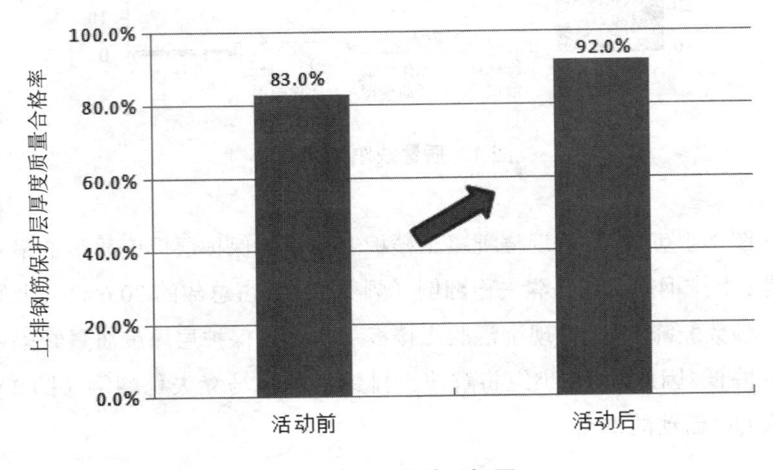

图 3　QC 活动目标图

五、原因分析

2016 年 8 月 11 日下午，小组成员邀请设计院、业主、监理、马凳厂商、公司部门负责人针对现浇混凝土楼板上排钢筋保护层厚度质量合格率召开了专题会议，对上排钢筋支撑马凳失稳翻倒现象进行了认真分析，分析结果如图 4 所示。

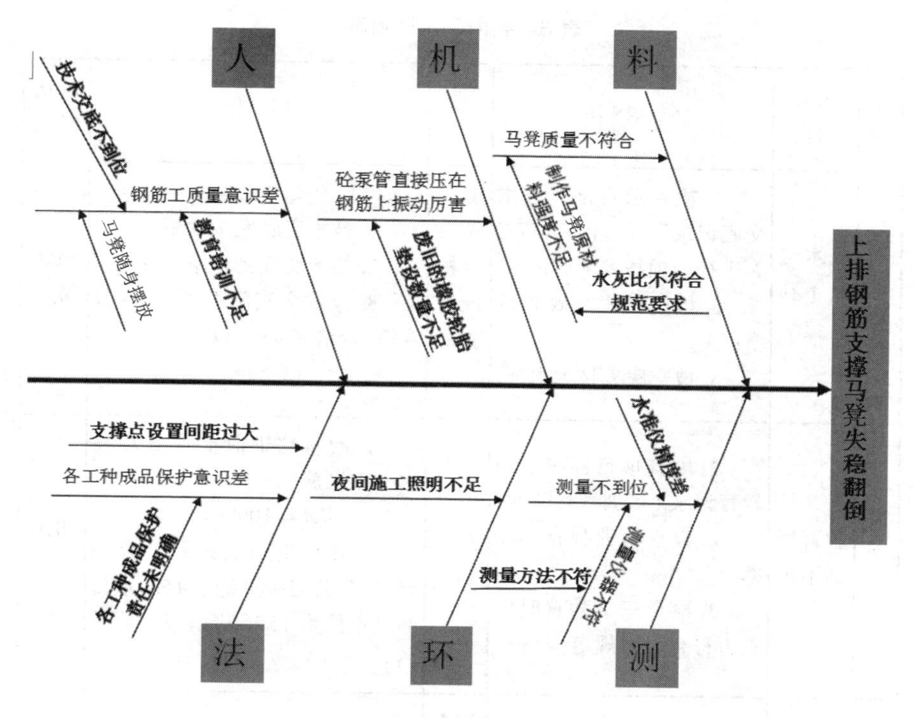

图 4　因果分析图

六、要因确认

造成上排钢筋支撑马凳失稳翻倒的末端原因共有 10 项，QC 小组针对这些末端因素制订了要因确认计划表（见表 3），并根据检查情况进行要因确认。

表 3　要因确认计划表

序号	末端因素	确认内容	确认方法	标　准	确认时间
1	技术交底不到位	1. 检查项目部"技术交底记录"：有无对钢筋工人进行专项技术交底； 2. 检查技术交底到场率； 3. 被交底人技术水平	调查分析现场验证	1. 技术交底率 100%； 2. 技术交底到场率 100%； 3. 技术交底问卷考核 80 分合格，合格率 95% 以上	2016.9.2
2	教育培训不足	1. 检查项目部《三级教育记录》培训教育时间； 2. 检查培训教育到场率； 3. 检查三级教育时间是否符合公司规定	调查分析现场验证	1. 教育培训时间在专项技术交底之前； 2. 到场率 100%。 3. 教育培训实践符合公司要求；分公司级不低于 15h，项目部级不低于 15 h，班组级不低于 15 h	2016.9.7
3	马凳随意摆放	抽测钢筋工人马凳摆放后失稳情况	调查分析现场	马凳摆放情况合格率达 95% 以上	2016.9.15
4	废旧的橡胶轮胎垫设数量不足	1. 检查废旧轮胎储备数量是否充足； 2. 检查现场轮胎垫设是否物尽其用	调查分析现场验证	1. 有足够的废旧橡胶轮胎； 2. 现场废旧轮胎垫设合理，物尽其用	2016.10.5
5	水灰比不符合规范要求	1. 现场使用的水泥马凳水灰比是否符合规范要求； 2. 市场上其他厂家生产的水泥马凳水灰比是否符合规范要求	调查分析现场验证	水灰比应保持在 0.5 及以下水泥马凳强度方能达到施工要求	2016.10.12

续表

序号	末端因素	确认内容	确认方法	标　准	确认时间
6	支撑点设置间距过大	1. 查阅“技术交底”中明确的马凳间距设置要求； 2. 检测现场马凳布置间距是否符合技术交底要求； 3. 现场按要求布置马凳后其上排钢筋保护层厚度合格率	调查分析现场验证	1. 根据现场，“技术交底”要求，马凳间距为 300 mm； 2. 现场马凳间距布置符合交底内容要求； 3. 根据技术交底要求设置马凳间距，其钢筋保护层厚度合格率达 90% 以上	2016.10.17
7	各工种成品保护责任未明确	1. 检查现场是否建立相关责任制度； 2. 调查责任制度是否落实到位	调查分析现场验证	1. 现场有关于明确各工种岗位职责及注意要点等的成品保护责任制度； 2. 定期组织会议频率 1 次 / 周	2016.10.20
8	夜间照明不足	1. 现场灯具数量设置是否充足； 2. 现场灯具瓦数是否符合要求； 3. 现场灯具是否处于可正常使用状态	调查分析现场验证	1. 夜间施工段灯具设置数量充足； 2. 现场灯具瓦数均达 2 500 W 以上； 3. 现场灯具均处于正常使用状态（未破损）	2016.10.23
9	水准仪精度差	1. 水准仪精度值是否符合要求； 2. 水准仪是否破损	调查分析现场验证	1. 水准仪精度误差率 ±2 mm； 2. 水准仪处于正常使用状态（未破损）	2016.10.25
10	测量方法不符	检查测量方法是否符合水准仪测量规范	调查分析现场验证	测量方法符合《水准仪测量规范》要求	2016.10.25

1. 技术交底不到位

标准：技术交底率 100%；技术交底到场率 100%；技术交底问卷考核 80 分合格，合格率 95% 以上。

现场调查：2016 年 9 月 2 日，QC 小组成员到现场调查项目部“技术交底记录”的落实情况并拍照记录（见图 5）；同时组织操作工人问卷考核（见图 6）。

调查结果：项目部“技术交底记录”完整，且到场率 100%（见图 7），技术交底问卷结果 95% 成员分数在 90 分以上，且无低于 80 分。

结论：非要因。

图 5　技术交底记录

图 6　技术交底问卷考核现场

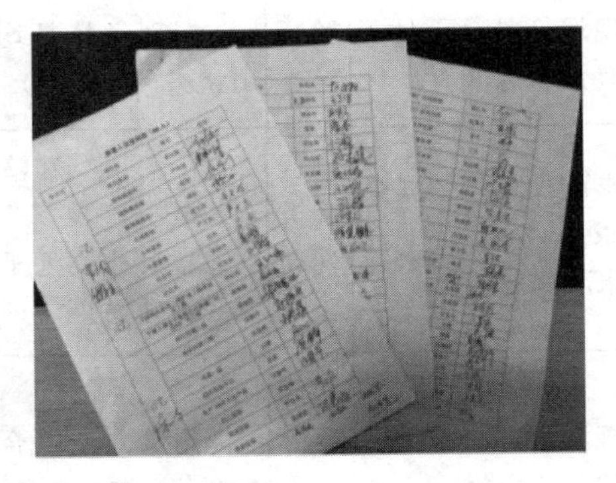

图 7　技术交底问卷考核签到单

2. 教育培训不足

标准：教育培训时间在专项技术交底之前；到场率 100%；培训教育实践符合公司要求：分公司级不低于 15 h，项目部级不低于 15 h，班组级不低于 20 h。

现场调查：2016 年 9 月 7 日，QC 小组成员到现场调查项目部“三级教育记录”情况，并拍照记录。调查结果显示：项目部按时在专项技术交底前进行三级教育（见图 8），且到场率 100%，三级教育时间符合公司规定。

结论：非要因。

图 8 教育培训现场

3. 马凳随意摆放

标准：马凳摆放情况合格率达 95% 以上。

现场调查：2016 年 9 月 15 日，QC 小组成员到现场对钢筋工班组的钢筋工人的实际马凳摆放情况做现场调查，调查发现现场马凳摆放秩序混乱如图 9 所示。小组抽测了 3 位钢筋工人的现场情况并做数据记录及分析如表 4 所示。

图 9　现场马凳摆放混乱

表 4　马凳摆放合格记录表

钢筋工人	马凳个数	合格个数	不合格个数	合格率	时间
洪 **	30	21	9	70%	2016.7.1
陈 **	30	17	13	56.7%	2016.7.4
周 **	30	19	11	63.3%	2016.7.4
合计	90	47	43	52.2%	—

调查结果：3 位钢筋工人虽然都是本专业工种，但是由于质量意识不强，且马凳个数过多，摆放工作枯燥等原因，实际合格率仅为 52.2%，未满足标准要求。

结论：要因。

4. 废旧的橡胶轮胎垫设数量不足

标准：有足够的废旧橡胶轮胎；现场废旧轮胎垫设合理，物尽其用。

现场调查：2016 年 10 月 5 日，在混凝土浇捣前，QC 小组成员到泥工施工班组的工作区，调查统计现场废旧汽车轮储备量充足，且轮胎垫设到位，物尽其用。

结论：非要因。

5. 水灰比不符合规范要求

标准：水灰比应保持在 0.5 及以下，水泥马凳强度方能达到施工要求。

现场调查：2016 年 10 月 12 日，QC 小组成员通过网络及查阅相关书籍了解到市场上水泥马凳的标准水灰比为 0.5，同时，抽测多家厂家生产的水泥马凳水灰比情况并做数据统计及分析，如表 5 所示。

表 5　水灰比检测结果

<table>
<tr><td rowspan="11">厂家1</td><td>构件号</td><td>水灰比（近似值）</td><td rowspan="11">厂家2</td><td>构件号</td><td>水灰比（近似值）</td><td>合格率</td></tr>
<tr><td>马凳 1</td><td>0.6</td><td>马凳 1</td><td>0.5</td><td rowspan="3">35%</td></tr>
<tr><td>马凳 2</td><td>0.8</td><td>马凳 2</td><td>0.6</td></tr>
<tr><td>马凳 3</td><td>0.5</td><td>马凳 3</td><td>0.5</td></tr>
<tr><td>马凳 4</td><td>0.9</td><td>马凳 4</td><td>0.8</td><td rowspan="7">35%</td></tr>
<tr><td>马凳 5</td><td>0.5</td><td>马凳 5</td><td>0.7</td></tr>
<tr><td>马凳 6</td><td>0.7</td><td>马凳 6</td><td>0.5</td></tr>
<tr><td>马凳 7</td><td>0.8</td><td>马凳 7</td><td>0.6</td></tr>
<tr><td>马凳 8</td><td>0.6</td><td>马凳 8</td><td>0.8</td></tr>
<tr><td>马凳 9</td><td>0.9</td><td>马凳 9</td><td>0.9</td></tr>
<tr><td>马凳 10</td><td>0.5</td><td>马凳 10</td><td>0.5</td></tr>
</table>

调查结果：根据调查结果显示，市场上购买的水泥马凳实际水灰比合格率仅为 20%，水灰比越大，则水泥马凳的强度则越小，严重影响了水泥马凳支撑上排钢筋的成型质量，因此，未能满足目标要求。

结论：要因。

6. 支撑点设置间距过大

标准：马凳设置间距稳妥。

现场调查：2016 年 9 月 15 日 QC 小组对现场的马凳进行了排查，发现现场马凳的摆放横向间距过大且竖向不贯通，可能在施工过程中或混凝土浇捣时发生马凳失稳现象，方案中明确的马凳间距针对性不强。

结论：要因。

7. 各工种成品保护责任未明确

标准：有相应的责任制度。

现场调查：2016 年 10 月 20 日，QC 小组联系了分公司、项目部相关负责人咨询与现场管理、责任落实有关的责任制度及落实情况，后发现项目部与各工种除签订劳务合同外，无其他相关责任制度，管理方法不够严谨。

结论：要因。

8. 夜间照明不足

标准：夜间施工段灯具设置数量充足；现场灯具瓦数均达 2 500 W 以上；现场灯具均处于正常使用状态（未破损）。

现场调查：2016 年 10 月 23 日，QC 小组成员去现场检查夜间施工段照明设备情况，随机抽 3 个区域，抽查结果如表 6 所示。

表 6 照明情况抽查表

随机抽查	区域 1			区域 2			区域 3		
	照明设备数量	灯具瓦数	设备状态	照明设备数量	灯具瓦数	设备状态	照明设备数量	灯具瓦数	设备状态
照明情况	充足	符合	符合	充足	符合	符合	充足	符合	符合

由表 6 可知，现场夜间施工段照明设备数量充足，灯具瓦数达到规范要求，且设备均处于正常使用状态，满足目标要求。

结论：非要因。

9. 水准仪精确度差

标准：水准仪精度误差率 ±2 mm；水准仪处于正常使用状态（未破损）。

现场调查：2016 年 10 月 25 日，QC 小组将项目部的 3 台水准仪进行了自检校核，检查结果如表 7 所示。

表7 水准仪精确度校验表

水准仪	1#		2#		3#	
	精度值误差	设备状态	精度值误差	设备状态	精度值误差	设备状态
检查结果	符合	符合	符合	符合	符合	符合

3台水准仪精度值均满足施工要求且处于正常使用状态,满足目标要求。

结论:非要因。

10. 测量方法不符

标准:测量方法符合《水准仪测量规范》要求。

现场调查:QC小组成员现场调查几位施工员的测量过程并做记录,施工员水准仪操作技术娴熟且符合要求,测量方法未对测量效果产生影响。

结论:非要因。

通过以上逐条确认,找出了影响"上排钢筋支撑马凳失稳翻倒"的主要原因是:

①马凳摆放随意;②水灰比不符合规范要求;③支撑点设置间距过大;④各工种成品保护责任不明确。

七.制订对策

对策分析评价如表8所示。对策表如表9所示。

表8 对策分析评价表

要因	对策方案	评估					综合得分	选定方案
		有效性	可实施性	经济性	可靠性	时间性		
马凳随意摆放	调整钢筋工劳务合同,设立与马凳摆放情况挂钩的"奖罚制"	◎	◎	○	◎	○	21	首选
	设置专人摆放马凳,并由此人进行过程监督,发现损坏立即替换	○	◎	◎	○	○	19	不选

续表

要因	对策方案	评估					综合得分	选定方案
		有效性	可实施性	经济性	可靠性	时间性		
马凳水灰比不符合规范要求	调整水泥水灰比	○	△	○	△	△	9	不选
	选用四角水泥马凳	◎	○	△	○	△	14	不选
	选用新型钢筋马凳	◎	◎	◎	◎	◎	25	首选
支撑点设置间距过大	调整支撑点设置间距	◎	◎	○	◎	◎	23	首选
	对间距过大的部位补充支撑	○	○	△	△	△	9	不选
各工作成品保护责任不明确	落实各专业工种责任制，并与季度考核挂钩	◎	◎	◎	◎	○	23	首选
	采取定期例会制度	○	○	○	○	○	15	不选

表9 对策表

序号	要因	对策	目标	措施	地点	时间
1	马凳随意摆放	调整钢筋工劳务合同，设立与马凳摆放情况挂钩的“奖罚制”	马凳因钢筋工操作不规范失稳翻倒率下降，合格率达95%	1. 调整劳务合同，将原合同钢筋人工单价上调20元/d；合同中明确质量责任，设立与马凳上排钢筋马凳摆放情况挂钩的“奖罚表”。 2. 与钢筋工重新签订劳务合同，重新对钢筋工进行书面、口头交底。 3. 现场调查并记录各区域钢筋工放置马凳的实际情况	现场	2016年10月26日

续表

序号	要因	对策	目标	措施	地点	时间
2	马凳水灰比不符合规范要求	选用新型钢筋马凳	马凳因自身强度低、平稳性差翻到率下降，合格率达95%以上	1. 对新型钢筋马凳货源进行对比分析，选用经济性、可实施性较高的钢筋马凳。 2. 现场调查各区域钢筋马凳的翻倒情况	现场	2016年10月27日
3	支撑点设置间距过大	调整支撑点设置间距	现场上排钢筋马凳摆放横平竖直	1. 将施工方案中马凳设置横向间距调整为1m，竖向贯通布置； 2. 方案重新经公司、业主、监理审批后实施； 3. 现场调查并影像记录各区域钢筋马凳的成形情况	现场	2016年10月28日
4	各工种成品保护责任不明确	落实各专业工种责任制，并与季度考核挂钩	因各工种交叉作业致使马凳翻倒率降低，合格率达95%以上	1. 制订成品保护责任制，将各工种岗位职责及操作过程中的注意事项整理成文； 2. 每周组织钢筋工、浇捣工“班组长例会”，沟通工作进度，合理安排下一步工作，共同解决工作中遇到的问题，达成共识； 3. 班组长例会后由班组长对班组内成员进行交底，进一步细化落实下一步工作	现场	2016年10月29日

八. 对策实施

实施一：调整钢筋工劳务合同，设立与马凳摆放情况挂钩的“奖罚制”。

小组成员经过现场统计核算，上排钢筋马凳采用新方案后，用工增加0.09个工日。结合实际，小组经商讨后一致认为钢筋人工单价可上调20元/d，同时也在劳务合同中补充与马凳摆放情况挂钩的“奖罚表”（详见表10），实行奖罚制度以便进一步明确、执行质量责任。与钢筋工重新签订劳务合同，并重新对钢筋工人进行书面、口头技术交底。

表 10 奖罚表

惩罚措施	每平方米马凳不合格个数大于等于 2 个	奖励措施	一层楼板钢筋马凳未出现惩罚情况
个人	10 元 / 每 2 个	个人	100 元
班组	30 元 / 每 2 个	班组	500 元

实施效果：钢筋工单价上调后钢筋工人积极性提高，其工作效率显著提升。钢筋工人深知马凳的摆放情况会直接影响其工资收入，因此，操作时态度更为端正。QC 小组成员现场调查结果显示，调整钢筋工劳务合同后现场因钢筋工态度不端正、操作不规范而导致的马凳翻倒失稳率明显降低。现场抽测结果详见表 11。

表 11 马凳合格记录表

钢筋工人	马凳个数	合格个数	不合格个数	合格率
洪 **	30	30	1	96.7%
陈 **	30	30	0	100%
周 **	30	30	1	96.7%
合计	90	90	2	97.8%

QC 小组成员对现场 3 名钢筋工人进行跟踪调查，在马凳摆放后，混凝土浇筑前，及时记录并做统计分析，其合格率由原先的 52.2% 提升为 97.8%，满足目标要求，完成了目标任务，且保证了上排钢筋保护层的施工质量。

实施二：结合新型钢筋马凳

小组成员经现场调查，结合实际对新型钢筋马凳货源进行对比分析，选用经济性、可实施性较高的新型钢筋马凳（见图 10），用量为 2 个 / ㎡，单价为 0.7 元 / 个，每平方价格为 1.4 元。

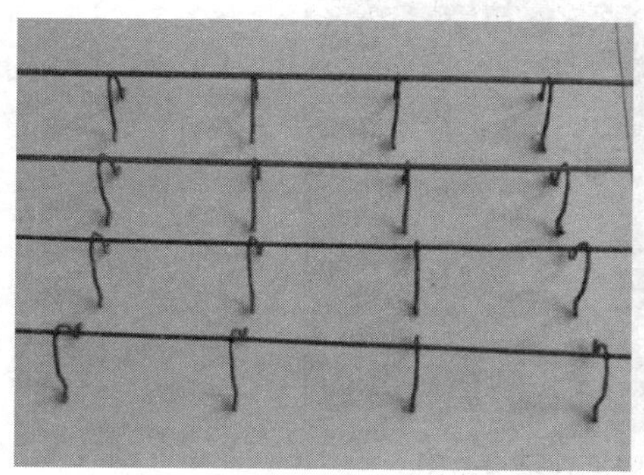

图 10 新型成品钢筋马凳

实施效果：QC 小组成员在楼板钢筋绑扎完后，针对同一批钢筋工人，就使用新型钢筋马凳前，马凳失稳翻倒现象做现场调查记录（表 12），两个成年男子踩在新型钢筋马凳上（见图 11），马凳不因强度不足而发生破坏或翻倒，且钢筋马凳抗倾覆能力强于水泥马凳，因此，新型钢筋马凳强度符合施工质量要求。

表 12 马凳合格记录表

钢筋工人	马凳个数	合格个数	不合格个数	合格率
洪 **	30	30	0	100%
陈 **	30	30	0	100%
周 **	30	30	0	100%
合计	90	90	0	100%

图 11　马凳强度现场检验图

实施三：调整支撑点设置间距

为了进一步强化马凳的整体性，小组成员经一系列数据分析，将施工方案中新型钢筋成品马凳，横向间距调整为 1 m，竖向贯通布置。施工方案重新经公司、业主、监理审批后投入使用。QC 小组成员针对马凳设置间距调整后的现场，马凳成形情况进行了现场调查并留存影像资料（见图 12）。

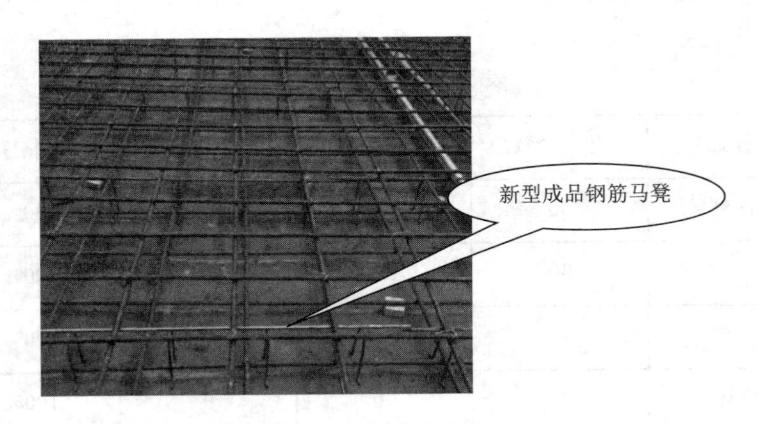

图 12　钢筋马凳布置图

实施效果：由图 12 可知，现场钢筋马凳摆放横平竖直，成形效果良好。马凳的整体性大大提升，具有了较大的强度和抗倾覆能力，较之前相比更难发生失稳坍塌以及更难被外界因素影响，保证了上排钢筋保护层厚度的施工质量。

实施四：各工种成品保护责任不明确

QC 小组成员通过多次与项目部相关管理人员沟通，共同商讨完善各工种成品保护责任制，将各工种岗位职责及操作过程中的注意事项整理成文并公示。每周组织开展钢筋工、振捣工“班组长例会”，沟通各工种工作进度，合理安排下一步工作，共同解决工作中遇到的问题，达成共识；而后由班组长跟班组内成员进行交底，进一步细化落实下一步工作。

实施效果：钢筋绑扎完毕后，QC 小组成员对马凳在各工种交叉作业前后马凳失稳翻倒情况做了调查记录，调查结果显示：马凳因各工种交叉作业时致使马凳翻倒的现象明显改善，合格率达 100%（详见表 13），各工种都会有意识地去保护成品，如果不可避免地要发生破坏，也会及时通知钢筋工进行修正，确保了浇筑混凝土时钢筋马凳按照要求放置稳妥，保证了上排钢筋保护层的施工质量。

表 13 马凳失稳翻倒情况表

区域	马凳个数	交叉作业前翻倒数	交叉作业后翻倒数	合格率
A 区	30	0	0	100%
B 区	30	0	0	100%
C 区	30	0	0	100%

九．效果检查

（一）针对目标值检查

2016 年 11 月 5 日，小组成员对楼板混凝土浇筑时上排钢筋支撑马凳失稳翻倒情况进行了针对性检查，发现上排钢筋支撑马凳失稳翻倒现象明显减少，具体统计数据如表 14 所示。

表 14　上排钢筋支撑马凳失稳翻倒缺陷对比表

质量缺陷	整改后频数	整改前频数
上排钢筋支撑马凳失稳翻倒	20	120

从表 14 中数据可知，上排钢筋支撑马凳失稳翻倒频数降低到了 20 次，减少了（120 － 20）/120=83.3%，上排钢筋保护层厚度质量合格率提高到 93.0%，实现了小组制订的"现浇混凝土楼板上排钢筋保护层厚度质量合格率大于 92%"的目标，说明施工措施合理可行。活动前后效果放置对比如图 13 所示。

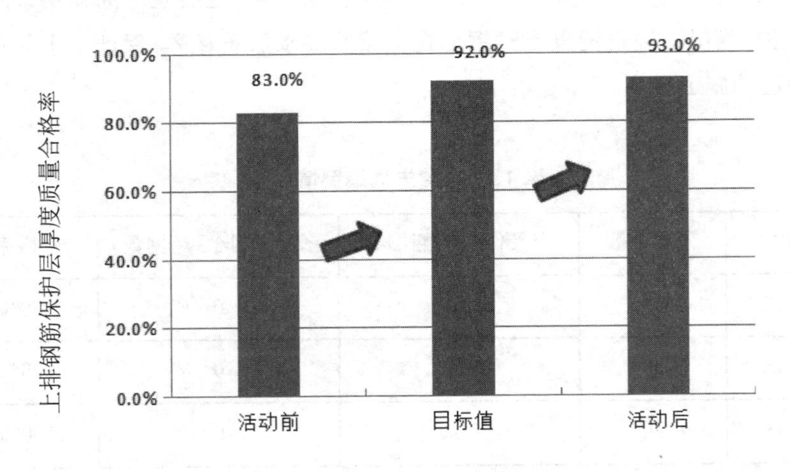

图 13　活动前后效果对比图

（二）经济效益

新型成品钢筋马凳用量为 2 个 / ㎡，单价为 0.7 元 / 个，每平方价格为 1.4 元。现以 100 ㎡为例：100 ㎡ ×1.4 元 / ㎡ =140 元。

混凝土马凳用量为 5 个 / ㎡，单价为 0.35 元 / 个，每平方价格为 1.75 元。现以 100 ㎡为例：100 ㎡ ×1.75 元 / ㎡ =175 元。

因此，新型钢筋马凳相比混凝土马凳，前者成本较低，节省 0.35 元 / ㎡，每 100 ㎡节约造价 35 元，此工程实际工程量约为 54 000 ㎡，共计节约造价约 18 900 元。

（三）社会效益

新型的成品钢筋马凳的使用，有利于对传统质量通病的整治，提升了一次通过结构优质工程的概率，得到了业主和监理的一致好评，为行业改善上排钢筋保护层厚度问题提供了一定的借鉴参考价值。

十．总结

QC 小组根据此工程空心楼盖施工艺特点，总结经验，编制了《现浇混凝土楼板上排钢筋保护层厚度施工》作业指导书，见图 14，同时，在总公司 11 月份的工程月报中，还刊登了关于采用新型成品钢筋马凳的内容，供公司内部交流学习，见图 15，在质量意识、个人能力、团队精神、QC 知识、参与意识和工作态度上都有了长足的进步，见表 15，图 16。

图 14　作业指导书

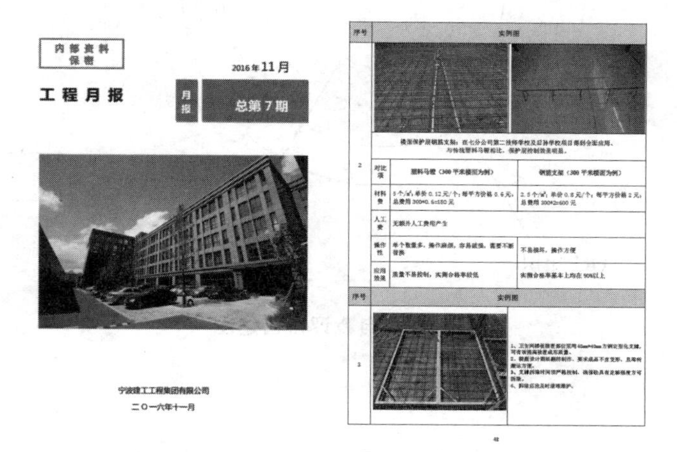

内部资料
保密

工程月报

2016年11月

月报　总第7期

宁波建工工程集团有限公司

二〇一六年十一月

序号	实例图		
2	楼面保护层钢筋支架：在七分公司第二技师学校及[illegible]学校项目得到全面应用，与传统塑料马凳相比，保护层控制效果明显。		
	对比项	塑料马凳（300平米楼面为例）	钢筋支架（300平米楼面为例）
	材料费	5个/㎡，单价0.12元/个；每平方价格0.6元，总费用300*0.6=180元	2.5个/㎡；单价0.8元/个；每平方价格2元，总费用300*2=600元
	人工费	无额外人工费用产生	
	操作性	单个数量多，操作麻烦，容易破损，需要不断替换	不易损坏，操作方便
	应用效果	质量不易控制，实测合格率较低	实测合格率基本上均在90%以上

序号	实例图	
3		1、[illegible]方钢定型化支撑，可有效提高浇筑成形质量。 2、根据设计图纸翻样制作，要求成品不变形，且考虑拆除方便。 3、支撑拆除时间严格控制，确保砼具有足够强度方可拆除。 4、拆除后及时清理维护。

42

图 15　工程月报刊物

表 15　综合素质评价表

序号	评价内容	活动前 / 分	活动后 / 分
1	质量意识	88	93
2	个人能力	82	91
3	团队精神	86	90
4	QC 知识	75	85
5	参与意识	80	91
6	工作态度	85	93
总分		496	543

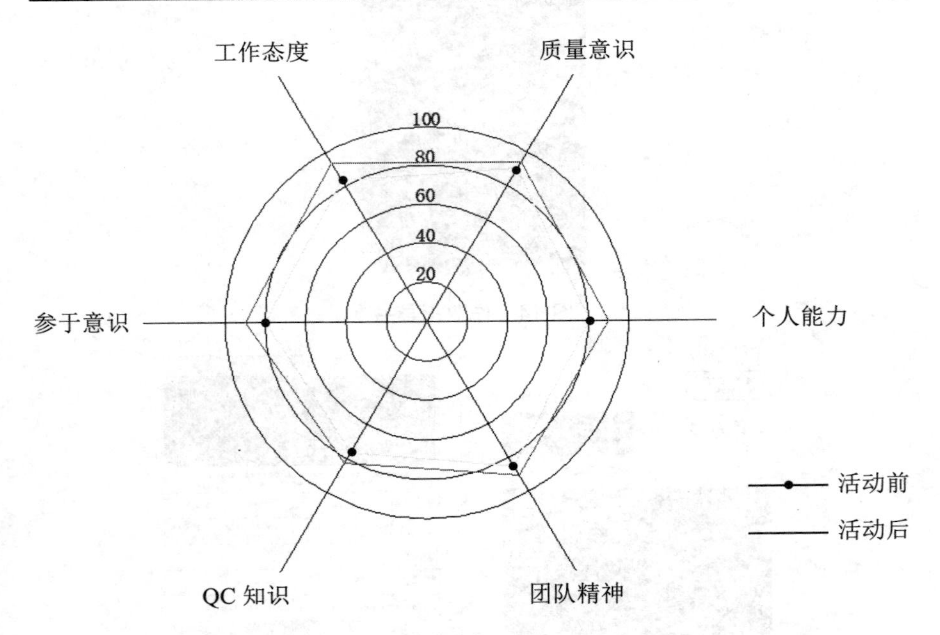

图 16　自我评价雷达图

运用QC手法，控制钢筋保护层

——以BL区中心福利院一期工程QC小组为例

一、工程概况

工程名称:BL区中心福利院（残疾人康复中心）一期工程。

工程概况：此项目总用地面积为41 856 m²,包括护理楼、托老楼、康复托老楼、门卫及其他用房,总建筑面积24 320 m²。

二、选题理由

钢筋保护层历年来被各施工企业重视,但一直都没有很好的控制方法,钢筋保护层的厚度直接决定钢筋的位置,钢筋的位置直接影响结构安全性,是各施工企业普遍存在又亟待解决的质量问题。现行国家规范对钢筋保护层厚度检验点的合格率提高到90%以上,同时又是结构实体的必检项目。

三、PDCA循环

(一)P阶段现状调查

（1）课题选定后,小组成员认真熟悉图纸,针对钢筋保护层课题召开专题会议研究讨论,集中了全体人员的经验和智慧,并由技术负责人编制了钢筋保护层专项施工方案,主要以推广墙体成品塑料钢筋保护层垫块及顶板预制混凝土垫块等材料为主,同时对特殊部位诸如剪力墙进行处理。初步选定钢筋保护层施工方案如下:

①基础底板下部受力筋的保护层采用预制砂浆垫块（直径×高＝30 mm×50 mm),上部受力筋采用焊接通长马凳加以支撑。

②暗梁主筋保护层：底部受力筋采用预制砂浆垫块（直径×高＝

30 mm×25 mm)，梁侧保护层采用半径 20 mm 的圆形塑料卡环。

③暗柱主筋保护层采用半径为 20 mm 的圆形塑料卡环。

④剪力墙受力筋保护层采用半径为 15 mm 的圆形塑料卡环，并按照梅花形布置钢筋顶模棍与墙体水平筋焊牢，每隔 1.5 m 设置一道梯子筋，以有效控制钢筋位置。

⑤现浇板底部受力筋保护层采预制砂浆垫块（直径 × 高＝20 mm×15 mm)，现浇板上部负筋用钢筋马凳。

（2）小组在各栋楼施工过程中，严格按照施工方案施工。建设单位、监理单位及当地质量监督站在各栋楼主体结构施工完毕后，对现浇结构的质量进行了验收，在各检验批达到国家验收标准后，邀请了某市 MZ 建筑工程质量检测有限公司扫描检测，检测结果如表 1 所示。

表 1　检查结果表

序号	项目	实测点	合格点数 / 个	合格率 / %
1	现浇板负弯矩钢筋保护层	60	50	83.33
2	现浇板底部钢筋保护层	60	51	85
3	剪力墙受力钢筋保护层	60	56	93.3
4	暗梁受力钢筋保护层	60	55	91.67
5	暗柱受力钢筋保护层	60	57	95
合计		300	269	89.67

检测结果调查如表 2、图 1 所示。

表 2 检测结果调查表

序号	项目	实测点	合格率 / %
1	现浇板负弯矩钢筋保护层	20	43.48
2	现浇板底部钢筋保护层	14	73.91
3	剪力墙受力钢筋保护层	5	84.78
4	暗梁受力钢筋保护层	4	93.48
5	暗柱受力钢筋保护层	3	100
合计		46	—

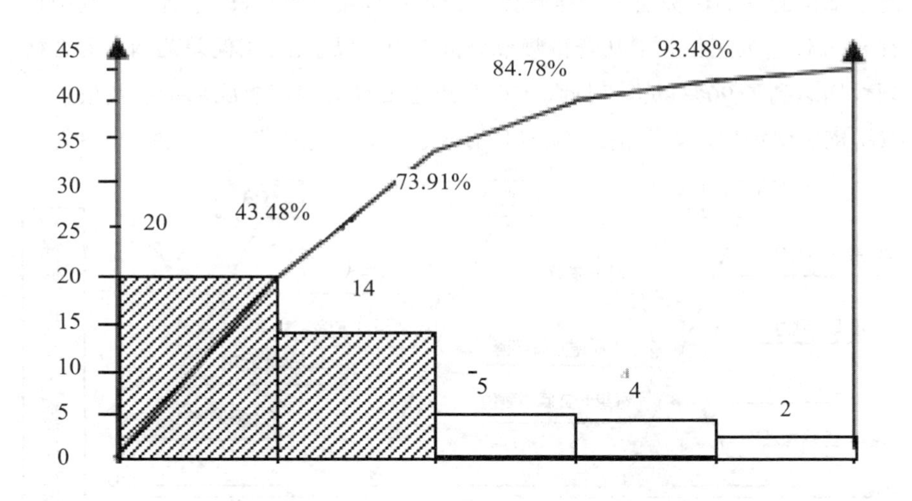

图 1 钢筋保护层检测结果图

从图表中可以看出，现浇板负弯矩钢筋保护层和现浇板底部钢筋保护层是影响钢筋保护层质量的主要问题。针对主要问题，进一步细化分析，并绘制了分析表如表 3，4 所示。

表 3　现浇板底部钢筋及板顶负弯矩钢筋不合格频数分析表

序号	检查项目	不合格频数		不合格频率 / %	
		正偏差	负偏差	正偏差	负偏差
1	现浇板负弯矩钢筋保护层	17	3	85	15
2	现浇板底部钢筋保护层	12	2	85.7	14.3

(二)设定目标

通过对现状调查分析，设定目标为：钢筋保护层检验点合格率达到 92% 以上。

(三)原因分析

从调查表及排列图上可以看出，现浇板底部钢筋及板顶负弯矩钢筋保护层是影响钢筋保护层质量的主要问题。从不合格频数分析表中可以看出，这两个部位的钢筋保护层不合格频数的分布却有着一致性，即不合格频数中均有 80% 以上为正偏差；从合格频数分析表中可以看出，正偏差范围内的合格频数均达到了 90% 以上。对此，QC 小组主要针对现浇板底部钢筋及板顶负弯矩钢筋保护层出现正偏差不合格的现象，进行了原因分析（见图 2，3）。

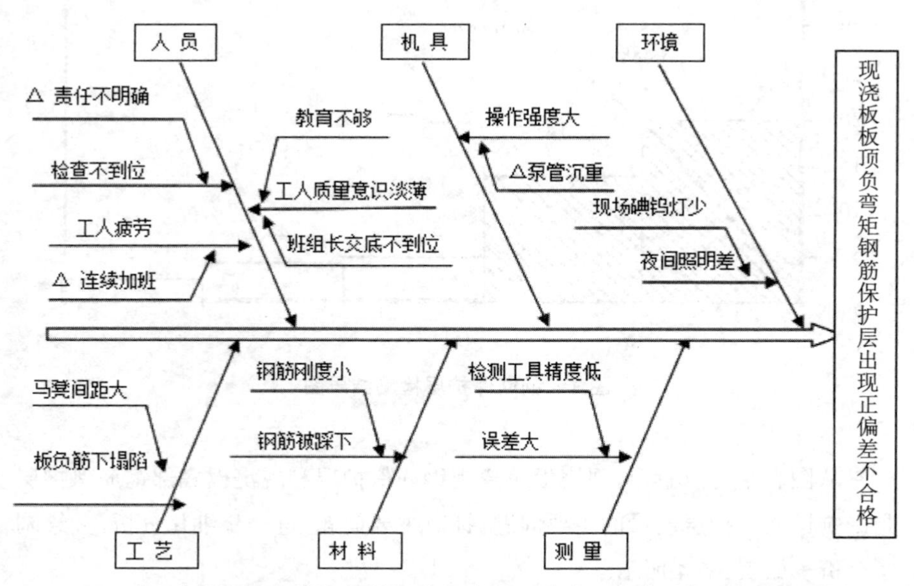

图 2　现浇板板顶负弯矩钢筋保护层出现正偏差不合格现象原因分析图

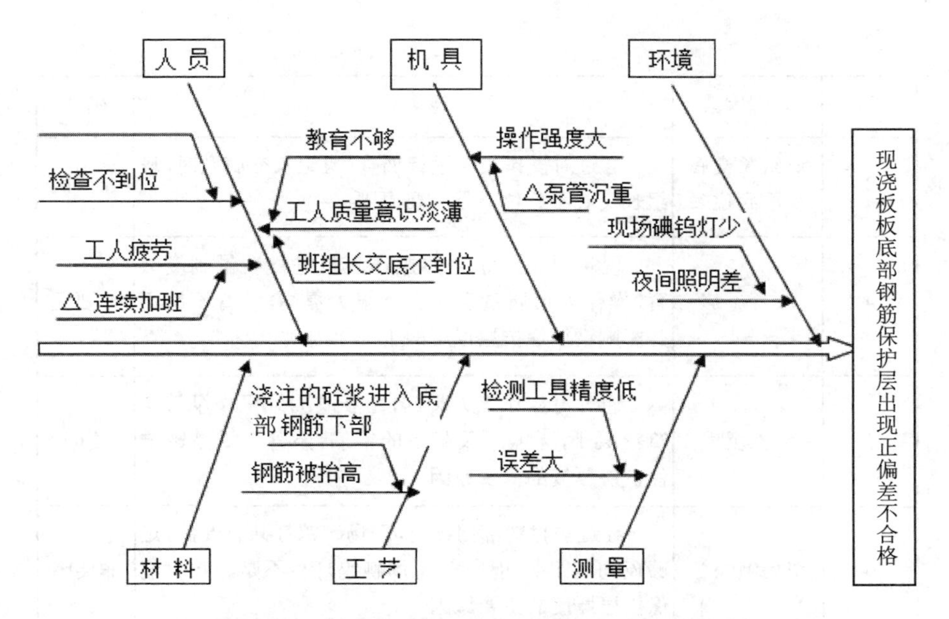

图3 现浇板板底部钢筋保护层出现正偏差不合格现象原因分析图

（四）确定要因

从因果分析图中可以看出，造成现浇板底部钢筋及板顶负弯矩钢筋保护层出现正偏差不合格的末端因素共有11条，小组成员进行研究论证，并逐一进行确认，详见表4。

表4 要因验证确认表

序号	末端因素	现场验证	确认
1	管理人员责任 不明确	现场已对管理人员进行调查，发现了许多责任区责任不明，无人监督施工，责任到人是影响钢筋保护层的主要原因	要因
2	连续加班	通过对操作工人进行调查，混凝土工人每天平均睡眠只有5个小时，连续加班是影响钢筋保护层厚度的主要原因	要因

续表

序号	末端因素	现场验证	确认
3	班组长交底不到位	通过对操作工人进行调查，班组长交底及时，班组长交底不到位不是主要原因	非要因
4	教育不够	现场已组织了全体操作人员进行质量制度教育，操作人员质量意识有了很大提高，教育不够不是影响钢筋保护层厚度的主要原因	非要因
5	泵管沉重	通过对操作工人询问，由于吃力地操作泵管浇筑混凝土，无暇顾及脚下的钢筋，泵管沉重是影响保护层厚度的主要原因	要因
6	现场碘钨灯少	经过与材料部门核对，现场碘钨灯共有5盏，足够夜间施工照明所需，现场碘钨灯少不是影响钢筋保护层厚度的主要原因	非要因
7	支撑间距大	经过核查模板计算书，并重新进行计算，支撑间距满足要求。支撑间距大不是影响钢筋保护层厚度的主要原因	非要因
8	马凳间距大	经现场调查，马凳为每米1.5个，不符合方案要求，将马凳间距改为每米1个，即可解决此问题。马凳间距大不是影响钢筋保护层厚度的主要原因	非要因
9	浇筑的砼浆进入底部钢筋下部	浇筑的混凝土浆灌入后，将钢筋抬高，造成板底部钢筋保护层偏大。经现场检测，板底部钢筋保护层的不合格频数中均有80%以上为正偏差，所以该项为主要原因	要因
10	检验工具精度低	经现场调查，在钢筋检查过程中，对负弯矩钢筋的标高采用拉线钢尺检查，误差大，改用水准仪可以提高精度，检验工具精度低不是影响钢筋保护层厚度的主要原因	非要因
11	钢筋刚度小	经现场调查，负筋直径均为¢ 10 mm以下，故易产生塑性变形，应增加负筋保护层马凳的数量，有效控制钢筋易变形现象	非要因

（五）制订对策

从上述11条末端因素确认要因4个，分别是：责任不明确、连续加班、泵管沉重、浇筑的砼浆进入底部钢筋下部，并针对上述要因制订出对策计划表如5所示。

表5 对策计划表

序号	要素	对策	目标	措施	地点	时间
1	管理人员责任不明确	完善人员分工及责任范围；建立完善的监督和检查制度	管理人员分工明确、责任到人，检查到位	①细划责任范围，分区到人；②成立检查小组	会议室	2014.10.21-25
2	操作工人连续加班	制订合理的交接班制度	保证工人精力充沛	①工人执行三班制；②加强班前教育	会议室	2014.10.22-26
3	泵管沉重	采取新工艺、新措施	有效控制工人踩踏钢筋	①采用混凝土布料杆配合的浇筑施工工艺；②搭设施工操作平台	施工现场	2014.10.22-26
4	浇筑的砼浆进入底筋下部	采取减小负公差的方法	有效控制板底部钢筋保护层厚度	减小钢筋保护层垫块的厚度	施工现场	2014.10.22-26

1. D阶段 对策实施

QC小组召开小组例会，对各主楼现浇梁板的模板安装，钢筋绑扎、混凝土浇筑做了安排部署，并加以贯彻实施，具体内容如下：

实施一：针对项目成员责任不明确现象。副组长对BL区中心福利院一期工程人员分工及责任范围的内容重新做了调整。

措施1：项目技术负责人与质量员按各楼责任分区到人，并签订质量责任保证书。

措施2:由质量检查小组及时抽检楼层各部位钢筋保护层,发现问题及时整改,对钢筋保护层实施情况进行有效监控。

实施二:针对工人连续加班,乱踩钢筋现象。考虑到诸如中间交接后,移动泵管及其他因素的影响,为了减轻工作强度,加快施工进度,保证工程质量,对现浇板浇筑采取了如下措施:

措施1:现场管理人员实行旁站跟踪制和操作工人严格按8 h换班制度。

措施2:对班组人员进行了班前教育。

实施三:针对泵管沉重、造成钢筋负弯矩钢筋保护层偏大的现象。小组成员经过调查、分析,决定采用布料杆的施工方案,并搭设施工操作平台。具体措施如下:

措施1:使用布料杆浇筑过程中,两个操作工人只需拉动绑在软管上的绳子就可以控制方向,效果良好,不但节省人力,加快施工速度,提高经济效益,并且避免了工人乱踩钢筋现象。

措施2:用钢管搭设几何尺寸为长×宽×高=3 000 mm×2 000 mm×300 mm的施工操作平台,根据负筋的长度调整钢管上部吊钩的间距,由板厚调整吊钩高度。

实施四:浇筑的砼浆进入板底部钢筋下部,将钢筋抬高。从现浇板筋及板顶负弯矩钢筋不合格频数分析表中可以看出,现浇板底部钢筋钢筋保护层不合格频数集中在正偏差上,从合格频数分析表可以看出,合格频数集中在正偏差允许范围内,从扫描检测结果看,板底部钢筋保护层正偏差不合格数检测结果集中在24～28 mm范围内,板底部钢筋保护层正偏差范围内合格数检测结果均集中在18～22 mm范围内,对此QC小组采取减小负公差的方法,用减小垫板厚度来控制钢筋保护层厚度,将钢筋保护层由15 mm变为12 mm。

2. C阶段效果检查

现场施工完毕后,为了检验目标值实现情况,小组会同建设单位、设计单位、监理单位,并邀请市质检站对柱、墙、梁、板钢筋保护层进行扫描检测,检测结果详见表6。

表 7　检测结果表

序号	检测项目	实测点数	合格点数	合格率 / %
1	现浇板负弯矩钢筋保护层	60	57	95
2	现浇板底部钢筋保护层	60	56	93.33
3	剪力墙筋保护层	60	58	96.67
4	框架梁主筋保护层	60	56	93.33
5	框架柱主筋保护层	60	57	95
合计		300	284	94.67

3. A 阶段总结

通过本次 QC 活动后，各项不合格频数均得到了有效控制，结构实体钢筋保护层厚度检验合格点率提高到了 92% 以上，达到了预期的效果，为确保年底主体结构封顶，钢筋保护层控制目标得以全面实现，QC 将严格按照制订的措施实施，继续开展活动。

（1）活动效益

本次 QC 小组活动在钢筋保护层施工方面取得了宝贵的经验，利用布料杆、人工相辅的方法进行混凝土浇筑；利用吊钩控制负弯矩钢筋保护层；减小负公差的方法，用减小垫块高度来控制板底部钢筋保护层厚度，利用塑料卡环、垫块新型材料来控制钢筋保护层等措施，攻克了钢筋网片刚度小，保护层不好控制的难关，完善了施工方案，为以后的施工提供有利的技术支持，特别是竹胶合模板被广泛应用的今天，具有更大的现实价值。

（2）标准化

通过本次 QC 活动，在控制钢筋保护层方面总结了一套系统的施工工艺，并形成了技术文件，在公司范围内推广使用。